Vigilância em Saúde Ambiental

Uma Nova Área da Ecologia

2ª Edição
Revista e Ampliada

SAÚDE PÚBLICA
e outros livros de interesse

Aldrighi – Epidemiologia dos Agravos à Saúde da Mulher
Alves – Dicionário Médico Ilustrado Inglês-Português
Andreoli e Taub – Guia para Família: Cuidando da Pessoa com Problemas Relacionados com Alcool e Outras Drogas
APM-SUS – O Que Você Precisa Saber sobre o Sistema Único de Saúde
APM-SUS – Por Dentro do SUS
Belda Jr. – Doenças Sexualmente Transmissíveis
Bensoussan e Albiere – Manual de Higiene, Segurança e Medicina do Trabalho
Bicalho Lana – O Livro de Estímulo à Amamentação
Brandão Neto – Prescrição de Medicamentos em Enfermaria
Brito e Litvoc – Envelhecimento – Prevenção e Promoção da Saúde
Cabral – Serpentes Peçonhentas Brasileiras
Cerqueira – Psiquiatria Social – Problemas Brasileiros de Saúde Mental
Chasin – Metais: Gerenciamento e Toxicidade
Cimerman – Medicina Tropical
Clemax – A Tuberculose na Infância
Coelho – Avaliação Neurológica Infantil nas Ações Primárias de Saúde (2 vols.)
Colombrini – Leito-Dia em AIDS – uma Experiência Multiprofissional
Cordás – Saúde Mental da Mulher
Dan – Dieta, Nutrição e Câncer
Decourt – A Didática Humanista de um Professor de Medicina
De Angelis – Fome Oculta – Bases Fisiológicas para Reduzir Seu Risco Através da Alimentação Saudável
De Angelis – Importância de Alimentos Vegetais na Proteção da Saúde 2ª ed.
De Angelis – Riscos e Prevenção da Obesidade
De Ávila – Socorro, Doutor! Atrás da Barriga Tem Gente
De Carli – Parasitologia Clínica 2ª ed.
Diniz – O Leite Materno e Sua Importância na Nutrição do Recém-Nascido Prematuro
Drummond – Dor – O Que Todo Médico Deve Saber
Drummond – Medicina Baseada em Evidências 2ª ed.
Elieser Silva – Manual de Sepse
Farhat – Imunizações – Fundamentos e Prática 4ª ed.
Fernandes – Infecção Hospitalar (2 vols.)

Fisberg – Obesidade na Infância e na Adolescência
Giannini – Cardiologia Preventiva
Gil e Rocha – Oncologia Molecular 2ª ed.
Gilvan – A Tuberculose sem Medo
Gilvan – Tuberculose: Do Ambulatório à Enfermaria 3ª ed.
Goldenberg – Coluna: Ponto e Vírgula 7ª ed.
Goldenberg – Promoção da Saúde na Terceira Idade
Gottschal – Do Mito ao Pensamento Científico 2ª ed.
Gurgel – Saúde Materno-Infantil – Auto-Avaliação e Revisão
Gurgel – Saúde Ocupacional – Auto-Avaliação e Revisão
Gurgel – Saúde Pública 3ª ed.
Jatene – Medicina, Saúde e Sociedade
Leser e Baruzzi – Elementos de Epidemiologia Geral
Lessa – Iniciação Rápida e Epiclínica
Lopes – Equilíbrio Ácido-Base e Distúrbio Hidroeletrolítico
Lottenberg – A Saúde Brasileira Pode Dar Certo 2ª ed.
Macedo – Envelhecer com Arte - Longevidade e Saúde
Marcondes – Doenças Transmitidas e Causadas por Atrópodes
Marcopito Santos – Um Guia para o Leitor de Artigos Científicos na Área da Saúde
Marcopito, Younis e Santos – Epidemiologia Geral
Mastroeni – Biossegurança Aplicada a Laboratório e Serviços de Saúde
Medronho – Epidemiologia 2ª ed.
Miranda – Introdução à Saúde no Trabalho
Morales – Terapias Avançadas – Células Tronco
Morrone e Fiuza de Mello – A Tuberculose
Neves – Atlas Didático da Parasitologia
Neves – Parasitologia Dinâmica
Novais – Como Ter Sucesso na Profissão Médica – Manual de Sobrevivência 3ª ed
Papaléo – Gerontologia – A Velhice e o Envelhecimento em Visão Globalizada.
Perrotti-Garcia – Curso de Inglês Médico
Perrotti-Garcia – Dicionário Português-Inglês de Termos Médicos
Pompeu, Focaccia e Vieira – Atlas de DST
Portella Nunes, Romildo Bueno e Nardi – Psiquiatria e Saúde Mental – Conceitos Clínicos e Terapêuticos Fundamentais
Porto – Infecções Sexualmente Transmissíveis na Gravidez
Prade – Método de Controle das Infecções Hospitalares Orientado por Problemas
Protásio da Luz – Nem Só de Ciência se Faz a Cura 2ª ed.
René Mendes – Patologia do Trabalho 2ª ed.
Ricco, Del Ciampo e Nogueira – Puericultura – Princípios e Prática 2ª ed.
Riedel – Controle Sanitário dos Alimentos
Rocha Galvão - Saúde Pública 2ª ed.
Rodrigues Santos - Saúde e Cidadania - Uma Visão Histórica e Comparada do SUS 2ª ed.
Ronir – Epidemiologia e Bioestatística na Pesquisa Odontológica 2ª ed.
Saito – Adolescência – Prevenção e Risco 2ª ed.
Segre – A Questão Ética e a Saúde Humana
Seibel – Dependência de Drogas
Veronesi e Focaccia – Hepatites Virais
Vilela Ferraz – Dicionário de Ciências Biológicas e Biomédicas
Walter Tavares – Antibióticos e Quimioterápicos para o Clínico 2ª ed.

Facebook.com/editoraatheneu

Twitter.com/editoraatheneu

Youtube.com/atheneueditora

Vigilância em Saúde Ambiental

Uma Nova Área da Ecologia

2ª Edição
Revista e Ampliada

SOLANGE PAPINI

São Paulo • Rio de Janeiro • Belo Horizonte

EDITORA ATHENEU

São Paulo	*Rua Jesuíno Pascoal, 30* *Tel.: (11) 2858-8750* *Fax: (11) 2858-8766* *E-mail: atheneu@atheneu.com.br*
Rio de Janeiro	*Rua Bambina, 74* *Tel.: (21) 3094-1295* *Fax.: (21) 3094-1284* *E-mail: atheneu@atheneu.com.br*
Belo Horizonte	*Rua Domingos Vieira, 319 – conj. 1.104*

Produção Editorial: *Cibele Lourdes*
Capa: *Equipe Atheneu*

Dados Internacionais de Catalogação na Publicação (CIP)
(Câmara Brasileira do Livro, SP, Brasil)

Papini, Solange
    Vigilância em saúde ambiental : uma nova área
da ecologia / Solange Papini. -- 2. ed. rev. e
ampl. -- São Paulo : Atheneu Editora, 2011.

    Bibliografia
    ISBN 978-85-388-0219-8

    1. Ecologia urbana 2. Epidemiologia 3. Meio
ambiente 4. Saneamento - Brasil 5. Saúde ambiental
6. Saúde pública - Brasil I. Título.

11-08947   CDD-304.2

Índices para catálogo sistemático:
1. Brasil : Cidades : Saúde ambiental :
Ecologia   304.2

PAPINI, S.
Vigilância em Saúde Ambiental: Uma Nova Área da Ecologia - 2ª edição

© *Direitos reservados à Editora ATHENEU – São Paulo, Rio de Janeiro, Belo Horizonte, 2011*

SOBRE A AUTORA

A autora é formada em biologia pela Universidade Presbiteriana Mackenzie, especialista em ecotoxicologia e com mestrado e doutorado em Ecologia pela Universidade de São Paulo. Atua como bióloga – especialista em saúde, na Prefeitura do Município de São Paulo, onde trabalha diretamente na área de saúde pública em Vigilância em Saúde Ambiental na Secretaria Municipal de Saúde. Trabalhou por três anos na área de Licenciamento Ambiental na Secretaria do Verde e Meio Ambiente e nesse período aprofundou o conhecimento em ecologia urbana nos problemas relacionados a uma grande cidade não planejada. Tem artigos publicados em revistas científicas, dezenas de textos de divulgação publicados em jornais, trabalhos apresentados em congressos e livro didático para terceiro grau publicado pela Editora Atheneu. Desenvolve projetos de pesquisa ligados à área de Saúde Pública e Ambiental e ministra palestras em Universidades e cursos desenvolvidos pela Prefeitura do Município de São Paulo.

AGRADECIMENTOS

A meu marido Arthur Loguetti Mathias e a meu filho Marcelo Marquez de Oliveira pelo apoio e estímulo que ambos deram para a elaboração deste livro.

PREFÁCIO

Atualmente, muito se tem discutido sobre a importância da participação da sociedade na definição e no exercício da cidadania nas diferentes áreas da atividade humana, bem como a necessidade da ampliação do controle social sobre o Estado. Essa participação social é denominada gestão participativa e está diretamente relacionada com a identificação real das necessidades sociais e o compromisso dos Governos em desencadear e fortalecer fatores que promovam a participação da população. Embora a implantação da gestão participativa seja recente, e ainda incipiente, a preocupação do Estado acerca desse tema data de algum tempo.

Em 1937 foi criado o Conselho Nacional de Saúde, órgão colegiado do Ministério da Saúde, com o principal objetivo de atuar na formulação e no controle da execução da política nacional de saúde, tanto nos aspectos econômicos e financeiros como nas estratégias e na promoção do processo de controle social, seja no âmbito do setor público ou privado. A criação do Conselho Nacional de Saúde abriu um campo para a realização das Conferências Nacionais de Saúde, espaços instituídos destinados a analisar os avanços e os retrocessos na área da saúde, bem como propor diretrizes para a formulação das políticas de saúde.

Essas conferências, que contam com a representação dos vários segmentos sociais, são espaços onde se discute e se avalia a situação da saúde no país e se propõem diretrizes para a formulação de políticas públicas para a saúde. Devem ocorrer a cada quatro anos, embora nem sempre isso tenha acontecido, e são espaços importantes para o exercício do controle social, uma vez que estabelecem as diretrizes para a atuação dos conselhos de saúde nos níveis Federal, Estadual e Municipal.

As duas primeiras Conferências de Saúde tiveram como preocupação básica o levantamento das condições de saúde dos estados e o estabelecimento da legislação pertinente às condições sanitárias e, também, à segurança do trabalhador. A 1ª CONFERÊNCIA NACIONAL DE SAÚDE ocorreu em 1941, no governo Getúlio Vargas, e teve como tema central a discussão sobre as realizações do Departamento Nacional de Saúde, com enfoque na situação sanitária e assistencial atual dos estados. Na 2ª CONFERÊNCIA NACIONAL DE SAÚDE, em 1950 no governo Eurico Gaspar Dutra, foi abordado o espaço institucional da saúde, discutindo-se a legislação referente à higiene e segurança do trabalho.

A 3ª CONFERÊNCIA NACIONAL DE SAÚDE, em 1963 sob o governo João Goulart, pode ser considerada um marco, pois abriu espaço para o início da discussão sobre a importância da descentralização na área de saúde, priorizando-se a municipalização dos serviços de saúde e a fixação de um plano nacional de saúde. Já a 4ª CONFERÊNCIA NACIONAL DE SAÚDE, em 1966 no governo de Castelo Branco, basicamente procura levantar as necessidades de recursos humanos para a área da saúde.

No governo de Ernesto Geisel ocorrem duas Conferências de Saúde, uma em 1975 e a segunda apenas dois anos após. Na 5ª CONFERÊNCIA NACIONAL DE SAÚDE são abordados os aspectos doutrinários da questão saúde. O enfoque dessa Conferência recai sobre a implementação do Sistema Nacional de Saúde (SNS), o estabelecimento do Sistema Nacional de Vigilância

Epidemiológico e o desenvolvimento de programas de saúde materno-infantil, controle das grandes endemias e de extensão das ações de saúde às populações rurais. A 6ª CONFERÊNCIA NACIONAL DE SAÚDE, dando continuidade à discussão iniciada dois anos antes, aborda as perplexidades e a visão crítica da questão da saúde. Nessa conferência enfatiza-se a situação atual do controle das grandes endemias, a operacionalização dos novos diplomas legais básicos, aprovados pelo governo federal em matéria de saúde, a interiorização dos serviços de saúde e, principalmente, a Política Nacional de Saúde.

A 7ª CONFERÊNCIA NACIONAL DE SAÚDE, em 1980 no governo de João Batista Figueiredo, amplia a discussão sobre a extensão das ações de saúde através dos serviços básicos, procurando levar à democratização os Serviços de Saúde. A 8ª CONFERÊNCIA NACIONAL DE SAÚDE, em 1986 sob o governo de José Sarney segue a mesma linha para efetivação do Sistema Único de Saúde (SUS), destacando o aceso à qualidade e humanização na atenção à saúde e procurando dar ênfase à importância do controle social no setor saúde. Essa conferência abordou os tópicos da saúde como: direito, reformulação do Sistema Nacional de Saúde e financiamento do setor; estimulou as alterações da estrutura jurídico-institucional e também contribuiu para ampliar o conceito de saúde vigente. As propostas surgidas nessa conferência foram contempladas na Constituição de 1988.

A 9ª CONFERÊNCIA NACIONAL DE SAÚDE (1992, Fernando Collor de Mello; Saúde – a Municipalização é o Caminho), a 10ª CONFERÊNCIA NACIONAL DE SAÚDE (1996, Fernando Henrique Cardoso; SUS – Construindo um Modelo de Atenção. I. Saúde, cidadania e políticas públicas; II. Gestão e organização dos serviços de saúde; III. Controle social na saúde; IV. Financiamento da saúde; V. Recursos humanos para a saúde e VI. Atenção integral à saúde), a 11ª CONFERÊNCIA NACIONAL DE SAÚDE (2000, Fernando Henrique Cardoso; Efetivando o SUS, Acesso, Qualidade e Humanização na Atenção à Saúde, com Controle Social) e a 12ª CONFERÊNCIA NACIONAL DE SAÚDE (2003, Luís Inácio Lula da Silva; Saúde: um Direito de Todos e um dever do Estado – a Saúde que temos e o SUS que queremos) seguem a mesma linha de discussão iniciada em 1980. A 13ª CONFERÊNCIA NACIONAL DE SAÚDE, (2007, Luiz Inácio Lula da Silva; "Saúde e Qualidade de Vida: Política de Estado e Desenvolvimento", 2007), se consagrou como o maior encontro do setor saúde já realizado, dos 5564 municípios brasileiros, 4430 realizaram suas Conferências Municipais, 77% de todos os municípios do país. Três eixos nortearam as discussões: 1) desafios para a efetivação do direito humano à saúde no século XXI; 2) políticas públicas para a saúde e qualidade de vida e; 3) a participação da sociedade na efetivação do direito humano à saúde.

Com o desenvolvimento das Conferências Nacionais de Saúde e o aprofundamento dos conceitos expressos no Sistema Único de Saúde, tornou-se claro que a gestão participativa envolve não somente a participação efetiva da sociedade, mas também a discussão da interface entre saúde e ambiente, destacando que a construção da saúde ocorre nos espaços do cotidiano da vida humana. Esse conceito foi reforçado durante a Conferência das Nações Unidas sobre Meio Ambiente e Desenvolvimento – CNUMAD, no Rio de Janeiro/RJ em 1992. Nesse evento estabeleceu-se a Agenda 21, na qual diversos capítulos abordam os vínculos existentes entre a saúde, o meio ambiente e o modelo de desenvolvimento adotado. É importante considerar que a atenção com a manutenção da qualidade do ambiente não está somente dentro do "setor ambiental" como única responsabilidade dos órgãos ambientais e, ainda, que a saúde deve desempenhar um papel fundamental nas tomadas de decisão nos diversos campos da atividade humana. Dentro dessa visão, o desenvolvimento da interface saúde-ambiente envolve o estabelecimento de uma política que implemente ações interativas entre a promoção da boa qualidade ambiental e a promoção da saúde humana.

Nesse sentido, em meados da década de 1990, teve início a elaboração da Política Nacional de Saúde Ambiental, possibilitando a implantação do Sistema de Vigilância em Saúde Ambiental com o objetivo de compreender as relações entre os elementos ambientais e de saúde, sobre os quais cabe à saúde pública intervir. Os instrumentos de vigilância em saúde ambiental devem permitir a análise de informações relacionadas ao ambiente e à saúde e definir indicadores para possibilitar a prevenção e a atenção na ocorrência de agravos à saúde. Sua estruturação deve possibilitar o estabelecimento de interfaces com os órgãos ambientais e de infraestrutura, com as vigilâncias epidemiológica e sanitária, com a saúde dos trabalhadores, com os laboratórios de saúde pública e instituições de ensino e de pesquisa públicas e privadas. Com esse foco, a vigilância em saúde ambiental foi estruturada por meio do Subsistema Nacional de Vigilância em Saúde Ambiental, regulamentado em 2005, para desenvolvimento de ações de vigilância relacionadas às doenças e agravos à saúde no que se refere à qualidade da água para consumo humano, a contaminações do ar e do solo, ocorrência de desastres naturais, presença de contaminantes ambientais, acidentes com produtos perigosos, efeitos dos fatores físicos e condições saudáveis no ambiente de trabalho.

Ambiente e saúde são interdependentes e inseparáveis, uma vez que, as relações humanas ocorrem em ambientes que podem ou não favorecer a saúde. Para o desenvolvimento da proposta do Subsistema Nacional de Vigilância em Saúde Ambiental é essencial o conhecimento de diversas áreas da ecologia, pois somente é possível estudar as alterações ambientais impactantes na saúde humana se estiver claro quais as características de um ambiente, seja urbano ou rural, em equilíbrio. Dessa maneira, a vigilância em saúde ambiental deve, necessariamente, considerar os aspectos ambientais que implicam na incorporação efetiva dos conceitos de ecologia. A construção interdisciplinar possibilita a abordagem integral de questões relativas à saúde.

Hoje, o novo conceito em saúde é baseado, principalmente, na prevenção de doenças e de agravos por meio do conhecimento das alterações ambientais que possam interferir direta ou indiretamente na saúde humana. O gerenciamento dos fatores de risco relacionados à saúde que advêm dos problemas ambientais deve ser parte integrante da vigilância em saúde em todo o País. Os profissionais da área da saúde que trabalham ou querem trabalhar em saúde ambiental, muitas vezes, sentem necessidade de conhecimento mais aprofundado dos conceitos ecológicos, os quais fornecem embasamento para detecção dos problemas ambientais e o desenvolvimento de ações que mitiguem os impactos ao meio ambiente e à saúde humana decorrentes deles.

Como a vigilância em saúde ambiental é um assunto novo e que envolve conhecimento de diversas áreas, nem sempre os diferentes profissionais estão preparados para esse desafio. Os cursos de medicina e enfermagem têm sólido conhecimento na área da saúde, enquanto que os cursos de biologia e ecologia se aprofundam no estudo dos ecossistemas. Dessa maneira, muitas vezes, falta ao profissional da área da saúde maior conhecimento ambiental e por sua vez, falta aos profissionais, que atuam na área ambiental, mais informações sobre fatores de risco ligados à saúde humana. Assim, o conteúdo do livro procura preencher essa lacuna, fornecendo embasamento teórico às áreas ambiental e de saúde. O livro se destina basicamente ao uso em cursos superiores na área biológica, especialmente medicina, enfermagem, biomedicina, biologia, bem como agronomia, zootecnia, entre outros que utilizem conceitos ecológicos, muitas vezes necessários, para minimizar riscos à saúde humana.

A Ecologia é, por excelência, a ciência do inter-relacionamento, pois não estuda apenas o meio físico ou apenas os seres vivos. Suas pesquisas e análises dependem da compreensão das relações entre o ambiente e os seres vivos, tendo, portanto, forte ligação com a vigilância em saúde ambiental.

APRESENTAÇÃO

Hoje, existe um novo conceito em saúde baseado, principalmente, na prevenção de doenças e agravos por meio do conhecimento das alterações ambientais que possam interferir direta ou indiretamente na saúde humana. O gerenciamento dos fatores de risco relacionados à saúde que advêm dos problemas ambientais deve ser parte integrante da vigilância em saúde em todo o País. Com esse novo foco, a vigilância em saúde ambiental foi estruturada através do Subsistema Nacional de Vigilância em Saúde Ambiental, regulamentado em 2005, para desenvolvimento de ações de vigilância relacionadas às doenças e agravos à saúde no que se refere à qualidade da água para consumo humano, contaminações do ar e do solo, ocorrência de desastres naturais, presença de contaminantes ambientais, a acidentes com produtos perigosos, efeitos dos fatores físicos e condições saudáveis no ambiente de trabalho.

Para o desenvolvimento da proposta do Subsistema Nacional de Vigilância em Saúde Ambiental é essencial o conhecimento de diversas áreas da ecologia, pois somente é possível estudar as alterações ambientais impactantes na saúde humana se estiver claro quais as características de um ambiente em equilíbrio. A Ecologia é, por excelência, a ciência do inter-relacionamento, pois não estuda apenas o meio físico ou apenas os seres vivos. Suas pesquisas e análises dependem da compreensão das relações entre o ambiente e os seres vivos.

Como a vigilância em saúde ambiental é um assunto novo e que envolve conhecimento de diversas áreas, nem sempre os diferentes profissionais estão preparados para esse desafio. Os cursos de medicina e enfermagem têm sólido conhecimento na área da saúde, enquanto que os cursos de biologia e ecologia se aprofundam no estudo dos ecossistemas. Assim, o conteúdo do livro procura preencher essa lacuna, destinando-se ao uso em cursos superiores na área biológica, especialmente medicina, enfermagem, biomedicina, biologia, entre outros que utilizem conceitos ecológicos, muitas vezes necessários, para minimizar riscos à saúde humana como agronomia, zootecnia, etc.

O livro se propõe a discutir a vigilância em saúde ambiental dentro da ecologia, com embasamento teórico dos conceitos ecológicos. É apresentado em quatro capítulos:

1) Noções gerais de ecologia;
2) Ecossistemas rurais e urbanos;
3) Vigilância em saúde ambiental
4) Alguns aspectos a serem abordados em estudos relacionados à vigilância em saúde ambiental.

A edição atual foi revisada e ampliada pela autora, procurando atualizar os tópicos desenvolvidos ao longo do livro.

SUMÁRIO

PARTE I – NOÇÕES GERAIS DE ECOLOGIA

1 Introdução, *3*

2 Definiçoes e Características de Ecossistema, *5*

3 Transferências Tróficas e Energéticas nos Ecossistemas, *9*

4 Circulação de Materiais nos Ecossistemas, *13*

    Ciclos Biogeoquímicos (Gasosos e Sedimentares), *13*

    Ciclo Biogeoquímico da Água e Sua Qualidade
para Consumo Humano, *14*

    Ciclos Biogeoquímicos do Carbono e do Oxigênio, *16*

    Ciclo Biogeoquímico do Nitrogênio, *17*

    Ciclo Biogeoquímico do Fósforo, *18*

    Ciclo Biogeoquímico do Enxofre, *19*

    Ação Humana na Circulação de Materiais, *19*

5 Fatores Ecológicos, *25*

    Fatores Ecológicos Abióticos, *26*

    Fatores Ecológicos Bióticos – Relações entre os Seres Vivos, *34*

6 Desenvolvimento de um Ecossistema – Sucessão Ecológica, *43*

7 Dinâmica de Populações – Demoecologia, *45*

8 Desenvolvimento e Qualidade Ambiental, *49*

9 Desequilíbrio Ecológico, *51*

PARTE II – ECOSSISTEMAS RURAIS E URBANOS

10 Introdução – Revolução Verde e Êxodo Rural, **55**

11 Ocupação do Campo – Agroindústria x Agricultura Familiar – Estruturas Agrárias e Sistemas Sócioeconômicos, **57**

12 Aumento de Produtividade e Diminuição das Perdas Agropecuárias – Contaminação do Ambiente e dos Alimentos e Exposição dos Trabalhadores, **59**

13 Qualidade de Vida Rural, **65**

14 Política Ambiental Rural, **69**

15 Metrópole e Expansão das Cidades, **71**

16 Processos Espaciais Urbanos – Descentralização, **73**

17 Pobreza e Espaço Urbano – Padrões de Segregação, **75**

18 Reinvenção das Cidades, **79**

19 Articulações Cidade-Campo, **81**

20 Paisagens e uso do Solo Urbano e Rural, **85**

    Paisagem, **85**

    Ambiente Urbano, **85**

    Espaço Rural, **86**

21 Consequências da Degradaçao Ambiental, **89**

    Introdução de Espécies Exóticas, **90**

    Poluição do Solo, **93**

    Poluição Atmosférica, **94**

    Poluição Aquática, **95**

22 População Rural e Urbana, **97**

PARTE III – VIGILÂNCIA EM SAÚDE AMBIENTAL

23 Introdução – Impactos Ambientais, **108**

24 Modelos Assistenciais de Saúde e Vigilância Ambiental, **105**

25 Estruturação da Vigilância em Saúde Ambiental – Âmbito de Atuação, **107**

Perda de Solo Agricultável, **101**

Contaminação do Solo e de Alimentos por Agrotóxicos, **111**

Proliferação de Animais Sinantrópicos Indesejáveis nas Cidades, **113**

Principais Doenças Transmissíveis, Atualmente, nas Cidades: suas Causas, Mecanismos de Controle e Ações de Vigilância, **116**

Ações de Vigilância Ambiental em Doenças Relacionadas à Presença de Animais Sinantrópicos, **117**

Ações de Vigilância Ambiental em Doenças de Transmissão Aérea, **124**

Ações de Vigilância Ambiental em Doenças Transmissíveis por Transfusões Sanguíneas, Transplantes e Contato Íntimo, **128**

Ações de Vigilância Ambiental em Doenças Relacionadas ao Solo Contaminado Biologicamente, **131**

Ações de Vigilância Ambiental em Doenças de Veiculação Hídrica, **134**

Ações de Vigilância Ambiental na Qualidade da Água para Consumo Humano, **140**

Ações de Vigilância Ambiental na Qualidade do Ar nas Cidades e Áreas Rurais, **141**

Ações de Vigilância Ambiental na Qualidade do Solo nas Cidades, **143**

Ações de Vigilância Ambiental em Desastres Naturais, **144**

Ações de Vigilância Ambiental na Contaminação por Substâncias Químicas nas Cidades, **145**

Ações de Vigilância Ambiental em Acidentes com Produtos Perigosos, **147**

Ações de Vigilância Ambiental nos Efeitos dos Fatores Físicos, **148**

Aços de Vigilância Ambiental nas Condições Saudáveis do Ambiente de Trabalho, **148**

26 Indicadores de Vigilância em Saúde Ambiental, **151**

PARTE IV – ALGUNS ASPECTOS A SEREM ABORDADOS EM ESTUDOS RELACIONADOS À VIGILÂNCIA EM SAÚDE AMBIENTAL

27 Introdução – Atividades Transformadoras de um Ecossistema, **155**

28 Avaliação Ambiental, **159**

Caracterização do Meio Físico, **159**

Caracterização da Biota, **160**

Interações Presentes, *161*

Uso Antrópico, *164*

Prognóstico: Evolução Natural, *165*

Prognóstico: Evolução com Interferência Humana, *166*

29 Avaliação de Risco à Saúde Humana, *169*

Áreas Rurais e Urbanas Com Contaminação de Origem Antrópica, *170*

30 Atendimento a Acidentes Envolvendo Produtos Perigosos, *179*

31 Procedimentos de Segurança no Controle de Vetores, *181*

32 Monitoramento Da Qualidade Da Água Para Consumo Humano, *187*

33 Licenciamento Ambiental, *189*

Literatura Sugerida, *195*

Índice Remissivo, *201*

Parte 1

NOÇÕES GERAIS DE ECOLOGIA

Introdução

Admite-se que o termo ecologia tenha sido usado pela primeira vez na década de 1860 por Ernst Haeckel, e que somente após cerca de 50 anos o termo ecossistema foi introduzido no meio científico. A partir de meados de 1900, ambos os termos, ecologia e ecossistema, passaram a ser amplamente utilizados tanto no meio científico quanto entre a população em geral. Hoje essas palavras estão na moda, aparecendo em jornais, televisão e outros veículos de comunicação. Todos falam em ecologia e em ecossistemas saudáveis, embora nem sempre esses termos estejam sendo usados corretamente.

Literalmente, ecologia significa o estudo (do grego *logos*) da casa (do grego *oikos* com o sentido de "ambiente da casa"), o que em outras palavras pode ser entendido como local que inclui os seres vivos, uma vez que se entende por casa um local para abrigar. Portanto, é fácil entender a grande abrangência da ecologia, responsável pelo estudo de todo e qualquer ambiente que apresente condições de manter a vida, seja ela de que tamanho for. Isso inclui qualquer espaço no planeta que abrigue qualquer tipo de ser vivo. É uma ciência intuitiva, pois o homem, assim como os demais seres vivos, para sobreviver deve conhecer o seu ambiente, sendo a ecologia a ciência relacionada a esse conhecimento. Dessa forma, mesmo inconscientemente, a ecologia faz parte de nossas vidas nos diferentes aspectos da sociedade.

Um aspecto interessante, embora nem sempre claro, é a íntima relação entre ecologia e economia. A ecologia e a economia são ciências cujos conhecimentos deveriam estar clara e fortemente associados, uma vez que o termo economia significa o gerenciamento ou manejo (do grego *nomia*) da casa (*oikos*), mas muitas vezes essas duas ciências são vistas como antagônicas. Os sistemas econômicos de toda e qualquer ideologia política procuram valorizar as "coisas" produzidas pelo homem e que beneficiam o indivíduo. Já a ecologia destaca os produtos da natureza que, de modo geral, beneficiam a todos. O paradoxo é que o desenvolvimento da sociedade separou a humanidade da natureza, embora os bens produzidos e consumidos pelo homem tenham sempre origem nos recursos naturais. Estando a humanidade ligada ao planeta Terra, os recursos naturais necessários ao seu desenvolvimento econômico são finitos e, portanto, as condições ambientais adequadas à vida devem ser mantidas, mesmo com a utilização desses recursos. Por exemplo, o uso em grande escala de combustíveis fósseis consome recursos naturais que levaram milhares de anos para serem gerados e libera, entre outros componentes, dióxido de carbono para a atmosfera, afetando a circulação do carbono e influenciando a temperatura do planeta. Assim, pode-se afirmar que a sobrevivência do homem, antes do desenvolvimento das sociedades, depende de uma parceria entre a ecologia e a economia, visando preservar a qualidade ambiental por meio de tecnologias sustentáveis em longo prazo.

A ecologia é uma ciência natural, mas com dificuldades maiores do que outras áreas da biologia, uma vez que as variáveis presentes são muitas e na maioria das vezes nem sempre conhecidas. Ecologistas devem entender as relações existentes em sistemas complexos que resultaram de um desenvolvimento prolongado e envolveram interações tanto entre fatores não-vivos (abióticos) como entre centenas a milhares de organismos vivos (fatores bióticos). Esses sistemas complexos influenciam e sofrem a influência de todos os fatores abióticos e bióticos que atuam sobre ele, não sendo, portanto, estáticos, mas variáveis ao longo do tempo. Quando se afirma que um determinado ambiente está em equilíbrio não significa que esse seja imutável, mas sim que naquelas condições e naquele período de tempo o sistema se mantém funcionando de modo a proporcionar condições que possibilitam a sobrevivência de seus habitantes. Alterações ao longo do tempo levam a novos equilíbrios e, portanto, a diferentes condições ambientais, proporcionando o estabelecimento e a proliferação de diferentes espécies.

É necessário o conhecimento das interações que ocorrem nos sistemas ecológicos para o entendimento de sua complexidade e de sua vulnerabilidade aos impactos aos quais estão sujeitos. Essas interações são complexas, mas podem ser definidas e exemplificadas, e a partir de seu conhecimento utilizá-las para o desenvolvimento de modelos que possam ser testados, preservando o meio ambiente onde vivemos e prevenindo o surgimento de condições adversas que afetam tanto a saúde humana como a saúde ambiental.

Definições e Características de Ecossistema

A unidade básica de estudo da ecologia é o ecossistema ou sistema ecológico, que pode ser definido por todo e qualquer ambiente não-vivo (abiótico), possuidor de condições capazes de manter a vida juntamente com seres vivos (componente biótico) e todas as interações presentes, funcionando continuamente em conjunto. A definição de ecossistema não deve se limitar apenas ao par ambiente (biotopo) – ser vivo (biocenose ou comunidade), mas sim levar em consideração as interações presentes e sua influência no sistema como um todo. Um aquário com um peixinho dourado em seu interior não deve ser considerado um ecossistema, embora possua um ambiente físico (aquário de vidro e água) e um ser vivo (um peixe), pois estão ausentes interações que possibilitam a continuidade do sistema, ainda que por tempo limitado. Nesse exemplo, o sistema é totalmente dependente do ambiente externo, seja para garantir a entrada de energia (alimentar, por exemplo), seja para reciclagem da matéria (eliminação dos resíduos gerados).

Um ecossistema deve apresentar condições capazes de garantir a entrada de energia ambiental e a transferência dessa energia, transformada em forma assimilável entre os componentes vivos do sistema, e deve ainda ter capacidade de reciclar a matéria entre a parte viva e a parte não-viva, disponibilizando os nutrientes aos seres vivos. Para isso deve possuir um ambiente de entrada representado por fontes energéticas, materiais e organismos capazes de assimilar diretamente energia ambiental e um ambiente de saída onde se dá a liberação de resíduos (energia térmica e materiais processados) e a emigração de organismos. Os ecossistemas são, portanto, sistemas abertos (Figura 2.1).

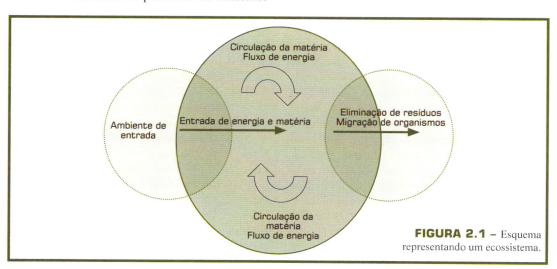

FIGURA 2.1 – Esquema representando um ecossistema.

Os ambientes de entrada e de saída, assim como os próprios ecossistemas, apresentam comportamentos diferentes. Quanto maior o ecossistema, menor sua dependência do ambiente exterior, isto é, seus ambientes de entrada e de saída são menores quando comparados com ecossistemas "pequenos". Por exemplo, as cidades são ecossistemas pequenos, se comparadas às florestas ou outros ambientes naturais, e apresentam grande dependência externa, necessitando de ambientes de entrada e de saída significativos. Ecossistemas jovens, em fase de formação, apresentam altas taxas metabólicas, possuindo assim maiores entradas e saídas, por outro lado ecossistemas maduros, com equilíbrio entre organismos autótrofos e heterótrofos têm entradas e saídas menores.

Embora, os ecossistemas apresentem um espaço físico, seus limites não são, necessariamente, claros. Na maior parte das vezes não existe uma barreira física que possibilite delimitar seguramente um ecossistema, e mesma que exista, sempre há uma área de transição entre dois sistemas ecológicos com características diversas. Na realidade se delimita um ecossistema de acordo com o interesse do estudo. O maior ecossistema conhecido que se pode delimitar é a biosfera, isto é, a parte da Terra que possui condições favoráveis à manutenção da vida. A biosfera apresenta cerca de 20 km de extensão, sendo aproximadamente 10 km acima do nível do mar e 10km abaixo. Mas esse grande ecossistema pode ser dividido em três ambientes menores, como os chamados biociclos, com características próprias, são eles: o epinociclo ou biociclo terrestre (não coberto por água), o limnociclo ou biociclo de água doce, representado pelos rios, lagos e lagoas e o talassociclo ou biociclo de água salgada como os mares e oceanos. A divisão pode continuar com a divisão de cada biociclo em biócoras, que por sua vez, podem ser subdivididas em biomas, e assim por diante. Essas divisões visam facilitar o estudo e possibilitar o conhecimento da biosfera como um todo. Por exemplo, pode-se considerar um lago, como o Lago do Ibirapuera na cidade de São Paulo (SP), um ecossistema, mas também é possível trabalhar o Parque do Ibirapuera como sendo um ecossistema. Ainda, a cidade de Belo Horizonte é um ecossistema, assim como o são o Estado de Minas Gerais e a área de cerrado desse Estado. É certo que quando se estuda um ecossistema a divisão acadêmica procura obedecer a divisão natural, como a delimitação por rios ou florestas, preservando dessa maneira a homogeneidade das características dos ambientes.

Também é possível delimitar ecossistemas temporalmente. As condições ambientais e as espécies de seres vivos do período Cambriano, há cerca de 570 milhões de anos, de uma determinada região da Terra, não são as mesmas daquelas presentes na mesma região atualmente, revelando a mutabilidade ao longo do tempo.

Os ecossistemas possuem outras características estruturais além dos ambientes de entrada e de saída. Do ponto de vista trófico, ou seja, alimentar, os ecossistemas apresentam dois estratos, o autotrófico e o heterotrófico.

O estrato autotrófico corresponde ao conjunto de organismos que são capazes de assimilar energia disponível no ambiente e utilizá-la na fabricação de matéria orgânica, estando presente tanto em ambientes terrestres como em ambientes aquáticos. Os grupos de organismos componentes desse estrato são as bactérias fotossintetizantes e quimiossintetizantes, os protistas fotossintetizantes e, naturalmente, os vegetais. Os vegetais predominam no ambiente terrestre, sendo os principais responsáveis pela produção de matéria orgânica necessária à manutenção de seus corpos e dos demais tipos de organismos presentes. Já no interior dos solos em ambientes terrestres há predomínio de bactérias quimiossintetizantes, também relacionadas com a circulação do nitrogênio e seu aproveitamento pelos demais seres vivos. Nos ambientes aquáticos marinhos, protistas fotossintetizantes, constituintes do plâncton que se encontra próximo à superfície, são os principais produtores de matéria orgânica, uma vez que nesse meio a presença de vegetais enraizados é inviabilizada devido à ausência de luz nas grandes profundidades na maior parte dos oceanos. Nos rios, lagos e lagoas a diversidade de organismos autotróficos é bastante variada, desde vegetais enraizados nos ambientes mais rasos, até bactérias e protistas planctônicos próximos à superfície, nos locais mais profundos. Nos ambientes aquáticos, tanto marinhos quanto de água doce, existem talófitas, isto é, algas pluricelulares que flutuam na massa de água, não possuindo raízes e, portanto, não estando presas ao fundo, e que têm em muitos casos papel importante como produtoras nas cadeias alimentares.

No estrato heterotrófico, aquele cujos organismos dependem de matéria orgânica produzida pelos autótrofos, a diversidade de espécies é bastante elevada. Nesse estrato se encontra a grande maioria de bactérias e de protistas, todos os fungos e todos os animais. Da mesma maneira que o estrato autotrófico, aquele está presente tanto em ambientes terrestres como em ambientes aquáticos, sendo interessante lembrar que no fundo dos mares e de rios ou lagos profundos é o único estrato presente.

Transferências Tróficas e Energéticas nos Ecossistemas

Entre as diversas interações existentes em um ecossistema se destaca a transferência de matéria e de energia na comunidade através de seus diferentes níveis tróficos (ou níveis de alimentação). Isso implica na presença de organismos pertencentes ao estrato autotrófico assimilando diretamente energia do ambiente para produção de matéria orgânica, e ao estrato heterotrófico pelo menos no nível decompositor. Um nível trófico pode ser definido como forma de obtenção de energia, seja ela diretamente do ambiente ou a partir da matéria orgânica assimilada sob a forma de alimento.

Organismos capazes de assimilar diretamente energia ambiental e usá-la na produção de matéria orgânica são denominados de modo genérico de organismos autótrofos. Se a fonte de energia ambiental for a solar se fala em fotoautótrofos, mas se a fonte energética for química se fala em quimioautotróficos. Ainda, hoje se sabe que existem organismos no fundo dos mares próximos as fossas oceânicas capazes de assimilar energia geotérmica, sendo denominados geotermoautotróficos. Todos esses organismos pertencem ao estrato autotrófico, ocupando o primeiro nível trófico de uma cadeia alimentar, e constituem a base da entrada de energia e produção de matéria orgânica nos ecossistemas, sendo denominados organismos produtores.

Por sua vez, organismos que necessitam obter energia a partir da alimentação e respiração desse alimento são denominados organismos heterotróficos. A diversidade entre os heterotróficos é bastante ampla, estando sua classificação relacionada com o tipo de matéria orgânica assimilada, seja por absorção ou por ingestão pelo organismo. Se o organismo obtém energia a partir da assimilação de matéria orgânica de seres autótrofos, isto é, são herbívoros, fala-se em consumidores primários ou de primeira ordem, ou seja, os primeiros a obter alimentos sintetizados pelos organismos produtores de matéria orgânica (Figura 3.1). Seguindo esse raciocínio, organismos que obtêm energia se alimentando de consumidores primários, ou seja, dos herbívoros, são chamados de consumidores secundários ou de segunda ordem, e assim por diante. Algumas espécies necrófagas como os urubus (Figura 3.2) podem ser consumidores de segunda, de terceira ou de outra ordem em função do tipo de animal morto a ser consumido.

FIGURA 3.1 – Animais herbívoros se alimentando de vegetais, ocupando o segundo nível trófico e denominados consumidores primários.

FIGURA 3.2 – Urubu se alimentando de carcaça de tatu, exemplo de animal necrófago.

Assim, os organismos produtores ocupam o primeiro nível trófico, os consumidores primários o segundo nível trófico, os consumidores secundários o terceiro nível trófico, e assim por diante. O encadeamento dos níveis tróficos constitui a cadeia alimentar definida com mais detalhes a seguir.

Essas transferências tróficas e energéticas recebem a denominação de cadeia alimentar. Toda e qualquer cadeia alimentar deve apresentar basicamente dois níveis tróficos: os produtores, isto é, organismos autotróficos, responsáveis pela entrada de energia ambiental no sistema, e os decompositores, pertencentes ao estrato dos heterótrofos, essenciais para a ocorrência de reciclagem da matéria. Além desses níveis tróficos, diversos tipos de consumidores, também pertencentes ao estrato dos heterotróficos, normalmente estão presentes, embora sua presença não seja obrigatória. Os decompositores estão representados por grupos de bactérias e de fungos.

Ao longo das cadeias alimentares, a matéria é reciclada em cada nível trófico devido à ação dos decompositores, mas a energia fixada pelos produtores, principalmente através do processo fotossintético, é transferida unidirecionalmente aos consumidores e decompositores, uma vez que o calor liberado dos corpos não pode ser reaproveitado pelos seres vivos. Como cada organismo em um dado nível trófico perde, isto é, libera calor durante sua atividade vital, essa característica de transferência energética faz com que as cadeias alimentares sejam relativamente curtas, ou seja, apresentem poucos níveis tróficos. Mesmos em ambientes altamente produtivos, as cadeias alimentares apresentam cinco a seis níveis tróficos.

As cadeias alimentares podem ser representadas esquematicamente como o apresentado nas Figuras 3.3 e 3.4.

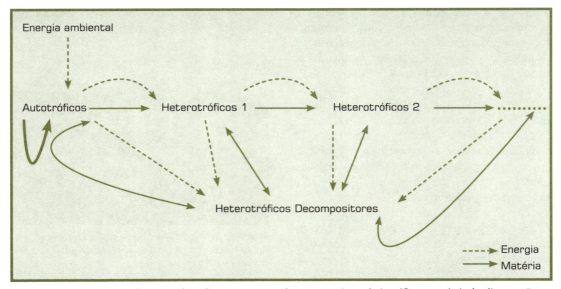

FIGURA 3.3 – Estrutura de uma cadeia alimentar mostrando os respectivos níveis tróficos ou níveis de alimentação.

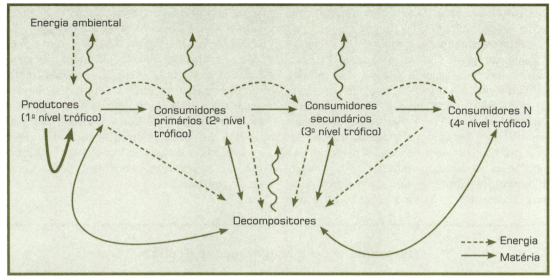

FIGURA 3.4 – Esquema básico de uma cadeia alimentar, destacando a transferência de matéria e de energia e a perda de calor a cada passagem.

Embora seja comum a representação das relações tróficas e energéticas por meio de uma cadeia alimentar, na maior parte das vezes o que se encontra nos ecossistemas são interações bem mais complexas. Muitas espécies de organismos possuem uma dieta bastante diversificada, podendo se comportar como consumidores de diferentes ordens. Por exemplo, os animais onívoros, aqueles que se alimentam de produtos originados de vegetais e também de animais, podem ocupar o segundo nível trófico ao se alimentarem de grãos, e o terceiro nível trófico ao se alimentarem de carne. Mesmos os vegetais podem ocupar níveis tróficos de consumidores além do nível de produtor como, por exemplo, as plantas carnívoras. Ao realizarem fotossíntese são produtores e ao capturarem insetos e utilizarem seus nutrientes ocupam o nível trófico consumidor. Dessa maneira, o mais adequado é a representação por meio de teia alimentar (Figura 3.5), que procura mostrar as relações tróficas e energéticas presentes no ecossistema.

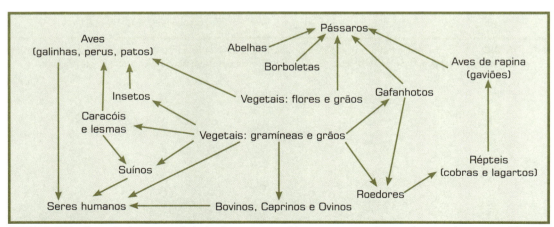

FIGURA 3.5 – Exemplo de uma possível teia alimentar em ambiente terrestre, onde organismos podem ocupar diferentes níveis tróficos.

A matéria orgânica presente no ambiente pode ser assimilada, utilizada e eliminada pelos organismos diversas vezes. Mas algumas substâncias presentes no meio ambiente que são incorporadas pelos organismos, juntamente com a matéria orgânica, não são facilmente eliminadas acumulando-se, dessa maneira, em seus corpos. Assim, esses organismos ao servirem de alimento para outros transferem a substância juntamente com seus tecidos e órgãos, contaminando toda cadeia alimentar. É importante destacar que as maiores concentrações do contaminante bioacumulável são observadas nos animais de elevado nível trófico. A esse processo dá-se o nome de magnificação trófica (Figura 3.6). Diversos compostos podem ser reconhecidamente bioacumulados, destacando-se metais pesados como, por exemplo, mercúrio e chumbo e muitos agrotóxicos como os inseticidas organoclorados. Portanto, o uso dessas e de outras substâncias, que podem ser bioacumuladas, deve ser precedido de estudos ambientais, visando minorar os possíveis danos ao ecossistema e aos organismos.

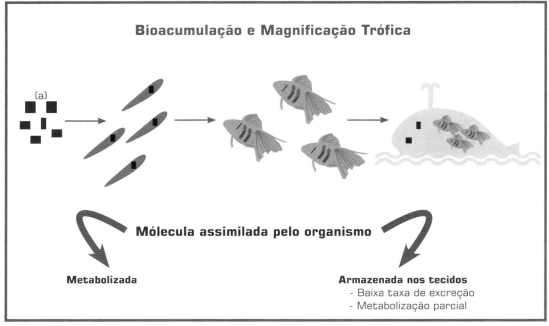

FIGURA 3.6 – Esquema de magnificação trófica, isto é, acumulação de substância: (a) ao longo da cadeia alimentar. Notar o aumento da concentração da substância (a) à medida que ela é transferida entre os diferentes níveis tróficos.

Circulação de Materiais nos Ecossistemas

Ciclos Biogeoquímicos (Gasosos e Sedimentares)

Aproximadamente, 40 elementos químicos de todos os conhecidos são necessários à síntese do protoplasma dos seres vivos. Esses elementos se encontram no ambiente físico de onde são assimilados pelos seres vivos, utilizados de diversas formas e então, devolvidos ao meio ambiente, estando novamente disponíveis para utilização. A essa passagem cíclica dos elementos entre a matéria viva e não-viva se dá o nome de ciclo biogeoquímico. Embora os ciclos biogeoquímicos sejam caracterizados pelos elementos químicos, na realidade o que circula entre a matéria viva e não-viva são os compostos que contêm esses elementos.

Segundo Eugene P. Odum, o primeiro a usar o termo biogeoquímico foi o cientista russo Vernadskii, em 1926, para se referir à ciência que estuda a troca de materiais entre os componentes vivos e não-vivos da biosfera.

Nos ciclos biogeoquímicos são reconhecidos os três compartimentos básicos – reservatório, de nutrientes e biótico – envolvidos na circulação de materiais dentro dos ecossistemas, que são os mecanismos de transferência que possibilitam essa circulação e a energia necessária à movimentação. O compartimento reservatório corresponde ao meio no qual o elemento se encontra sob a forma que não pode ser utilizada diretamente pela maior parte dos organismos. Esse compartimento, em grande parte, é abiótico e apresenta circulação mais lenta que os demais. O outro compartimento é o de nutrientes, onde se encontram elementos sob formas biodisponíveis, podendo ser utilizados diretamente pela maioria dos seres vivos. Nesse compartimento a circulação de materiais é mais rápida. O terceiro é o compartimento biótico, constituído por todos os seres vivos.

Os mecanismos de transferência de materiais entre os três compartimentos envolvem processos geoquímicos tais como sedimentação, erosão, entre outros, como também processos biológicos, por exemplo, produção e decomposição. Atualmente a importância do homem nesses mecanismos de transferência é marcante.

Para a ocorrência da circulação de materiais nos ecossistemas é necessária uma fonte energética. A energia para movimentar os ciclos pode ser oriunda da radiação solar, eólica, nuclear, hidráulica, bioquímica ou química fóssil (carvão, petróleo, gás). Essas formas de energia concentrada e organizada são transformadas durante a circulação dos materiais. Nessas transformações uma pequena parcela da energia é utilizada na movimentação dos ciclos, sendo que a maior parte é perdida para o ambiente sob forma de calor, aumentando a entropia (grau de desordem) do sistema.

Em função do compartimento reservatório é possível diferenciar os ciclos biogeoquímicos em dois grandes grupos: os ciclos gasosos e os ciclos sedimentares. Quando o compartimento reservatório do elemento é a atmosfera (ou a hidrosfera) o ciclo é chamado gasoso. Mas se o elemento é armazenado sob a forma sólida em sedimentos, o ciclo é sedimentar. Como exemplo de ciclo gasoso se pode citar o carbono, enquanto o fósforo é um bom exemplo de ciclo sedimentar. A classificação de um ciclo como gasoso ou sedimentar não é tão simples como parece. O ciclo do enxofre, por exemplo, era considerado sedimentar com um pequeno reservatório atmosférico, mas atualmente, devido à atividade humana, várias fontes de enxofre gasoso podem ser utilizadas pelos organismos.

Os ciclos gasosos, geralmente, conseguem se ajustar mais rapidamente às mudanças ambientais devido aos seus grandes reservatórios e aos movimentos mais rápidos nesses ambientes. Por exemplo, o dióxido de carbono (CO_2) eliminado em uma determinada área tende a se dissipar rapidamente em função das correntes atmosféricas. Enquanto, os ciclos sedimentares tendem a ser mais facilmente afetados por perturbações locais, uma vez que o elemento encontra-se no reservatório relativamente inativo e imóvel da crosta terrestre. De modo geral, alterações em ciclos gasosos têm impactos mais amplos do que aquelas que ocorrem em ciclos sedimentares.

Outro aspecto que deve ser salientado é quanto aos caminhos envolvidos na circulação de materiais. Essa circulação de materiais envolve caminhos mais ou menos constantes dentro dos ecossistemas, mas mudanças drásticas podem levar a alterações nas vias de ciclagem e determinar um novo equilíbrio diferente do existente anteriormente. Por exemplo, o impacto de um meteoro irá eliminar boa parte ou talvez toda microbiota do local atingido e, portanto, a circulação do nitrogênio, entre outros elementos, será afetada. A recuperação do ambiente não seguirá, obrigatoriamente, os mesmos passos de biocolonização anteriores ao impacto. Assim, as vias de circulação do nitrogênio poderão ser alteradas e um novo equilíbrio atingido. Da mesma forma, a atividade industrial humana, principalmente das indústrias de produtos intermediários, aquelas que transformam a matéria prima em produtos que não são os finais, por exemplo: produção de papel, produtos químicos, etc., elimina grandes quantidades de gases para a atmosfera, alterando a circulação do carbono.

Dos 40 elementos necessários à síntese do protoplasma, o carbono, o hidrogênio, o oxigênio, o nitrogênio, o fósforo e o enxofre estão presentes em maiores quantidades nos seres vivos, sendo considerados macroelementos. Assim será comentada a circulação desses elementos. Os demais elementos, necessários em menores quantidades, são denominados genericamente de microelementos.

Ciclo Biogeoquímico da Água e sua Qualidade para Consumo Humano

A água é considerada um recurso natural infinito, pois sob a ação do sol evapora para a atmosfera formando as nuvens, sofre condensação e retorna ao solo e aos ambientes aquáticos na forma de chuva. Essa circulação da água do solo/mares/seres vivos para a atmosfera e vice-versa, recebe o nome de ciclo da água. Logo, a circulação da água está diretamente relacionada com o equilíbrio entre evapotranspiração, isto é, evaporação dos ambientes físicos e transpiração dos seres vivos sob ação da energia solar, e precipitação (Figura 4.1). Aproximadamente 45% da água que retorna à atmosfera tem origem a partir da transpiração vegetal, 40% da evaporação dos oceanos e 15% da evaporação do solo e das águas interiores. Essas porcentagens mostram a grande importância da vegetação na circulação da água. A remoção de grande parte da vegetação em um local leva a alterações na taxa de evapotranspiração determinando alterações na taxa de precipitação.

Os seres vivos necessitam de água líquida que obtêm por ingestão ou através da alimentação, e eliminam água de seus corpos por meio da urina, fezes, transpiração e respiração. A água evaporada e condensada na atmosfera retorna sob a forma de chuva, que pode cair diretamente nos rios, mares e lagos, como também sobre o solo, repondo os reservatórios superficiais e subterrâneos, estando novamente disponível para utilização. A chuva caindo sobre o solo escoa sobre sua superfície e, também, penetra em seu interior formando os reservatórios subterrâneos e originando as nascentes de rios. Nas áreas urbanas, a chuva cai sobre telhados, calçadas e ruas asfaltadas, de modo geral, impermeáveis à água. Logo, ao invés de penetrar no solo, corre pelo sistema de coleta de águas pluviais e daí para os rios, arrastando consigo boa parte do material presente sobre a superfície.

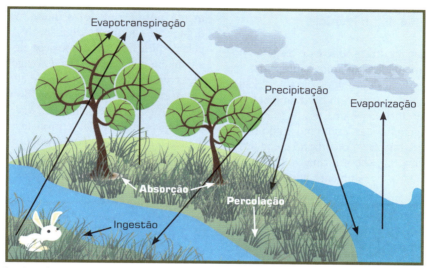

FIGURA 4.1 – Circulação biogeoquímica da água, mostrando o ambiente reservatório, as principais vias de ciclagem e algumas possíveis formas de assimilação pelos seres vivos.

Assim, se o ambiente terrestre estiver contaminado há possibilidade da água da chuva arrastar o contaminante pela superfície despejando-o em ambientes aquáticos, contaminando-os. Da mesma maneira, a água da chuva que penetra no solo pode arrastar com ela contaminantes, processo denominado lixiviação, que irão atingir os reservatórios subterrâneos.

A presença de matéria orgânica e nutriente resultantes dos esgotos domésticos pode levar à eutrofização dos rios e represas, isto é, estimular o crescimento de organismos aquáticos causando um desequilíbrio no sistema. Esgoto doméstico não tratado também possibilita a contaminação das águas por organismos patogênicos, causando doenças como infecções bacterianas, hepatite A, amebíase, giardíase e diversas verminoses. O homem pode adquirir essas doenças tanto por contato direto através da ingestão, higiene pessoal, recreação, trabalho, ou por contato indireto por meio dos alimentos que foram lavados com água contaminada.

O descarte de resíduos gerados por indústrias pode contaminar os rios e represas com substâncias químicas tóxicas, cujo comportamento ambiental e potencial de causar efeito adverso à saúde nem sempre são claramente conhecidos. Além disso, o tempo de permanência de muitas substâncias tóxicas pode ser bastante longo, comprometendo o ambiente por muito tempo.

Outro aspecto importante, mas nem sempre lembrado pelos órgãos públicos responsáveis e pela população em geral, é a preservação da vegetação nas margens dos ambientes aquáticos. Com a retirada da vegetação a água da chuva escoa rapidamente sobre a superfície do solo, arrastando com ela a camada superficial e causando a erosão do mesmo. Essa camada de solo carreada é lançada nos rios, represas e lagos, depositando-se no fundo, tornando-os mais rasos, o que se denomina assoreamento. A impermeabilização do solo aliada ao assoreamento dos ambientes aquáticos são fatores que estão diretamente relacionados com a ocorrência de enchentes em algumas áreas de grandes cidades. As construções ao redor dos rios, lagos e represas devem ser coibidas e não regularizadas.

Ciclos Biogeoquímicos do Carbono e do Oxigênio

As circulações do carbono e do oxigênio podem ser comentadas conjuntamente, uma vez que os ciclos desses elementos são interrelacionados, pois apresentam o mesmo ambiente reservatório (atmosfera e hidrosfera) e as mesmas vias de ciclagem básicas, como mostrado na Figura 4.2. Na atmosfera, o carbono é encontrado, principalmente, sob a forma de dióxido de carbono (CO_2) e no ambiente aquático como íons bicarbonato. O oxigênio está presente em quantidade significativa na forma de O_2, cerca de 20% na atmosfera, sendo sua concentração menor nos ambientes aquáticos. O carbono é retirado do ambiente reservatório, preferencialmente, por meio da fotossíntese realizada pelos organismos autótrofos, e é devolvido ao mesmo pela respiração e decomposição dos seres vivos e também pela combustão. O oxigênio, por sua vez, entra na vida via respiração aeróbia e é necessário à combustão, retornando ao ambiente reservatório, principalmente, via fotossíntese dos vegetais. Bactérias e protistas fotossintetizantes também estão envolvidos na devolução do oxigênio ao ambiente reservatório.

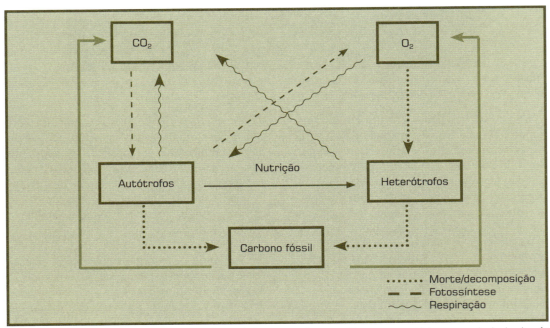

FIGURA 4.2 – Circulação do carbono e do oxigênio mostrando os ambientes reservatórios e as principais vias de ciclagem. Notar que os dois elementos apresentam o mesmo ambiente reservatório e as mesmas vias de ciclagem.

Sendo ciclos intimamente relacionados é de se esperar que alterações na circulação de um elemento afetem a circulação do outro, tanto em termos de reservas ambientais quanto em suas vias de ciclagem. A diminuição das florestas tropicais e o desmatamento, de modo geral, diminuem a quantidade de organismos capazes de retirarem carbono do ambiente físico e o incorporarem na matéria orgânica, ao mesmo tempo em que há uma diminuição na produção de oxigênio resultante da fotossíntese. Dessa maneira, existe uma tendência a aumentar a concentração de CO_2 e diminuir, ainda que não significativamente, o O_2 na atmosfera. De maneira semelhante, a queima de combustíveis para produção de energia necessária à manutenção do tipo de vida do homem atual consome oxigênio, retirando-o da atmosfera ao mesmo tempo em que libera dióxido de carbono.

Ciclo Biogeoquímico do Nitrogênio

O nitrogênio é essencial aos seres vivos, pois é um constituinte básico dos ácidos nucleicos (DNA – ácido desoxirribonucleico e RNA – ácido ribonucleico) e dos aminoácidos e proteínas. Embora esteja presente em grande quantidade na atmosfera – cerca de 70% da atmosfera corresponde a nitrogênio gasoso (N_2) – não é assimilado diretamente pela maioria dos organismos. Apenas algumas bactérias e cianobactérias são capazes de utilizarem o nitrogênio diretamente da atmosfera. Os demais organismos obtêm nitrogênio a partir de compostos orgânicos nitrogenados presentes no meio abiótico ou biótico.

O reservatório do nitrogênio é a atmosfera, portanto, um ciclo gasoso, mas grande parte das transformações necessárias para tornar esse elemento biodisponível acontece no solo sob a ação de microrganismos. Assim, a manutenção da integridade edáfica, isto é, do solo, é essencial para possibilitar a presença e a proliferação dos microrganismos envolvidos nos processos de transferência.

O nitrogênio atmosférico pode ser fixado diretamente por processo abiótico (nitrogênio e oxigênio combinados sob ação de energia solar) e por meio da ação de algumas bactérias e cianobactérias, quando então é denominado processo biótico. A fixação direta biótica do nitrogênio é a principal via responsável pela entrada desse elemento nos vegetais. Muitas espécies de bactérias e cianobactérias de vida livre no solo são capazes de realizarem a fixação direta. Mas também existem muitas plantas que possuem bactérias responsáveis pela fixação do nitrogênio atmosférico em suas raízes (Tabela 4.1). Uma vez que o nitrogênio é fixado ele é assimilado pelos vegetais e os animais

Grupo Bacteriano	Grupo Vegetal
Rhizobium	Leguminosas (feijão, soja, ervilha, alfafa etc.)
Actinomicetos	Araucárias, ginkgos e algumas espécies do gênero Casuarina

TABELA 4.1 – Alguns exemplos de grupos bacterianos presentes nas raízes de vegetais superiores relacionados à fixação biológica do nitrogênio atmosférico.

são capazes de obtê-lo a partir do consumo de plantas ou de outros animais.

Os corpos dos organismos, após a morte, sofrem ataque de bactérias e fungos decompositores, liberando compostos nitrogenados, especialmente amônia, no processo denominado amonificação. O nitrogênio contido em compostos de amônia (NH_3) não pode ser assimilado pela maioria dos seres vivos, mas algumas bactérias do solo utilizam esses compostos como fonte de energia para síntese de matéria orgânica, sobrando como resíduos outros compostos nitrogenados como nitrito (NO_2) e nitrato (NO_3), este é capaz de ser assimilado pelos vegetais e incorporado às suas moléculas de ácidos nucleicos, aminoácidos e proteínas. A esse processo dá-se o nome de nitrificação. Bactérias do gênero Nitrosomonas, entre outras, atuam na transformação da amônia em nitrito e bactérias, principalmente, do gênero Nitrobacter e são importantes na transformação do nitrito em nitrato. Portanto, o nitrogênio atmosférico pode "entrar" nos seres vivos por duas vias básicas. A primeira é por meio da fixação direta seja abiótica ou biótica, e a segunda após o processo de nitrificação.

O nitrogênio retorna ao reservatório atmosférico por ação de bactérias desnitrificantes, sejam elas autótrofas como os *Thiobacillus denitrificans* ou heterótrofas como *Micrococcus denitrificans*, *Serratia ssp*, *Pseudomonas sp* e *Achromobacter ssp*, por meio do processo denominado denitrificação. Esse processo de denitrificação é favorecido em solos pouco aerados, saturados com água e ricos em matéria orgânica. Em solos bem aerados e com quantidades moderadas de matéria orgânica e nitratos o processo de denitrificação não é significativo. O ciclo do nitrogênio pode ser esquematizado conforme mostrado na Figura 4.3.

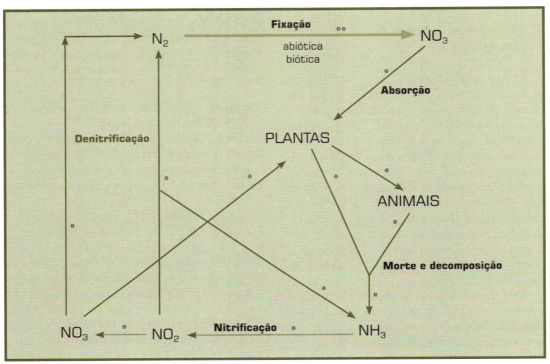

FIGURA 4.3 – Ciclo biogeoquímico do nitrogênio mostrando o ambiente reservatório e as principais vias de ciclagem. As setas marcadas com um asterisco mostram que a transformação ocorre no solo e a seta com dois asteriscos indica que a transformação pode ocorrer no solo se for biótica e na atmosfera no caso de ser abiótica.

Ciclo Biogeoquímico do Fósforo

Na circulação do fósforo, a principal via de ciclagem pode ser considerada a erosão de rochas de fosfato, processo que possibilita a liberação de fosfatos solúveis que podem ser absorvidos pelos vegetais e assimilados, através da nutrição, pelos animais. A morte dos organismos e a decomposição de seus corpos, assim como a excreção dos animais, são mecanismos importantes na devolução do fósforo ao solo, também sob a forma de fosfatos, os quais podem ser novamente assimilados pelos vegetais. Parte dos fosfatos solúveis é carreada para o mar por ação das intempéries, depositando-se nos sedimentos rasos e profundos dos ambientes aquáticos. Esse mecanismo possibilita o uso pelos diferentes organismos presentes nesses ambientes. As aves, principalmente por meio de seus excrementos e, também, os peixes marinhos, através do consumo de pescado por animais, atuam no transporte de parte dessa quantidade de fósforo novamente ao ambiente terrestre. A Figura 4.4 mostra, de modo simplificado, a circulação do fósforo nos ecossistemas.

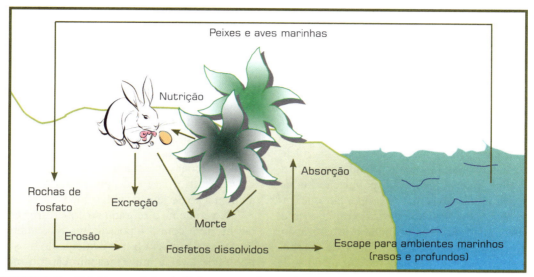

FIGURA 4.4 – Ciclo biogeoquímico do fósforo mostrando os ambientes reservatórios e as principais vias de ciclagem.

Ciclo Biogeoquímico do Enxofre

O sulfato (SO_4) é a principal forma biodisponível que é reduzida e utilizada pelos organismos autótrofos para incorporação do enxofre às proteínas. Seu maior reservatório está no solo e nos sedimentos, mas existe uma pequena parcela presente na atmosfera que pode ser utilizada. Os microrganismos do solo têm papel importante na oxidação e na redução química do enxofre e na recuperação a partir dos sedimentos profundos, principalmente nos ambientes anaeróbios. Além disso, a ciclagem do enxofre envolve interação entre processos geoquímicos e meteorológicos como erosão, sedimentação, lixiviação, etc, e biológicos, tais como produção e decomposição.

De modo geral, os ecossistemas precisam de menor quantidade de enxofre do que de fósforo ou de nitrogênio. Embora seja um fator que limita com menor frequência o crescimento das plantas e animais, o enxofre é essencial no padrão geral da circulação de materiais nos ecossistemas. Por exemplo, quando sulfetos de ferro se formam nos sedimentos, o fósforo se converte de uma forma insolúvel para uma forma solúvel, tornando-se assim biodisponível.

Ação Humana na Circulação de Materiais

A interferência humana na circulação de materiais, isto é, nos ciclos biogeoquímicos, nos ecossistemas se faz, principalmente, por meio de três fatores básicos, a saber: crescimento populacional, uso de tecnologias e urbanização global.

Se existissem apenas alguns milhões de seres humanos vivendo de caça e coleta ou de agricultura de subsistência, tudo o que fosse feito não iria afetar profundamente o planeta. Mas com a população humana ultrapassando a casa dos seis bilhões de pessoas e utilizando cada vez mais tecnologias, nem sempre adequadas ao tipo de ambiente, o impacto sobre a Terra torna-se muito importante. O grande número de indivíduos exige maiores quantidades de recursos para sua manutenção com consequente espoliação dos ecossistemas. É interessante ressaltar que embora o crescimento populacional seja acentuado na população de baixa renda, o consumo de grandes quantidades de recursos naturais ocorre por uma parcela pequena da população dos países desenvolvidos. Menos de 25% da população mundial consome cerca de 80% dos bens produzidos pelo homem.

Hoje, aproximadamente 20% da superfície terrestre passa por um processo de degradação do solo decorrente da atividade humana. Estima-se que a cada ano, entre seis e sete milhões de hectares de terras agrícolas tornam-se improdutivas devido à erosão do solo, principalmente pelo uso de técnicas agrícolas inadequadas àquelas condições ambientais. Além disso, quase um milhão de hectares, sendo a maior parte em terras agricultáveis, é sacrificado a cada ano em favor da urbanização.

Ainda que boa parte da população humana viva em áreas rurais, a proporção que habita as cidades está aumentando rapidamente. Existe uma tendência mundial à urbanização. Em 1950, cerca de 750 milhões de pessoas no mundo viviam em cidades, em meados de 1970 essa cifra dobrou, e estima-se que nas duas primeiras décadas desse século, metade da população humana esteja vivendo em cidades. As cidades geram e acumulam riquezas, mas também são grandes consumidoras de recursos naturais. A expansão das cidades requer uma enorme quantidade de água, energia e materiais diversos para funcionarem, produzindo "dejetos" que podem contaminar a água, o ar e o solo muito além dos limites urbanos.

A expansão das cidades e a perda dos solos agrícolas são alguns fatores que levam ao desmatamento. A expansão das cidades necessita de espaço físico, o qual é obtido a partir de áreas de florestas, campos ou terras agrícolas. Já a perda de solos agricultáveis faz com que haja uma demanda crescente por novas terras produtivas, que, de modo geral, correspondem a terras virgens de florestas e campos. A remoção de áreas florestadas e de campos tem impacto direto na circulação de materiais nos ecossistemas. Por exemplo, na circulação da água, uma parcela importante (cerca de 50%) da mesma retorna à atmosfera a partir da transpiração vegetal, mostrando a importância da manutenção da cobertura vegetal, tendo as florestas dos trópicos úmidos um papel de destaque no processo. Pelo volume de água que circula na Floresta Amazônica entre a evapotranspiração e a precipitação, pode-se falar que esse ecossistema atua como se fosse os rins do planeta, mantendo o equilíbrio hídrico em boa parte do globo terrestre. Com a diminuição da cobertura vegetal se espera uma diminuição da taxa de transpiração, alterando o teor de umidade atmosférica e, consequentemente, o regime de chuvas. Outro fator importante, decorrente do aumento de áreas de solo exposto, isto é, sem cobertura vegetal, é a erosão do solo e o assoreamento dos ambientes aquáticos, uma vez que a água da chuva tende a escoar rapidamente, não havendo tempo necessário para sua penetração no solo e alimentação do lençol subterrâneo.

Não somente a retirada da cobertura vegetal interfere com a reposição da água subterrânea, mas também o uso inadequado do solo que pode levar à impermeabilização do mesmo, impedindo que a água da chuva penetre e atinja o lençol subterrâneo. Vale destacar que o uso contínuo desse reservatório pelo homem mais rapidamente do que o tempo de reposição natural determinará em um futuro próximo o esgotamento dessa fonte hídrica. Com o comprometimento da qualidade das águas superficiais e o uso intenso das águas subterrâneas é possível afirmar que a água de boa qualidade irá se tornar um bem cada vez mais difícil de ser obtido e cada vez mais caro. As grandes cidades no Brasil já necessitam buscar água de fontes cada vez mais distantes, em função do comprometimento da qualidade da água das fontes próximas, o que implica, em última instância, em maiores custos finais ao consumidor.

A utilização dos ambientes aquáticos para despejo de resíduos domésticos, industriais e agrícolas acontece há muito tempo, talvez por um conceito humano errado de que a água tudo leva. Atualmente já existe a preocupação de se regulamentar e fiscalizar o despejo de resíduos nos ambientes aquáticos, uma vez que podem comprometer não somente a vida nesses ambientes, mas também impactar diretamente na saúde humana. Nos países pobres, boa parte das doenças que afligem milhares de pessoas é transmitida pela água contaminada, principalmente por esgotos domésticos, os quais podem conter organismos patogênicos, além de funcionarem como locais adequados à criação e à proliferação de diversos insetos vetores de doenças e outros animais, também relacionados com graves patogenias humanas. Os nutrientes procedentes de águas residuais, especialmente os esgotos domésticos, e de fertilizantes agrícolas levam à eutrofização dos ambientes aquáticos, à proliferação de algas e à redução da potabilidade da água.

Outro fator de interesse é a contaminação das águas por metais pesados e por agrotóxicos em regiões industriais e agrícolas, respectivamente. Esses compostos podem estar presentes em baixas concentrações nos corpos d'água, mas com a ingestão contínua de água ou de alimentos relacionados diretamente ao ambiente aquático, há a possibilidade de incorporação aos tecidos dos organismos e a ocorrência de magnificação trófica ao longo da cadeia alimentar, favorecendo o surgimento de doenças relacionadas à contaminação química no homem e em animais.

Em nível mais amplo, a acidificação das águas por nitratos e por sulfatos depositados como precipitações ácidas, decorrente do aumento da industrialização, constitui um sério problema na Europa, América do Norte, certas regiões da Ásia e, atualmente, também em alguns países em desenvolvimento. Nas grandes cidades brasileiras, a chuva ácida já se constitui em importante problema ambiental.

A retificação dos corpos d'água é um outro fator que modifica as taxas de evapotranspiração e de precipitação nas áreas envolvidas, além da atuação direta sobre a flora e fauna locais. Além disso, com a retirada dos meandros dos rios existe uma maior probabilidade de ocorrência de enchentes nas áreas de várzea onde as águas do rio antes extravasavam, afetando negativamente a população local.

A diminuição da cobertura vegetal além de ser importante na circulação da água também deve ser considerada na circulação de outros materiais como, por exemplo, na circulação do carbono. Diminuindo-se a taxa de fotossíntese, o CO_2 liberado pelos seres vivos autótrofos fotossintetizantes tende a aumentar sua concentração na atmosfera. O desflorestamento,

isto é, a remoção de florestas, é especialmente significativo em países tropicais, ainda ricos em grandes áreas florestadas, com vistas a ampliar as fronteiras agrícolas como o que se tem observado na região centro-oeste e na região norte do Brasil. Ainda é importante salientar que a desflorestação libera carbono para a atmosfera não somente por meio da combustão e da degradação da biomassa, mas também através da perda de carbono do solo.

O uso cada vez maior de combustíveis e de solo para produção de alimentos, visando suprir as necessidades humanas, libera grandes quantidades de carbono para a atmosfera. Para alimentação da espécie humana são necessários produtos tanto de origem animal como de origem vegetal, embora os primeiros tenham hoje maior peso, especialmente nos países desenvolvidos. Em termos de ocupação de solo para produção de alimentos, a criação de animais para abate é um grande problema mundial. Uma cultura de soja para alimentação humana é capaz de manter 100 pessoas durante um ano, mas se no mesmo espaço físico for criado gado bovino, é possível alimentar apenas cerca de dez pessoas durante o mesmo período de tempo. Tanto as plantações, cada vez maiores, de produtos agrícolas cultivados em regiões alagadas como o arroz e o aumento dos rebanhos bovino e ovino, cujos animais possuem microrganismos em seu trato digestivo, liberam grandes quantidades de gás metano (CH_4) para a atmosfera. Estima-se que a concentração atmosférica de metano venha aumentando cerca de 1% ao ano.

Algumas atividades industriais humanas liberam dióxido de carbono (CO_2) e outras também liberam o cloro-flúor-carbono (CFC), além de outros possíveis gases poluentes. Há atividades que liberam óxidos de enxofre e de nitrogênio para a atmosfera, e ainda existem atividades que produzem gases tóxicos com maior risco à saúde da população.

O CO_2 (dióxido de carbono) o CH_4 (metano) e o CFC (cloro-flúor-carbono), entre outros gases, são considerados gases estufa, pois, uns mais que outros, atuam no bloqueio de ondas de luz na faixa do infravermelho, retendo assim o calor no planeta. Esses gases estufa permitem a passagem da energia radiante, mas são opacos, isto é, bloqueiam a energia térmica. Logo, a luz passa, mas o calor fica retido próximo à superfície do planeta, processo conhecido como efeito estufa. O efeito estufa está relacionado diretamente ao aquecimento global com o consequente derretimento das geleiras e aumento do nível dos mares, destruindo as principais cidades do mundo. Também irá mudar a localização das zonas agrícolas em função da mudança do regime de chuvas, com grande possibilidade de aumento das áreas desérticas. Essa alteração térmica também irá afetar a biodiversidade, pois muitas espécies não irão se adaptar às novas condições, entrando em extinção, enquanto que outras irão proliferar. De especial importância são os insetos, muitos considerados pragas agrícolas e vetores de importantes doenças, que são capazes de se adaptar rapidamente às novas condições ambientais. Muitas doenças tendem a apresentar um novo padrão de distribuição, de modo geral, mais amplo do que o anterior.

Na ciclagem do nitrogênio, o uso inadequado do solo como as queimadas, o desmatamento e a aplicação de fertilizantes nitrogenados podem levar à alteração da microbiota edáfica, isto é, da microbiota presente no solo. As queimadas destroem boa parte ou até toda a microbiota do solo, determinando diminuição ou ausência dos processos de fixação desse elemento, decomposição da matéria orgânica, nitrificação e denitrificação. O desmatamento em grande escala, sem planejamento, facilita a ocorrência de erosão e, portanto, a perda de nutrientes nitrogenados, localizados, principalmente, nas camadas mais superficiais do solo. Por outro lado, o uso de fertilizantes, o aumento das plantações de leguminosas e a eliminação de óxidos de nitrogênio, a partir da atividade humana, promovem um aumento na disponibilidade desse elemento. Atualmente, cerca de 30% do nitrogênio presente nos corpos dos seres humanos são provenientes de fontes artificiais.

A utilização de combustíveis pelo homem, especialmente os derivados do petróleo, libera óxidos de nitrogênio que, juntamente com os óxidos de enxofre, são importantes na acidificação dos ecossistemas. Esses óxidos reagem com o vapor d'água na atmosfera e se precipitam sob a forma de ácido sulfúrico, produzindo a chamada chuva ácida. Por sua vez, os óxidos de nitrogênio na presença de radiação ultravioleta (UV), reagem com os hidrocarbonetos não queimados produzidos por motores de veículos automotores, produzindo um smog fotoquímico tóxico para vegetais e para animais. Fotografias de Londres e outras grandes cidades, nas décadas de 1940 e 1950, mostram a condição insalubre da atmosfera. Hoje, nas grandes cidades dos países em desenvolvimento, vivencia-se um problema semelhante, embora não tão acentuado. É comum nas áreas urbanas a ocorrência de problemas respiratórios, principalmente no inverno e em faixas etárias mais susceptíveis, como idosos e crianças.

A atividade humana também é importante nos ciclos sedimentares. Na circulação do fósforo, o despejo de esgotos domésticos, industriais e agrícolas aumenta a disponibilidade de fosfatos no ambiente, causando problemas locais como a eutrofização dos ambientes aquáticos. A mineração, por outro lado, acelera a perda de fósforo para o mar, que pode se tornar mais rápida do que o tempo necessário para reposição via peixes e aves marinhas.

Todos os elementos possuem suas vias de ciclagem, que podem ser afetadas pela atividade humana e assim alteradas, interferindo na circulação desses elementos. Os problemas mais sérios que atualmente ameaçam o planeta, embora não haja consenso, são o efeito estufa, a destruição da camada de ozônio, o acúmulo de lixo tóxico e o esgotamento dos recursos naturais não renováveis. São fenômenos não corrigíveis dentro dos padrões de tecnologia e custo atuais e atingem o planeta como um todo. Essas alterações decorrem, principalmente, da atividade tecnológica dos países desenvolvidos. Menos graves e reversíveis, embora com enormes custos, estão o crescimento populacional, a chuva ácida, o desmatamento, a desertificação, a erosão do solo, a poluição atmosférica local, as enchentes e o esgotamento dos recursos, entre outros. Esses últimos problemas citados estão relacionados mais diretamente com o grau de desenvolvimento dos países periféricos. Assim, pode-se dizer que o principal problema ambiental global a ser enfrentado pela civilização no século XXI advém do seu próprio modelo de desenvolvimento. Os países subdesenvolvidos passarão a apresentar grave ameaça para o planeta quando atingirem maior grau de desenvolvimento seguindo o modelo atual, que é altamente degradador. O desenvolvimento "sustentável" dos países implica na implementação de um novo modelo de crescimento, menos consumista e mais preocupado com o ambiente, visando sua manutenção para as gerações futuras.

Fatores Ecológicos

Todo e qualquer fator físico, químico ou biológico que influencia e é influenciado pelos seres vivos é denominado fator ecológico. Os fatores ecológicos atuam sobre a densidade, as modificações adaptativas e outras características das espécies presentes no ecossistema. Nem todos os fatores ecológicos estão presentes em níveis adequados nos ecossistemas, assim se o fator ecológico estiver presente em pequena quantidade, dificultando o desenvolvimento dos organismos, ou em excesso, intoxicando os organismos, ele poderá atuar de forma a interferir no crescimento populacional determinando ou limitando seu crescimento e sendo por isso denominado fator limitante. Quando a disponibilização de um fator ecológico limitante atinge ou retorna ao seu ideal ele deixa de limitar o crescimento dos organismos e, portanto, deixa de ser um fator limitante. Em outras palavras, um fator limitante é definido em função de sua disponibilidade em um determinado período de tempo. A Figura 5.1 mostra como vários fatores ecológicos podem atuar sobre a taxa de crescimento de uma determinada população, sendo considerados como limitantes em um dado momento.

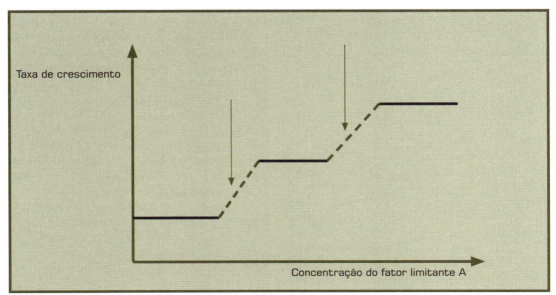

FIGURA 5.1 – Fatores ecológicos atuando sobre o crescimento populacional de uma espécie, estando alguns fatores atuando como limitante em determinados momentos. Nos segmentos destacados em vermelho o fator limitante é A, pois a taxa de crescimento está diretamente relacionada à concentração do fator A presente no meio, enquanto que nos segmentos em azul outro fator está atuando como limitante.

Em relação aos fatores ecológicos, de modo geral os organismos apresentam um mínimo e um máximo ecológico que representam seus limites de tolerância, os quais podem variar em função do fator atuante. Alguns organismos podem apresentar uma larga faixa de tolerância a um determinado fator ecológico e uma faixa estreita para outro. Por exemplo, animais de desertos suportam amplas variações térmicas diárias, mas eles, por sua vez, estão adaptados a uma pequena disponibilidade hídrica. Por outro lado, organismos de regiões tropicais úmidas estão adaptados a pequenas oscilações térmicas e pluviométricas anuais.

A resposta dos organismos aos fatores ecológicos aos quais estão sujeitos determina a capacidade da espécie de ocupar novos ambientes, muitas vezes com diferentes fatores ecológicos ou com amplas variações nos fatores ecológicos presentes no ambiente de origem. Essa capacidade adaptativa da espécie à variação nos fatores ecológicos aos quais está exposta ou a novos e diferentes fatores ecológicos é denominada valência ecológica. Se uma espécie apresenta grande capacidade adaptativa ou grande valência ecológica, como o homem, o rato e a barata e outros animais e mesmo vegetais, ela é chamada de espécie euriécia e, geralmente, pode ser encontrada em várias regiões geográficas, sendo, portanto uma espécie euritópica. Enquanto as espécies estenoécias são aquelas que apresentam pequena valência ecológica, como por exemplo, o urso panda gigante e o urso polar, e, via de regra, têm distribuição geográfica restrita, sendo denominadas espécies estenotópicas, pois não sendo capazes de suportarem variações nos fatores ecológicos, não conseguem se adaptar a ambientes com características físicas, químicas e biológicas diferentes daquelas de seu ambiente de origem. De modo geral essas espécies estenoécies são mais suscetíveis às alterações ambientais e, portanto, apresentam maior risco de redução populacional e possível extinção decorrente das mudanças do ambiente no qual estão vivendo.

Quando o fator ecológico é uma condição física ou química do ambiente denomina-se fator ecológico abiótico como, por exemplo, a luminosidade, a temperatura e o pH, mas se o fator ecológico é uma relação entre seres vivos passa a ser chamado fator ecológico biótico. Embora essa divisão seja útil para finalidade didática, na prática, a distinção entre fator ecológico abiótico e fator ecológico biótico nem sempre é clara. A temperatura local, por definição, é um fator ecológico abiótico, mas pode ser influenciada pela atividade dos seres vivos. Por exemplo, a temperatura dentro de uma colmeia é mais alta do que a temperatura ambiental do meio ambiente onde está localizada devido à atividade física das abelhas, mostrando como os seres vivos (fator biótico) interferem nas condições ambientais (fator abiótico).

O entendimento da atuação dos fatores ecológicos abióticos e bióticos possibilita o estudo de situações complexas e a identificação dos prováveis elos fracos dos ecossistemas naquelas condições ambientais.

Fatores Ecológicos Abióticos

Luz

A luz é a fonte primária de energia para garantir a produtividade na maioria dos ecossistemas do planeta, uma vez que seus comprimentos são assimilados e utilizados na fotossíntese vegetal e de alguns microrganismos para produção de matéria orgânica. Além disso, é essencial na manutenção dos ritmos biológicos, induzindo os ritmos estacionais relacionados com o fotoperiodismo, isto é, duração do comprimento do dia, os ritmos circadianos ou diários e os ritmos lunares bastante importantes nos animais marinhos.

A absorção dos raios solares pela superfície terrestre e aquática não é homogênea, criando áreas frias e quentes e levando à circulação atmosférica. Quando a energia solar atinge a Terra ela tende a ser degradada em energia térmica, isto é, em calor. Somente uma pequena parte da energia luminosa absorvida pelos seres autótrofos fotossintetizantes é transformada em energia química alimentar, sendo que a maior parte dessa energia é degradada em calor e dissipada para o ambiente.

A qualidade (comprimento de onda), a intensidade (quantidade de energia) e a duração (comprimento do dia) são fatores abióticos ecologicamente importantes. De modo geral, em ecossistemas terrestres a quantidade de luz não chega a variar o suficiente para ter um efeito importante sobre a taxa de fotossíntese, mas à medida que a luz penetra na água, os comprimentos de onda nas faixas do azul e do vermelho tendem a ser retidos nas camadas mais superficiais e comprimentos de onda nas faixas do verde e do amarelo a penetrarem em profundidades um pouco maiores. Cerca de 80% da radiação em comprimento de onda referente ao vermelho é absorvida no primeiro metro de profundidade nos ambientes aquáticos. Isso tem implicação na influência direta sobre a taxa de fotossíntese nos ambientes aquáticos, uma vez que os comprimentos de onda azul e vermelho são os mais aproveitados pela maioria dos seres autótrofos fotossintetizantes. Interessante notar que muitas rodofíceas ou algas pluricelulares (talófitas) vermelhas possuem pigmentos do tipo ficoeritrina que possibilitam melhor absorção de comprimento de onda na faixa do verde, podendo dessa maneira ocupar camadas de água relativamente mais profundas do que aquelas onde são encontradas as clorofíceas ou algas verdes, sejam unicelulares (protistas) ou pluricelulares (talófitas).

A incidência de luz sobre a Terra, sua absorção, reflexão e irradiação têm importante papel não somente na taxa de produtividade do ecossistema, mas também na temperatura e na circulação atmosférica. A atmosfera é praticamente transparente às radiações do sol de ondas curtas como o ultravioleta, o violeta e o azul, permitindo que incidam sobre a superfície do planeta. Parte dessa radiação é absorvida pelo solo, parte pela água e parte pelos seres vivos, mas parte é refletida (Figura 5.2). A radiação refletida não muda seu comprimento de onda, mas a radiação absorvida e irradiada para a atmosfera o faz em comprimento de onda maior, por exemplo, infravermelho ou calor.

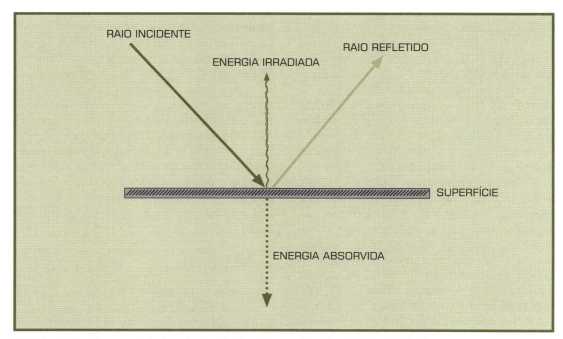

FIGURA 5.2 – Esquema da incidência da radiação solar, sua absorção, reflexão e irradiação.

Superfícies claras refletem melhor os raios solares do que superfícies escuras, enquanto que superfícies escuras absorvem melhor os raios solares e, portanto, esquentam mais rapidamente. A capacidade refletora de uma superfície é denominada albedo. O maior albedo é o de uma superfície coberta por neve branca e limpa enquanto que o albedo de um corpo negro é zero, ele não reflete e sim absorve toda a radiação que recebe. O albedo mostra a relação entre a quantidade de radiação recebida e a refletida pela superfície e é expresso em porcentagem. O albedo na Terra aumenta com a latitude nos dois hemisférios e nas zonas temperadas é maior no inverno do que no verão, devido à presença de neve naquela época do ano. A presença de extensas áreas cobertas por gelo contribui de modo significativo para a manutenção de uma temperatura global mais baixa. As geleiras têm importante papel na manutenção da temperatura do Planeta como um todo. Por outro lado, nas cidades, as grandes áreas asfaltadas tendem a diminuir o albedo local e, portanto, contribuir para aumentar a temperatura do local.

Temperatura

Embora existam exceções, de modo geral, a maioria dos organismos é encontrada vivendo em temperaturas entre 0 e 50°C, haja vista que essa faixa de temperatura possibilita a manutenção da atividade enzimática, embora algumas bactérias sejam capazes de viver em águas termais com temperaturas que atingem 100°C, e alguns nematoides e tartígrados possam suportar temperaturas inferiores a 272°C negativos. Algumas espécies suportam amplas variações térmicas, sendo denominadas espécies euritérmicas, enquanto que outras somente podem ser encontradas em ambientes onde não ocorrem grandes variações de temperatura, estas são chamadas de espécies estenotérmicas. A variação térmica tende a ser menor na água do que na terra e, portanto, os organismos aquáticos geralmente apresentam faixas mais estreitas de tolerância à variação de temperatura do que os organismos terrestres.

A temperatura, além de atuar nas reações fisiológicas da célula e de ser responsável pela manutenção da atividade enzimática dos organismos, influencia as características físicas e químicas do ambiente tais como o volume do solo, a pressão atmosférica, o potencial de redução, a difusão e movimento browniano das partículas, a viscosidade e a tensão superficial, entre outras. Também é responsável pela zonação e estratificação em ambientes terrestres e aquáticos. A distribuição da temperatura muda com a latitude e com a altitude. Nas montanhas, à medida que aumenta a altitude, a temperatura e a pressão barométrica diminuem. O esfriamento progressivo nas montanhas com a altitude é devido ao efeito adiabático, isto é, nenhuma fonte de energia externa ao sistema está envolvida no processo de resfriamento. O ar aquecido junto à superfície tende a subir e como a pressão atmosférica em altitudes mais elevadas é menor, o ar aquecido se expande, e à medida que isso ocorre, ele perde calor e resfria.

A temperatura ainda influencia o padrão global de chuvas. Quando os ventos frios superficiais vindos das regiões subtropicais e temperadas se dirigem para as latitudes mais baixas eles absorvem calor e umidade da superfície do mar, aquecendo-se à medida que se aproximam do equador. Na zona equatorial, os ventos estão suficientes quentes e úmidos, sobem na atmosfera e por efeito abiabático perdem umidade, ocasionando as chuvas nessa região. A corrente de ar continua se elevando e perdendo umidade. Quando atingem latitudes de 30° norte e sul, os ventos estão frios e secos e passam a reter a umidade que encontram. Essa característica explica a presença dos grandes desertos ao redor da latitude 30° norte e sul.

Água

A água é o principal componente do protoplasma, além de ser essencial à manutenção da atividade enzimática. As moléculas de água são covalentes, isto é, são formadas por um átomo de oxigênio que compartilha um par de elétrons com dois átomos de hidrogênio. Esses átomos são mantidos unidos por pontes de hidrogênio que conferem características especiais à molécula. A nuvem eletrônica é mais atraída pelo átomo de oxigênio, ficando então com uma carga parcialmente negativa, logo o átomo de hidrogênio fica com uma carga parcialmente positiva, pois atrai menos a nuvem eletrônica, determinando a nítida polaridade da molécula. Essa característica polar da molécula é um dos fatores que tornam a água um poderoso solvente.

A diminuição da temperatura reduz a agitação térmica das moléculas, o que aumenta o número de pontes de hidrogênio e as tornam mais eficazes. O resultado é a redução da distância média entre as moléculas de oxigênio e de hidrogênio com um consequente aumento da densidade, atingindo o máximo de compactação por volta de 4°C. Em temperaturas inferiores, a estrutura dos agregados de moléculas de água apresenta-se mais fixa e simétrica, onde um átomo de oxigênio fica cercado por quatro de hidrogênio, e cada átomo de hidrogênio por dois de oxigênio, possibilitando um arranjo menos denso das moléculas, com largos espaços separando-as. A 0°C, as moléculas ficam em posição fixa e a água congela. É interessante observar que a água atinge sua densidade máxima a 4°C e não a 0°C, quando se encontra congelada, o que tem implicação direta em algumas características da circulação da água.

Esse comportamento tem papel importante na circulação da água em lagos de regiões temperadas, onde a variação de temperatura entre as estações ao longo do ano é acentuada. No verão, há uma estagnação da água das camadas superiores, pois essa água fica mais quente e menos densa do que a da camada inferior, permanecendo na superfície. No outono há uma reviravolta, pois a temperatura das águas das camadas superiores diminui, em decorrência da diminuição da temperatura atmosférica, e a água mais quente das camadas inferiores sobe para a superfície. No inverno, há novamente estagnação das camadas de água, pois com a diminuição da temperatura atmosférica, as águas superficiais atingem temperaturas menores do que 4°C, expandindo-se, tornando-se menos densas e permanecendo na superfície atuando como um isolante térmico, enquanto que nas águas mais profundas a temperatura permanece por volta de 4°C e não congela, caracterizando estagnação na circulação. Na primavera ocorre nova reviravolta, pois com o aumento da temperatura, a água superficial aquece e ao atingir 4°C sofre contração, tornando-se mais densa e afunda. Como as águas profundas são mais ricas em nutrientes, as reviravoltas de outono e de primavera possibilitam uma grande proliferação de organismos aquáticos devido à maior produtividade decorrentes da grande abundância de alimentos.

Já nos lagos de regiões tropicais e subtropicais as estratificações térmicas são estáveis, devido à pequena variação de temperatura entre as estações ao longo do ano. Isso faz com que os lagos de regiões tropicais sejam, de modo geral, menos produtivos do que os lagos de regiões temperadas. Nas regiões subtropicais e, principalmente, nas regiões tropicais é mais comum a estratificação e a desestratificação diária, uma vez que a variação diária da temperatura, muitas vezes, chega a ser superior à variação anual. Nas regiões tropicais as temperaturas atingem o máximo no período da tarde e, dessa maneira, os lagos apresentam o máximo de estabilidade térmica entre 16h e 17h (Figura 5.3). Essa estabilidade térmica pode ser influenciada pela profundidade do lago. Os lagos mais profundos, geralmente, são estratificados durante a maior parte do ano, ocorrendo uma desestratificação parcial no inverno devido ao resfriamento gradual da superfície para o fundo em função da diminuição da temperatura atmosférica. Já os lagos mais rasos, na maior parte das vezes, apresentam acentuada estratificação térmica. Esses lagos também possuem temperatura de suas águas mais elevadas e uma menor quantidade de oxigênio dissolvido. Mas por outro lado, possuindo menores profundidades, possibili-

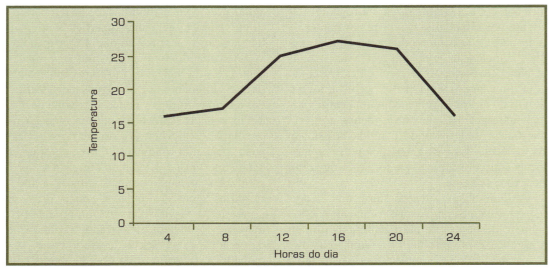

FIGURA 5.3 – Estratificação térmica diária nos lagos tropicais.

tam o desenvolvimento de vegetais enraizados no fundo, o que é inviável em lagos profundos.

Os lagos podem ser classificados quanto à circulação de sua massa de água em dois grandes grupos: holomíticos e meromíticos, conforme apresentado com mais detalhes na Tabela 5.1. Nos lagos holomíticos, a circulação atinge toda a coluna de água, enquanto que nos lagos meromíticos, somente parte da massa de água é circulada. De modo geral, nas regiões temperadas os lagos são do tipo holomíticos e nas regiões tropicais do tipo meromíticos.

Grupo	Subgrupo	Características
Holomítico	Dimítico	Circulações no outono e na primavera
	Monomíticos	Uma circulação no verão. Lagos típicos de regiões subtropicais e de altas montanhas
	Oligomíticos	Pouca ou nenhuma circulação. Lagos profundos dos trópicos úmidos
	Polimíticos	Circulações frequentes. Lagos rasos e com grande extensão
Meromíticos	Meromixia geomórfica	Lagos profundos e protegidos do vento, calor da superfície não é transportado para o fundo
	Meromixia química	Camada profunda é mais densa do que a superficial, pois contém mais sais dissolvidos

TABELA 5.1 – Classificação dos lagos em relação à circulação da água ao longo do ano, citando as principais características e os locais onde podem ser encontrados.

A água ainda apresenta alto calor específico, pois é necessária uma caloria para que se obtenha o aumento de 1°C por grama, o que lhe confere certa estabilidade térmica, e um alto calor de evaporação bastante importante na dissipação da energia solar que atinge a superfície dos rios, lagos e mares.

Em relação à água como fator ecológico abiótico, os organismos podem ser classificados de acordo com sua capacidade de suportar variações hídricas no ambiente em: 1) hidrófilos, são aqueles que vivem continuamente no meio aquático, ou seja, os organismos aquáticos; 2) higrófilos, são os organismos que vivem em ambientes terrestres muito úmidos, como é o caso dos anfíbios, dos caracóis e lesmas e dos musgos; 3) mesófilos, são organismos portadores de moderadas necessidades de água ou de umidade atmosférica, estando em condições de suportar as alternâncias de disponibilidade de água entre estações seca e úmida. A maioria das espécies de vegetais e de animais são consideradas mesófilas e 4) xerófilos, correspondem aos organismos que habitam locais secos com pouca água disponível e que possuem adaptações para diminuir a perda de água de seus corpos. Além disso, é comum diferenciar as espécies em euri-hídricas, quando suportam amplas variações na disponibilidade de água e esteno-hídricas, quando vivem em ambientes com disponibilidade de água relativamente constante. De modo geral, os organismos mesófilos são euri-hídricos, enquanto que os hidrófilos, os higrófilos e os xerófilos costumam ser classificados como esteno-hídricos.

Outra forma de classificar os organismos em relação à água é baseada no comportamento, especialmente quanto à forma de locomoção dos organismos no ambiente aquático. Nesse caso costuma-se falar em plâncton, quando se trata de organismos aquáticos que não possuem força suficiente para se locomover contra a correnteza e, portanto, flutuam no ambiente. Plêuston são aqueles que se encontram na interface ar-água, flutuando nesse meio como aguapés ou se locomovendo no sentido vertical como as larvas de muitos mos-

quitos. Os organismos que se encontram na interface ar-água e não são capazes de nadar contra a correnteza são os nêuston. Os nécton correspondem aos organismos aquáticos com força física suficiente para "nadar" contra a corrente em toda a massa de água e os bênton que são organismos aquáticos que vivem no fundo dos mares, rios e lagos, fixos ao substrato ou se arrastando sobre ele. Alguns exemplos são citados na Tabela 5.2.

Classificação	Exemplos
Plâncton	Algas unicelulares, medusas, larvas de crustáceos
Plêuston	Larvas de Aedes, larvas de *Culex*
Nêuston	Bactérias, fungos, algas
Nécton	Peixes, tartarugas marinhas, golfinhos
Bênton	Crinoides, estrelas-do-mar, corais, oligoquetas tubificídeos, moluscos bivalves

TABELA 5.2 – Classificação dos organismos aquáticos quanto ao comportamento no na massa de água, seja em ambientes marinhos ou em ambientes dulcícolas.

Outro fator importante é a viscosidade da água, relacionada à temperatura e à concentração de sais dissolvidos. Temperaturas mais altas e menores concentrações de sais diminuem a viscosidade. Em lagos tropicais, cuja temperatura média fica em torno de 25°C, portanto menos viscosos, os organismos planctônicos devem desenvolver mecanismos mais eficazes para reduzir seu tempo de afundamento, diferente dos lagos de regiões temperadas, cujas águas mais frias apresentam maior viscosidade facilitando a flutuabilidade dos organismos.

Nos ambientes aquáticos a concentração de sais dissolvidos exerce forte influência sobre os organismos, pois devem desenvolver mecanismos para manter o teor de água em seus corpos, uma vez que a água tende a passar mais rapidamente do meio menos concentrado para o meio mais concentrado, quando separados por membrana semipermeável, mecanismo esse denominado osmose. De modo geral, um organismo aquático em ambiente marinho possui uma concentração de sais em seu corpo menor do que aquela do meio circundante e, portanto, tende a perder água por osmose, enquanto que organismos aquáticos duciaquícolas (ou dulcículas), isto é, de água doce, apresentam uma concentração de sais superior a do ambiente e tendem a ganhar água por osmose. Organismos que suportam variações maiores na concentração de sais são denominados espécies euri-halinas e aqueles adaptados à pequena variação na salinidade do local são as espécies esteno-halinas. Mesmo em ambientes terrestres a concentração de sais é um fator importante. Vegetais terrestres devem apresentar uma concentração interna superior àquela encontrada no solo onde suas raízes estão fixadas, pois de outra forma não seriam capazes de absorver água. Esse é um dos motivos das plantas de mangue possuírem altas concentrações de sais em suas células de raiz.

De especial interesse são as águas subterrâneas, pois são importantes recursos nas cidades e na agricultura, especialmente em regiões secas e áridas. Grande parte da água subterrânea foi armazenada no passado e, de modo geral, os reservatórios não estão sendo abastecidos ou estão sendo reabastecidos em uma velocidade menor do que a utilização pelo homem, o que pode levar ao esgotamento desse recurso.

Os maiores depósitos de água subterrânea estão em aquíferos, isto é, em estratos subterrâneos, que podem ser porosos, fraturados ou fissurados e cársticos. Os aquíferos porosos ocorrem nas rochas sedimentares e são os mais importantes, pois armazenam grande volume de água. Um exemplo de aquífero poroso é o Aquífero Guarani ou Formação Botucatu. Os aquíferos fraturados ou fissurados ocorrem nas rochas ígneas e metamórficas e sua capacidade em acumular água está relacionada à quantidade de fraturas existentes. Os aquíferos cársticos são aqueles formados em rochas carbonáticas, cujas fraturas devido à dissolução do carbonato pela água podem atingir aberturas muito grandes, formando verdadeiros rios subterrâneos. A água entra nesses depósitos, nos locais onde os estratos são mais permeáveis, e aproximam-se da superfície ou de outra forma onde faça a interseção com o lençol freático. Esses locais de penetração da água nos depósitos subterrâneos são denominados pontos de recarga. Uma vez a água no depósito subterrâneo ela pode aflorar à superfície por meio de mananciais ou outras formas de descarga na superfície ou próximo a ela.

O esgotamento não é a única ameaça às reservas de água subterrâneas. A contaminação por substâncias tóxicas recalcitrantes, isto é, de grande persistência ambiental, é outro grande problema. Especial atenção deve ser dada às áreas de recarga, se o solo nesses locais estiver contaminado existe o risco de haver lixiviação do contaminante atingindo o reservatório subterrâneo.

Pressão (atmosférica e hidrostática)

Pressão pode ser definida como a força exercida pela massa de ar (ou água) sob ação do campo gravitacional terrestre por unidade de área. A pressão atmosférica parece ter um pequeno efeito limitante direto sobre os organismos, mas sem dúvida tem influência sobre a meteorologia e o clima, os quais atuam diretamente nas condições ambientais às quais os organismos estão expostos.

Já nos oceanos, a pressão hidrostática exerce forte influência devido ao enorme gradiente da superfície em relação à profundidade. Na água, a pressão aumenta uma atmosfera a cada 10 metros de profundidade, assim nas regiões mais profundas a pressão pode chegar a 1.000 atmosferas. Organismos aquáticos que habitam as profundezas oceânicas devem suportar grandes pressões, sendo que alguns animais conseguem tolerar essas mudanças por meio de adaptações especiais como, por exemplo, não reter ar ou gás nos órgãos e tecidos. Assim, os animais das regiões abissais dos oceanos com profundidades entre 2.000 e 5.000m são pequenos e possuem boca proporcionalmente grande em relação ao tamanho de seus corpos, além de muitos apresentarem órgãos especializados para a produção de luz.

Interessante observar que as grandes pressões exercem um efeito depressor, de tal forma que o ritmo da vida nas profundezas oceânicas é mais lento do que aquele encontrado nas camadas mais superficiais.

Solo

O solo pode ser definido como o produto final do intemperismo sobre as rochas, sendo formado por material não consolidado constituído de grãos de quartzo, fragmentos de rochas em vias de decomposição e agregados de material mais fino que resistiram à ação mecânica inicial. A atuação do clima e da biota sobre o relevo e sobre a rocha matriz ao longo do tempo determina o tipo de solo que será formado. O clima e a biota são considerados agentes ativos na formação dos solos. Rochas diferentes podem formar solos semelhantes quando sujeitas ao mesmo ambiente climático, e por outro lado, material derivado de um mesmo tipo de rocha poderá formar solos totalmente diversos se exposto a condições climáticas diferentes.

O clima é responsável pela redeposição e distribuição dos materiais pela água e pelo vento por meio da percolação, erosão e sedimentação. A biota garante o suprimento de matéria orgânica e o carreamento de nutrientes das camadas inferiores para as camadas superiores, apresentando tanto ação mecânica destrutiva sobre a rocha, como atuando na agregação granulométrica das partículas. O relevo pode facilitar ou dificultar a erosão sobre a rocha matriz em função de seu grau de inclinação e influenciar as variações de temperatura como, por exemplo, ocorre nas áreas montanhosas dos estados da região sul do Brasil. Devido a maior quantidade de energia solar recebida na face norte das montanhas, essa tende a ser mais quente e mais seca do que a face voltada para o sul, fazendo com que a face norte apresente solos mais rasos do que a face sul da montanha. Além de influenciar na erosão e temperatura, o relevo tem importante papel na pluviosidade, nos ventos e na drenagem. A rocha matriz fornece a composição mineralógica e química do futuro solo, além de influenciar a textura e resistência mecânica determinando a velocidade de formação do solo.

Para a classificação e a caracterização dos solos avaliam-se os horizontes presentes no perfil do solo. O perfil do solo corresponde a uma seção vertical, a partir da superfície, que inclui as camadas orgânicas superficiais e o material de origem ou outras camadas que influenciaram a gênese e o comportamento do solo. A primeira camada corresponde à parte superior e é formada por matéria orgânica fresca ou parcialmente decomposta e teores variáveis de argila, sendo denominada horizonte orgânico e representada pela letra "O". Abaixo do horizonte orgânico, que pode variar em espessura embora nunca seja muito espesso, encontra-se o horizonte "A" que apresenta acúmulo de material orgânico na parte mais superficial e concentração de quartzo e outros minerais na parte mais inferior, podendo ocorrer perdas de ferro e alumínio, correspondendo ao horizonte superficial mineral. Na sequência encontra-se o horizonte "B", com concentração eluvial de argila, ferro e alumínio ou húmus, formação de argilas silicatadas e liberação de óxidos. Esse horizonte geralmente é o utilizado para a classificação do solo, devido ao fato de ser pouco afetado pelo manejo e apresentar alto grau de desenvolvimento de cor, textura, estrutura e cerosidade. O próximo horizonte corresponde ao horizonte "C", que nada mais é do que o substrato pouco afetado pelos processos pedogenéticos, ou seja, boa parte desse horizonte corresponde à rocha matriz.

Quando os solos mantêm suas características derivadas do fator clima ou do conjunto clima-biota, diz-se que são solos zonais ou evoluídos. Já os solos que, apesar da ação do clima e da biota, mostram a influência dominante de algum fator local como drenagem eficiente, excesso de sais, etc., são denominados solos intrazonais ou parcialmente evoluídos. E aqueles solos cujas características morfológicas são determinadas pelo tipo de rocha matriz ou material de origem e não possuem perfis desenvolvidos são os chamados solos azonais ou solos não evoluídos. Em função do grau de evolução do solo, ele pode estar mais ou menos sujeito à ação antrópica e interferência no seu desenvolvimento e manutenção da biota.

Os solos ainda podem receber denominações em função de sua posição no relevo. O solo é denominado eluvial ou autóctone quando mantém em sua estrutura estreita correlação com o material de origem. Em declives é comum a mistura de fragmentos da rocha matriz e de material transportado das partes mais altas. Solo, nesse tipo de relevo, é denominado coluvial. E por último há o solo aluvial formado a partir da acumulação progressiva de resíduos minerais sob a influência da bacia hidrográfica.

Outro fator de interesse corresponde ao processo de formação dos solos. A calcificação é a redistribuição de cálcio, na forma de carbonatos, através dos perfis sem que haja remoção completa por lixiviação. Esse processo não ocorre nos trópicos úmidos, mas sim em regiões áridas formando depósitos de sais de cálcio. A podzolização é importante em áreas de alta umidade e vegetação florestal com acúmulo de matéria orgânica na superfície e remoção de argilas e compostos de ferro da camada superior para a camada inferior. Nos trópicos úmidos esse processo origina solos com baixa saturação de bases, ácidos e inférteis. O processo de laterização é característico de solos em climas tropicais, sob intenso intemperismo sobre a rocha matriz. A rápida decomposição dos minerais primários e secundários origina materiais de textura fina, onde os principais elementos são alumínio e ferro, pois as águas pluviais lixiviam a sílica e outros cátions. São solos profundos com elevada acidez e baixa reserva de minerais primários como mica, feldspato, piroxênio, anfibóbios, argilas 1:1, etc. Apresentam boa drenagem, baixo teor de silte, ausência de pedras e calhaus e pequena diferenciação entre os horizontes ao longo do perfil. No processo de salinização há acúmulo de sais de várias naturezas (cloreto de cálcio, cloreto de sódio, carbonato de cálcio, cloreto de cálcio e sulfato de cálcio) que promovem a floculação dos coloides e determinam uma estrutura finamente granular na superfície. Se ocorrer hidrólise do sódio adsorvido pelos co-

loides com formação de hidróxido de sódio, há elevação do pH, dispersão dos coloides e dispersão e dissolução da matéria orgânica, sendo o processo de salinização denominado solonização. Mas se o sódio for substituído por hidrogênio há eliminação da matéria orgânica com acidificação do solo. E o último processo de interesse corresponde a gleização, característico de zonas cujo relevo possibilita grande influência da água. Nesse tipo de solo, comum nos trópicos úmidos, há pouco oxigênio e as reações que se processam são de redução se formando um horizonte de cor cinza ou azulada denominado *gley*.

Fatores ecológicos bióticos: Relações entre os seres vivos

As relações entre os seres vivos podem ser classificadas quanto à ocorrência ou não de dano ou prejuízo aos organismos envolvidos em neutras, positivas e negativas, embora em termos de ecossistema todas as relações presentes sejam essenciais para manutenção do equilíbrio do sistema. A classificação em neutra, positiva e negativa se refere à ocorrência de dano ou prejuízo a pelo menos um dos indivíduos envolvidos. Por exemplo, a relação entre predador e presa é essencial para a manutenção do equilíbrio dessas duas populações, mas para a presa que é morta não há vantagem alguma. Nesse sentido é classificada como relação negativa; para a presa morta houve prejuízo.

Também é possível classificar as relações bióticas quanto ao tipo de organismo envolvido. Se a relação envolve seres da mesma espécie são chamadas relações intraespecíficas, mas se envolve seres de espécies diferentes são relações interespecíficas.

Neutras

São relações neutras aquelas nas quais os organismos envolvidos não interagem diretamente, mesmo estando no mesmo ambiente, seja para qual finalidade for. Dessa forma, torna-se difícil falar em dano ou prejuízo para um indivíduo decorrente da presença de outro organismo. Por exemplo, em uma fazenda, o fazendeiro, os colonos e o capim não interagem diretamente, embora sejam essenciais para a manutenção do sistema como um todo. Diferente da relação desenvolvida pelos bois e vacas com o capim na mesma fazenda.

Positivas ou harmônicas

As relações são consideradas positivas ou harmônicas quando não há dano ou prejuízo para nenhum dos organismos ou espécies envolvidas, podendo haver benefícios para alguns ou para todos os envolvidos. Nesse tipo de relação um grupo de organismos acaba por beneficiar-se de alguma forma.

Intraespecíficas

Sociedade

A sociedade pode ser definida como uma relação entre seres da mesma espécie que vivem juntos no mesmo ambiente e durante um mesmo período de tempo, onde se observa uma nítida divisão de trabalho entre os indivíduos que formam a sociedade. Na sociedade os indivíduos são divididos em grupos para realizarem funções específicas de alimentação, defesa, cuidado com a prole, etc. Os insetos sociais como abelhas, cupins e formigas são bons representantes de relação do tipo sociedade (Figura 5.4). E, logicamente, a espécie humana é a representação mais clara de sociedade.

FIGURA 5.4 – Formigas saúva trabalhando em conjunto para abastecimento do formigueiro, exemplo característico de sociedade.

Colônia

Quando seres da mesma espécie vivem juntos no mesmo local, durante um mesmo intervalo de tempo e apresentam seus corpos unidos morfologicamente, o conjunto é denominado colônia. As colônias podem ser isomórficas, isto é, todos os indivíduos apresentam o mesmo padrão de corpo e realizam as mesmas funções. Isto é, cada indivíduo é capaz de realizar todas as funções vitais, embora seus corpos estejam unidos anatomicamente (e não fisiologicamente). Fungos crescendo sobre pão velho ou sobre um pedaço de carne como mostrado na Figura 5.5 e recifes de corais são exemplos de colônias isomórficas. Os organismos componentes de uma colônia isomórfica, de modo geral, podem ser separados e reiniciar uma nova colônia.

FIGURA 5.5 – Exemplos de colônias isomórficas; fungos crescendo sobre doce de morango (a) e sobre laranja (b).

Se os indivíduos que formam a colônia apresentam aparências diferentes e, portanto, realizam funções orgânicas distintas, a colônia é chamada heteromórfica. As colônias heteromorfas funcionam como um único indivíduo. Isto significa que cada indivíduo da colônia não é capaz de realizar todas as funções vitais necessárias à sua sobrevivência. Em uma colônia desse tipo, alguns indivíduos estão adaptados a desempenharem a função de nutrição, e fazem isso para toda a colônia, enquanto outros indivíduos funcionam como órgãos reprodutivos cuja função é promover a perpetuação da espécie, dependendo sua sobrevivência da captação e digestão dos alimentos proporcionados pelo primeiro grupo. Um bom exemplo de colônia heteromórfica é a caravela portuguesa (*Physalia physalis*), pois na realidade trata-se de um conjunto constituído por centenas de indivíduos formando uma estrutura única e funcionando como um organismo.

Interespecíficas

Mutualismo

No mutualismo duas espécies vivem juntas se beneficiando mutuamente e apresentam alto grau de interdependência. Isso significa que uma espécie depende, de forma significativa, da outra para sua sobrevivência como mostrado no esquema apresentado na Figura 5.6. Os líquens, associações mutualísticas entre algumas espécies de algas e de fungos, são exemplos clássicos desse tipo de relação (Figura 5.7). As algas produzem matéria orgânica para si e para os fungos enquanto que os fungos mantêm a umidade do local adequada para ambos. Dessa maneira, líquens podem ser encontrados em ambientes com condições bastante adversas, sendo mesmo considerados organismos pioneiros na colonização de novos ambientes.

Outro exemplo importante de mutualismo é a relação existente entre animais herbívoros e microrganismos capazes de digerirem celulose presente em seus tratos digestivos. Os microrganismos ao se alojarem no trato digestivo do herbívoro conseguem abrigo e alimento, enquanto que os herbívoros, incapazes de produzirem celulase (enzima que atua sobre a celulose), passam a aproveitar a matéria vegetal ingerida que foi digerida pelos microrganismos.

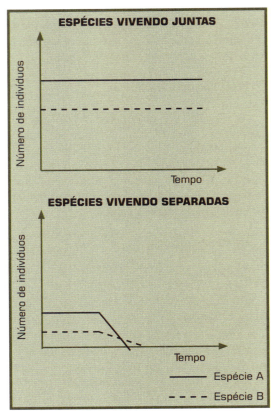

FIGURA 5.6 – Relação de mutualismo. Esquema gráfico mostrando o crescimento de duas espécies vivendo juntas e separadas.

FIGURA 5.7 – Fotografia de liquens crostosos do gênero Parmotrema sobre tronco de árvore, exemplo típico de mutualismo.

Cooperação

Na relação de cooperação, também chamada de protocooperação, as duas espécies envolvidas são beneficiadas, mas diferente do mutualismo, apresentam baixo grau de interdependência. Isso quer dizer que quando as duas espécies se encontram no mesmo ambiente ambas são favorecidas e têm seu crescimento melhorado, mas se não estiverem juntas, embora seu crescimento não seja tão bom, elas são capazes de sobreviver (Figura 5.8).

Um exemplo clássico de cooperação é a relação entre algumas aves e bovinos. É comum nos pastos observarmos pequenos pássaros sobre o dorso de bois e vacas, onde encontram farto alimento sob a forma de insetos ectoparasitas. Os bois e vacas também se beneficiam, pois têm alívio do incômodo causado por esses insetos. A relação satisfaz a ambas as espécies, mas não é essencial à vida de nenhuma delas.

Comensalismo

O comensalismo se caracteriza pela relação entre duas espécies na qual uma delas é beneficiada e a outra não é afetada (Figura 5.9). A espécie beneficiada é denominada comensal e o benefício obtido está relacionado à alimentação. Um exemplo clássico de comensalismo é a relação urbana entre o cão e pombos que se alimentam dos restos da ração do animal.

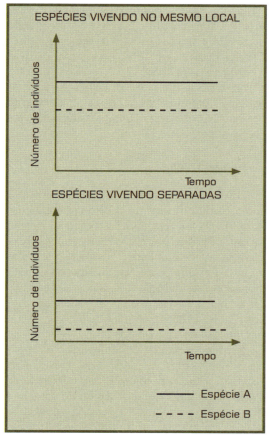

FIGURA 5.8 – Relação de cooperação ou protocooperação. Esquema gráfico mostrando o crescimento de duas espécies vivendo juntas e separadas.

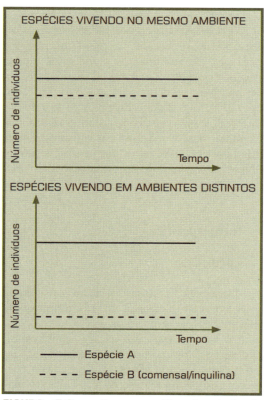

FIGURA 5.9 – Esquema gráfico de relação de comensalismo ou de inquilinismo mostrando o crescimento de duas espécies vivendo juntas e separadas.

Inquilinismo

No inquilinismo, como no comensalismo, também há o envolvimento de duas espécies com benefícios apenas para uma delas, sem prejuízo para a outra (Figura 5.9). O que distingue o comensalismo do inquilinismo é o tipo de benefício obtido, no comensalismo é alimento e no inquilinismo a habitação. Entre os diferentes exemplos de inquilinismo, o mais comum é a relação entre epífitas, como bromélias e orquídeas, e árvores. As epífitas vivem sobre árvores para obterem a luz necessária à fotossíntese, mas não prejudicam a planta suporte, uma vez que retiram água e nutrientes minerais do próprio ambiente. Essa relação entre epífitas e árvores é denominada epifitismo, embora não deixe de ser um caso de inquilinismo.

Negativas ou desarmônicas

As relações são consideradas negativas ou desarmônicas quando há dano ou prejuízo para pelo menos um dos organismos ou espécies envolvidas, podendo haver benefícios ou não para os demais. Nessas relações deve ficar claro que o dano ou prejuízo se refere a indivíduos e não ao grupo como um todo. Por exemplo, nas relações de parasitismo há prejuízo para o hospedeiro, mas a eliminação de alguns espécimes dessa população contribui para o bem-estar geral do grupo.

Intraespecíficas

Competição

A competição intraespecífica é considerada uma situação "normal" entre organismos da mesma espécie, pois se os indivíduos pertencem à mesma espécie eles são semelhantes, procuram o mesmo tipo de abrigo, necessitam do mesmo tipo de alimento e procuram parceiros sexuais na mesma época. Portanto, naturalmente estão competindo pelos recursos, sejam quais forem. Esse tipo de relação, sem dúvida é estressante para os indivíduos, mas em termos de espécie pode ser considerada essencial. Os indivíduos mais capazes de obterem os recursos disponíveis terão maiores probabilidades de sobreviverem e deixarem mais descendentes, enquanto que os menos aptos tendem a viver menos tempo e produzir prole menor ou menos viável. Dessa maneira, a competição intraespecífica promove a seleção positiva dos indivíduos mais adaptados àquelas condições ambientais às quais estão sujeitos, favorecendo a existência da espécie e sua evolução. Esse conceito é amplamente aceito e foi apresentado claramente com grande discussão e muitos exemplos pelo naturalista Charles Darwin, em 1859, no seu famoso livro "A Origem das Espécies".

Na espécie humana, situações de competição são comuns como em campeonatos de natação, vestibulares, conquista de bons empregos, entre outros exemplos.

Canibalismo

Diferente da competição intraespecífica, o canibalismo dificilmente ocorre em condições naturais. Nessa relação há a morte e ingestão de um indivíduo por outro da mesma espécie, com finalidade alimentar. Na maior parte das vezes, os exemplos de canibalismo estão relacionados à reprodução, como no caso de muitas aranhas, e ao stress, como pode acontecer com gatas, cadelas e animais de laboratório no nascimento de seus filhotes.

Existem exemplos de canibalismo na espécie humana, mas de modo geral eles são na realidade rituais. É comum, na ocorrência de canibalismo humano, o consumo do cérebro e do coração de guerreiros vencidos com uma conotação de se adquirir a inteligência e a coragem do opositor. No extremo oposto estão os casos de canibalismo praticados por pessoas com distúrbios sócio-psicológicos, que muitas vezes se transformam em assassinos perigosos.

Interespecíficas

Competição

A competição interespecífica, diferente da competição intraespecífica, não é considerada uma situação "normal", pois indivíduos de espécies diferentes que procuram o mesmo tipo de abrigo ou que necessitam do mesmo tipo de alimento irão "lutar" por esses recursos. Portanto, os indivíduos pertencentes à espécie mais capaz de obter os recursos disponíveis terão maiores probabilidades de sobreviverem e deixarem mais descendentes, enquanto que os indivíduos da espécie menos apta tendem a viver menos tempo e produzir prole menor ou menos viável. Dessa maneira, a competição interespecífica colabora com a eliminação da espécie de menor capacidade adaptativa (Figura 5.10). Em linhas gerais, a competição interespecífica ocorre quando duas espécies ocupam os mesmos habitat e nicho ecológico.

A competição interespecífica se estabelece quando uma espécie é introduzida em um novo ambiente e passa a competir com alguma espécie nativa. A introdução do pardal no Brasil pelos portugueses, durante a colonização, contribuiu para diminuição do tico-tico, uma vez que as duas aves têm hábitos alimentares e de nidificação semelhantes. Atualmente, procura-se realizar estudos para minimizar os impactos negativos decorrentes da introdução de espécies em novos ambientes.

Predatismo

No predatismo, uma espécie denominada predadora mata e devora outra espécie denominada presa. O predador, de modo geral, é maior ou mais forte do que a presa e, portanto, presente em menor quantidade. A relação de predatismo embora seja desfavorável para a presa que é morta e ingerida pelo predador, é essencial para a manutenção de ambas as espécies, presa e predador, em condições adequadas. Na maior parte das vezes, o predador mata indivíduos velhos, doentes ou muito jovens, isto é, aqueles que estão menos capacitados a escaparem de ataques e, portanto, mais vulneráveis. Os indivíduos mais vigorosos e com maior probabilidade de se reproduzirem acabam sendo selecionados positivamente.

O predatismo também é uma forma de selecionar positivamente os predadores, pois aquele indivíduo mais eficaz em matar presas tende a viver mais tempo e deixar maior número de descendentes. Assim, a relação de predatismo pode ser considerada uma "corrida estrategista", os predadores forçam suas presas a se tornarem mais eficientes na fuga e as presas por sua vez pressionam os predadores para que também sejam mais eficientes na caça. Além disso, a relação de predatismo contribui para a manutenção do equilíbrio demográfico de ambas as espécies envolvidas como pode ser observado na Figura 5.11.

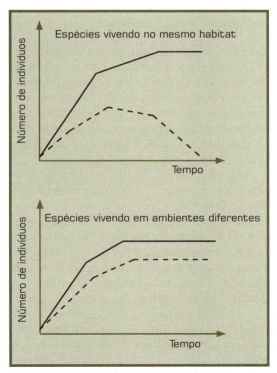

FIGURA 5.10 – Relação de competição entre duas espécies que apresentam o mesmo nicho ecológico e vivendo no mesmo habitat e em ambientes diferentes.

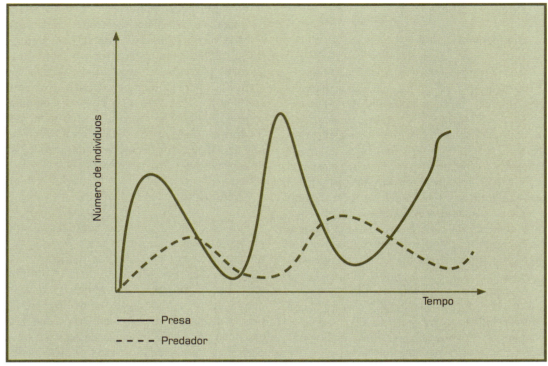

FIGURA 5.11 – Equilíbrio demográfico ao longo do tempo entre espécies de predador e de presa.

É mais comum a associação do predatismo a relações entre animais carnívoros e herbívoros como, por exemplo, a onça e a anta, o leão e a zebra, o pinguim e o peixe, e assim por diante. Mas relações que envolvem animais herbívoros e a vegetação, também são exemplos de predatismo, nesse caso a relação é comumente chamada de herbivoria.

Parasitismo

No parasitismo, a espécie denominada parasita vive às custas de outra espécie denominada hospedeiro. O parasita, de modo geral, é menor do que o hospedeiro e, portanto, presente em maior quantidade.

Os parasitas podem ser encontrados vivendo dentro dos tecidos do hospedeiro (endoparasitas) ou sobre seu corpo (ectoparasitas), necessitando de apenas um (monoxeno ou monogenético) ou dois tipos de hospedeiros (heteroxeno ou digenético) para completar seu ciclo de vida. Os parasitas podem colonizar diferentes órgãos ou tecidos do hospedeiro. Assim, existem parasitas que se alojam na luz intestinal (como as lombrigas e amebas), outros vivem no interior de diferentes tecidos (como por exemplo, os tripanossomas, as leishmanias, os meningococos e os vírus) e há os que crescem sobre o tegumento do hospedeiro (piolhos, pulgas e muitos ácaros).

O conhecimento da transmissão do parasita de um hospedeiro a outro é essencial para interferirmos no processo e, dessa maneira, bloquear seu ciclo por meio de medidas profiláticas. Os parasitas intestinais, como as lombrigas, apresentam transmissão fecal-oral, isto é, são transferidos para outro hospedeiro pela água ou alimentos contaminados com fezes de doentes. Já os parasitas teciduais, por exemplo, os vírus da dengue, necessitam de algum organismo vetor, uma vez que não há como sair diretamente de um hospedeiro e passar para outro. O vetor pode pertencer a diferentes espécies, e possibilita ao parasita, além da transferência entre hospedeiros um local de multiplicação aumentando suas chances de sobrevivência.

A diminuição das parasitoses intestinais está diretamente relacionada ao saneamento básico e educação sanitária. A fiscalização de abatedouros é necessária para eliminação de verminoses relacionadas a bovinos, suínos e outros animais, como é o caso da teníase. O controle dos agentes vetores e dos bancos de sangue são medidas adotadas para minimização de parasitas teciduais. Uma medida profilática eficaz é a vacinação, que consiste na exposição do organismo ao parasita atenuado ou morto, estimulando a produção de anticorpos. Então quando o organismo entrar em contato com o parasita "selvagem" já possui anticorpos que eliminam esses organismos, impedindo o desenvolvimento da doença.

Amensalismo

O amensalismo se caracteriza por ser uma relação onde há prejuízo para uma das espécies envolvidas, enquanto que a outra espécie não é afetada em seu desenvolvimento (Figura 5.12). A espécie não afetada ou inibidora elimina, durante seu desenvolvimento, substâncias que podem ser tóxicas à outra espécie que é denominada amensal.

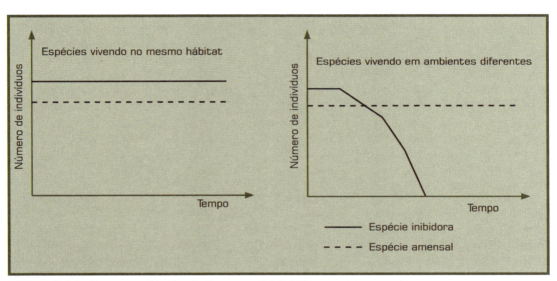

FIGURA 5.11 – **Esquema gráfico** de relação entre espécie inibidora e espécie amensal.

Relações de amensalismo podem ser exemplificadas pela "maré vermelha", isto é, proliferação de certas algas em ambientes marinhos cujos resíduos produzidos durante seu metabolismo são tóxicos para outros organismos. A eliminação de esgotos domésticos e industriais in natura nos rios causa direta ou indiretamente a morte de muitos organismos aquáticos.

Desenvolvimento de um Ecossistema - Sucessão Ecológica

O desenvolvimento de um ecossistema corresponde à colonização do espaço pelos seres vivos, mantendo relações entre si e com o ambiente. O estabelecimento das espécies em um novo ambiente não ocorre de forma abrupta e aleatória, mas sim por meio de um processo gradual, ordenado e relativamente previsível de substituição de tipos orgânicos. A comunidade que se estabelece no local sofre a influência das condições físicas, químicas e biológicas do meio atual e, ao mesmo tempo, modifica as condições existentes inicialmente (Figura 6.1). Ao longo desse processo, as comunidades vão se sucedendo culminando com o estabelecimento de uma comunidade totalmente adaptada às condições ambientais naquele momento.

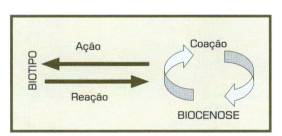

FIGURA 6.1 – Influências mútuas entre ambiente (biotopo) e seres vivos (biocenose).

As sucessões ecológicas podem ser divididas em três etapas de acordo com o nível de desenvolvimento do sistema. A primeira etapa, denominada ecesis, corresponde ao início da colonização ambiental caracterizada pelas condições ambientais mais extremas e presença de espécies pioneiras não muito exigentes, mas, geralmente, sensíveis a altas densidades. O estabelecimento dessas espécies altera as condições ambientais, permitindo a permanência de outras espécies. De modo geral, as espécies pioneiras suportam condições ambientais inóspitas como, por exemplo, insolação, extremos de temperatura, pouca água, etc. É importante destacar que espécies pioneiras para um dado ambiente podem não o ser para outro local. Em rochas recém-expostas, os líquens são os primeiros seres a colonizarem o espaço, já em praias arenosas, gramíneas, resistentes à dessecação, costumam iniciar o processo, e em regiões quentes e úmidas, as briófitas (musgos e espécies afins) e as pteridófitas (samambaias, avencas e fetos) predominam no ecesis.

Na medida em que a comunidade do ecesis se desenvolve, as condições ambientais vão se modificando e outras espécies se estabelecem. Essas comunidades transitórias ou temporárias são denominadas seres, ou seja, a etapa intermediária do processo da sucessão. As comunidades serais vão se substituindo até que se estabelece uma comunidade em equilíbrio com as condições ambientais daquele momento. A essa comunidade estável se dá o nome de comunidade clímax ou comunidade climática e se diz que o ecossistema é adulto ou maduro. A comunidade clímax se mantém estável enquanto as condições ambientais permanecerem constantes. Havendo alteração nas condições ambientais, tem-se início uma nova sucessão ecológica.

Ao longo das sucessões ecológicas, as condições ambientais melhoram para estabelecimento e proliferação dos seres vivos. Isso leva a um aumento de biomassa e da biodiversidade e ao estabelecimento de interações mais complexas. Nas fases iniciais são comuns cadeias alimentares enquanto que nas fases mais maduras dos ecossistemas predominam as teias alimentares. Existe ainda uma tendência ao equilíbrio trófico-energético, sendo que no ecesis a produtividade (P) da comunidade tende a superar sua respiração (R), acumulando dessa forma biomassa, enquanto que no clímax os gastos com a respiração tendem a se equilibrar com a produção. A razão P/R indica maturidade do sistema, quanto mais próxima de 1, mais maduro é o sistema.

As sucessões ecológicas podem ser classificadas em primárias, secundárias e destrutivas. As sucessões primárias têm início em ambientes nunca antes habitados como rochas recém-expostas, lava de vulcão, lagoa recém-formada, entre outros ambientes virgens. Nas sucessões denominadas secundárias, a colonização do ambiente ocorre após eliminação da comu-nidade climática previamente estabelecida. Por exemplo, o crescimento de mato e de ervas daninhas em campo agrícola abandonado. Tanto nas sucessões primárias como nas secundárias as características são similares àquelas comentadas acima e os primeiros organismos a se estabelecerem são espécies autótrofas.

Mas as sucessões destrutivas são um pouco diferentes. Elas se iniciam em ambientes ricos em matéria orgânica, portanto, pelo estabelecimento de heterótrofos, geralmente, bactérias e fungos decompositores. À medida que os organismos se estabelecem consomem a matéria orgânica disponível, destruindo o ambiente. Nas sucessões destrutivas não há estabelecimento de comunidade climática, uma vez que o meio é consumido ao longo do processo. Exemplos de sucessões destrutivas são os cadáveres e os rios poluídos das grandes cidades.

Dinâmica de Populações - Demoecologia

Todas as espécies, e não somente a espécie humana, agem sobre o ambiente físico, modificando-o e "tentando" controlá-lo para aumentar suas probabilidades de sobrevivência. Por esse ponto de vista, é correto afirmar que de uma forma ou de outra todos os seres vivos acabam por degradar o ambiente em que se encontram. O estudo da dinâmica de populações procura entender e escrever as variações quantitativas em cada espécie e suas causas, com destaque às interações entre indivíduos.

São atributos básicos de uma população, isto é, um grupo de indivíduos da mesma espécie vivendo no mesmo local no mesmo período de tempo, a densidade, as taxas de natalidade e de mortalidade, o potencial biótico e as curvas de sobrevivência. Ainda são fatores importantes a emigração e a imigração, ou seja, a capacidade de dispersão da espécie quanto às mudanças para novos ambientes.

A densidade corresponde ao número de indivíduos em um determinado espaço físico. Não tem muito significado saber que uma população é formada por 10, 1.000 ou 10 milhões de indivíduos se não se conhecer qual o espaço físico ocupado por esses indivíduos. O comportamento, a viabilidade e a proliferação de uma determinada espécie de animal terrestre serão diferentes se existirem 100 indivíduos em 10m^2 ou 1.000 nos mesmos 10m^2. O mesmo princípio vale para organismos aquáticos. Nos ambientes terrestres a densidade é apresentada como número de indivíduos por área – km^2, m^2, cm^2, etc.; e nos ambientes aquáticos como número de indivíduos por volume – L, cm^3, etc.

O método de contagem dos indivíduos vai depender da espécie em estudo. Se forem organismos grandes com pequena mobilidade e em pequeno número podem ser feitos censos totais. Havendo grande número de indivíduos, talvez o levantamento numérico seja mais rápido a partir de amostragens bem definidas. Animais com grande capacidade de locomoção muitas vezes são contados pelo método de captura, marcação, soltura e recaptura. Vale destacar que quanto mais baixo for o nível trófico, mais alta será a densidade, além disso, dentro de um mesmo nível trófico, quanto maiores forem os indivíduos maior será a biomassa e menor será a densidade.

Também é de interesse o conhecimento do tipo de distribuição espacial dos indivíduos da espécie em estudo. Distribuição do tipo agregado pode significar grande impacto na espécie se algum fator negativo se abater sobre o local onde está concentrada a maioria dos indivíduos. Diferente do que ocorre quando a distribuição é mais homogênea no espaço físico ocupado pela espécie.

As taxas de natalidade e mortalidade estão diretamente relacionadas ao crescimento da população. Altas taxas de natalidade tendem a aumentar a população, assim como taxas de mortalidade elevadas tendem a diminuí-la. A relação entre as taxas de natalidade e de mortalidade influencia a distribuição etária da população. A Figura 7.1 mostra a influência da relação entre as taxas de natalidade e de mortalidade e a distribuição etária da população. Espécies onde os indivíduos têm grande probabilidade de morrerem vítimas de predadores, como, por exemplo, muitas espécies de roedores, as taxas de natalidade devem ser altas para compensarem as perdas e manter a estabilidade da população. No tamanho populacional a imigração e a emigração são fatores relevantes. Populações com altas taxas de emigração tendem a diminuir, assim como imigrações elevadas tendem a aumentar o tamanho populacional. De modo simplificado a Tabela 7.1 mostra a influência das taxas de natalidade, mortalidade, imigração e emigração sobre o crescimento de uma determinada população.

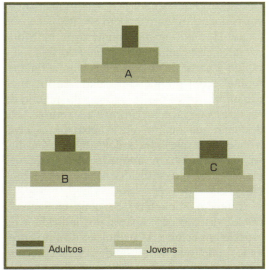

FIGURA 7.1 – Distribuição etária de uma população. A) a população apresenta elevada taxa de natalidade com predominância de jovens. B) essa taxa é moderada e a proporção de adultos é alta. C) a taxa de natalidade é baixa.

Determinantes Populacionais	Comportamento Populacional
N + I > M + E	População em crescimento
N + I = M + E	População estável
N + I < M + E	População em declínio

TABELA 7.1 – Influência dos determinantes populacionais, natalidade (N), mortalidade (M), imigração (I) e emigração (E) na estabilidade quantitativa da população.

O conhecimento da relação entre os determinantes populacionais, além de ser essencial para o entendimento da dinâmica populacional do ecossistema, também é importante no planejamento urbano. Por exemplo, se a população humana se encontra em crescimento devem haver investimentos em escolas, ao passo que uma cidade com população estável pode investir mais em lazer.

Ainda, relacionadas aos determinantes populacionais estão as curvas de sobrevivência que se referem à fase da vida da espécie na qual o risco de morrer é mais acentuado. De modo geral, existem dois tipos básicos de curvas de sobrevivência. No primeiro tipo a curva é acentuadamente côncava, decorrente de uma alta taxa de mortalidade na fase jovem do indivíduo (Figura 7.2). Em espécies que apresentam esse tipo de curva ocorre grande produção de filhotes que não são "cuidados e protegidos" pelos pais. A mortalidade na fase jovem é alta, mas é compensada pelo grande número de filhotes produzidos. Insetos, peixes e vegetais apresentam esse tipo de curva. No outro extremo estão as curvas convexas, relacionadas com a grande probabilidade de sobrevivência dos filhotes (Figura 7.2). Nessas espécies os pais produzem poucos filhotes e investem na sobrevivência dos mesmos. Mamíferos e aves apresentam esse tipo de curva. O conhecimento da curva de sobrevivência de uma espécie possibilita sua utilização como recurso natural de forma sustentável. Um exemplo desse uso é a proibição da pesca na época da piracema, isto é, do movimento migratório de peixes em direção a nascentes dos rios para fins reprodutivos.

Deve-se lembrar ainda que as populações apresentam determinada capacidade biológica de crescimento, que na maior parte das vezes não é atingida devido aos fatores ambientais que atuam direta ou indiretamente sobre ela. Dessa maneira, o crescimento real de uma população está relacionado à sua capacidade biológica de crescimento, denominada potencial biótico, e aos fatores ambientais limitantes denominados, de modo genérico, resistência ambiental, como mostrado na Figura 7.3, representando o crescimento real de uma população hipotética. Pode-se afirmar que a diminuição da resistência ambiental favorece o aumento do crescimento real da espécie.

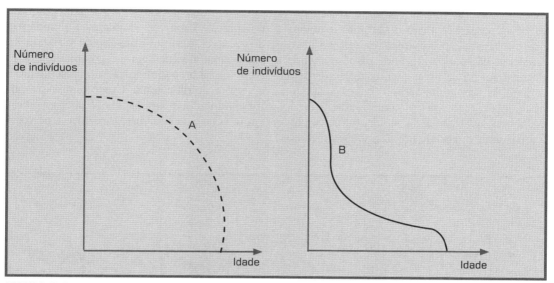

FIGURA 7.2 – Diferentes curvas de sobrevivência. Na curva A o maior investimento é na produção de filhotes, enquanto que na curva B o maior investimento é no cuidado dos filhotes.

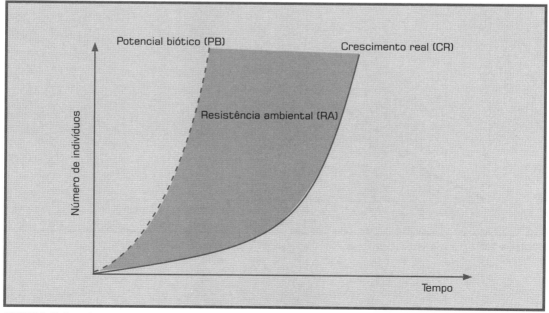

FIGURA 7.3 – Crescimento real de uma população relacionado ao seu potencial biótico e à resistência ambiental, segundo a equação: CR = PB – RA.

Quando uma espécie é introduzida em um novo ambiente ela apresenta uma curva de crescimento característica (Figura 7.4). Num primeiro momento o crescimento é lento, pois os indivíduos estão se adaptando ao novo meio. Após a fase de adaptação, o crescimento passa a ser exponencial segundo o potencial biótico da espécie, uma vez que no novo ambiente há espaço e grande disponibilidade de recursos. Esse crescimento acelerado não é mantido por muito tempo, pois a disponibilidade de recursos vai diminuindo, isto é, os fatores de resistência ambiental começam a atuar mais intensamente. A população então entra em uma fase de equilíbrio dinâmico.

Esse padrão de crescimento pode ser facilmente demonstrado com o cultivo de bactérias em um meio de cultura. Os microrganismos levam algum tempo para iniciar a reprodução durante a fase em que estão se adaptando ao novo meio. Uma vez adaptados a abundância de recursos permite uma rápida proliferação bacteriana, até que com o esgotamento desses recursos há uma diminuição no crescimento e deterioração da colônia. Como o meio de cultivo é limitado, a população não chega a entrar em uma fase de equilíbrio dinâmico e perece.

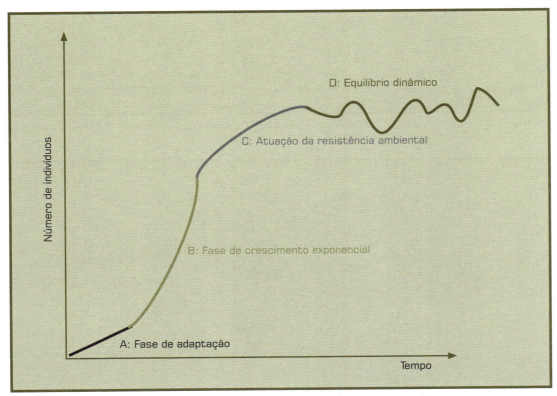

FIGURA 7.4 – Curva-padrão de crescimento de uma espécie introduzida em um novo ambiente.

Desenvolvimento e Qualidade Ambiental

Como foi dito, a interferência humana nos ecossistemas se faz por meio de três fatores básicos: o crescimento populacional, o uso de tecnologias e a urbanização global. Os estudiosos do assunto tendem a aceitar que os problemas mais sérios que atualmente ameaçam o planeta compreendam o efeito estufa, a destruição da camada de ozônio, o acúmulo de lixo tóxico e o esgotamento dos recursos não renováveis. Esses fenômenos não são corrigíveis dentro dos padrões de tecnologia atual e atingem o planeta como um todo, causando, portanto, importante impacto sobre os ecossistemas. As alterações citadas decorrem, principalmente, da atividade tecnológica dos países desenvolvidos, que consomem boa parte dos recursos disponíveis. Embora menos graves e reversíveis, mas com custos elevados, o crescimento populacional, a chuva ácida, o desmatamento, a desertificação e erosão, a poluição do ar, enchentes e esgotamento dos recursos hídricos não deixam de ser preocupantes. Os problemas citados estão relacionados, mais direta ou indiretamente, com o grau de desenvolvimento dos países. Os países "ricos" tendem a se encaixar no primeiro grupo, enquanto que os países emergentes, ou em desenvolvimento, tendem a representar o segundo grupo.

O controle do crescimento populacional é necessário, sem dúvida, desde que dentro de certos limites. Mas como a história mostra, não existe nenhum caso de queda de fecundidade em qualquer país sem um mínimo de desenvolvimento e modernização. Por outro lado, se "alguns" países pobres e populosos emergentes chegarem ao desenvolvimento seguindo os padrões de produção e consumo do mundo ocidental, a situação ambiental global deverá deteriorar ainda mais, já que os principais problemas ambientais decorrem do uso de tecnologias aliado a um excessivo consumo de bens. Um exemplo atual do que está por acontecer pode ser citado em relação à China. Com cerca de um bilhão de habitantes, o consumo de recursos naturais não será compatível com a finitude do planeta se ocorrer segundo o modelo ocidental vigente, no qual cada indivíduo "necessita" ter um automóvel para propiciar sua locomoção. Isso não significa estancar o desenvolvimento dos países emergentes, mas sim redefinir o padrão de desenvolvimento desejável para o planeta como um todo.

Assim, o principal problema ambiental global a ser enfrentado pela civilização no século XXI advém de seu próprio modelo de desenvolvimento, e não do volume ou do ritmo de crescimento demográfico. Os países emergentes passarão a ser uma grave ameaça para o planeta quando houver total desenvolvimento pelos padrões atuais. Novamente, não quer dizer que esses países devam continuar nas mesmas condições, mas sim que o padrão de desenvolvimento ocidental, sendo altamente degradador, não deve ser adotado como modelo. Deve-se incentivar o desenvolvimento de tecnologias que tenham como prioridade o bem-estar ambiental, e não visem apenas o lucro imediato. A discussão custo/benefício para a sociedade deve ser incentivada e ampliada. Novas tecnologias deverão ser adequadas ao bem-estar social, acessíveis à sociedade e de custo relativamente baixo. Essas propostas somente se tornarão viáveis se houver uma conscientização das pessoas para a importância da qualidade ambiental.

Desequilíbrio Ecológico

As características dos diferentes ambientes possibilitam a permanência e a proliferação de algumas espécies e não de outras. Por exemplo, não vamos encontrar musgos e rãs nas praias arenosas, nem coqueiros e camelos na Antártida. Os vegetais, animais e demais tipos de organismos procuram se estabelecer nos locais onde as condições ambientais são mais favoráveis, interagindo com o ambiente de diferentes formas. Os seres vivos retiram do meio ambiente energia e nutrientes e eliminam calor e resíduos de seus corpos. Dessa forma, o simples ato de se manter vivo contribui para o aumento da entropia do sistema, isto é, para o aumento do grau de desordem no ambiente. Portanto, pode-se dizer que todos os organismos alteram em maior ou menor grau o ambiente que os cerca. Nós, humanos, não somos diferentes. Se a população humana no planeta fosse de apenas alguns milhões com hábitos de vida primitivos como a caça e coleta de alimentos ou a agricultura de subsistência, a atividade tecnológica não afetaria de forma significativa a Terra. Mas com o excessivo crescimento populacional e o uso cada vez mais frequente de tecnologias, nem sempre adequadas às condições do local onde são utilizadas, o impacto sobre a Terra se torna preocupante.

A distribuição da população mundial não é uniforme, o crescimento populacional é mais acentuado nas populações mais carentes que possuem renda mais baixa e menor grau de desenvolvimento tecnológico, mas nas regiões de clima extremo, muito quente ou muito frio, a densidade populacional é baixa. De modo geral, a densidade populacional é alta nos ambientes mais amenos, que correspondem aos limites geográficos dos países emergentes. Além desses aspectos vale ressaltar que existe uma tendência mundial à urbanização, isto é, uma concentração de pessoas nas cidades. Estudos recentes mostram que as pessoas preferem viver nas cidades, mesmo em condições nem sempre adequadas, do que nas áreas agrícolas, onde existe maior carência de recursos e menor poder de mobilização social.

As cidades, sem dúvida, geram e acumulam riquezas, mas também são grandes consumidoras de recursos naturais. Sua expansão e sua manutenção requerem enormes quantidades de água, energia e materiais necessários para transformação do meio. Nesse processo de desenvolvimento urbano, as cidades produzem "dejetos" que contaminam o ar, o solo e os ambientes aquáticos, muito além de seus limites. O ambiente urbano, com novas características, oferece abrigo e alimentos não somente aos seres humanos, mas também a uma ampla variedade de espécies denominadas sinantrópicas, pois vivem juntas (sin) ao homem (antropo). Os exemplos mais comuns são os ratos e as baratas, mas existem muitas espécies animais e vegetais sinantrópicas que nem sempre são bem-vindas. Por exemplo, os eucaliptos estão hoje amplamente distribuídos pelo mundo, introduzidos propositadamente em novos ambientes para fornecimento de madeira e fabricação de papel e carvão vegetal. Por outro lado, a introdução dessas árvores pode atuar negativamente nos ecossistemas.

Essas árvores não possuem polinizadores naturais em nosso meio, portanto, uma grande quantidade de eucaliptos está relacionada diretamente com a diminuição da população de várias espécies de animais, principalmente aves e insetos, que não são capazes de interagir com os espécimes exóticos introduzidos. Simultaneamente, as espécies de aves e insetos que polinizavam plantas nativas tendem a diminuir em tamanho.

O delicado equilíbrio entre espécimes vegetais nativos e exóticos, ou introduzidos, não se restringe apenas às espécies em discussão. A questão é mais ampla. Grande quantidade de vegetais exóticos introduzidos significa menos espaço físico para as espécies vegetais nativas. Portanto, há uma tendência na diminuição de espécies animais polinizadoras de vegetais nativos, pelo simples fato da ausência desses.

O desequilíbrio ecológico pode ser priorizado de diferentes formas, em função da melhor aceitação na mídia do momento. Podem ser priorizados o crescimento populacional, o desenvolvimento tecnológico, a introdução de espécies exóticas e outras. Mas sempre o que se pode esperar é a alteração do equilíbrio ecológico atual com consequentes mudanças nas condições ambientais que possibilitam a manutenção da vida.

Parte II

ECOSSISTEMAS RURAIS E URBANOS

Revolução Verde e Êxodo Rural

A atividade agropecuária é um dos setores da economia brasileira que merece ser amplamente discutido devido às dimensões continentais do Brasil, localização geográfica na região intertropical e presença de uma grande população, ainda em crescimento. Portanto, é de grande importância aumentar o conhecimento das diferentes condições ambientais, culturais e socioeconômicas existentes e desenvolver sistemas agropecuários mais eficazes economicamente e, ao mesmo tempo, que causem menores impactos ambientais é de grande importância.

A questão agrária em nosso país vem sendo questionada em maior ou menor grau desde os primórdios da colonização, estando atualmente em destaque, em decorrência das pressões sociais e de iniciativas governamentais que visam modificar o perfil da estrutura fundiária do Brasil.

A economia colonial brasileira estava atrelada inicialmente ao extrativismo e em seguida ao regime de Sesmarias com grandes propriedades. Essas grandes propriedades, que foram entregues a quem se dispusesse à trabalhar a terra, é que deram o primeiro impulso ao surgimento dos atuais latifúndios. A ocupação mais tardia do interior foi promovida com o surgimento da pecuária que se caracterizava pela grande propriedade e pequeno investimento de capital e mão de obra, principalmente no nordeste, em especial, no sertão do São Francisco, sul de Minas Gerais e Rio Grande do Sul. Assim, a formação dos grandes latifúndios foi acentuada. Durante a maior parte da história agrária do Brasil o que se observou foi a presença de grandes latifúndios nas mãos de uma pequena parcela da população, e pequenas propriedades familiares vivendo, geralmente, de agricultura de subsistência e praticando a chamada "agricultura tradicional", isto é, conjunto de técnicas de cultivo que vêm sendo utilizadas pelos camponeses e comunidades indígenas há muito tempo.

Nas décadas de 1950 e 1960, estabeleceram-se, nos países desenvolvidos do primeiro mundo, as bases tecnológicas da chamada "Revolução Verde". Essas bases tecnológicas repercutiram em nosso país em meados da década de 1960. As novas tecnologias agrícolas envolviam sementes melhoradas, mecanização da agricultura e uso intensivo de insumos biológicos e, principalmente, químicos, como fertilizantes e agrotóxicos. Essas técnicas, sem dúvida, promoveram um aumento significativo da produtividade agropecuária e uma redução na perda da produção, possibilitando atingir uma autossuficiência alimentar, como também um excedente agrícola negociável no mercado externo.

No final da década de 1960, novas tecnologias, importadas dos países desenvolvidos localizados em regiões temperadas, começaram a ser incorporadas rapidamente à atividade rural brasileira, aumentando a produtividade agrícola e pecuária, diminuindo as perdas por pragas e determinando o surgimento da chamada "agricultura moderna". Os grandes latifúndios, muitas vezes, improdutivos, tornam-se empresas agrícolas, determinando a exclusão da maioria das pequenas e médias propriedades. A chamada agricultura moderna caracteriza-se pelo grande uso de insumos externos, utilização de máquinas pesadas, manejo do solo nem sempre adequado às regiões tropicais e uso de adubação química e de agrotóxicos em grande escala. Essa forma de agricultura existe há apenas poucos anos e já demonstra seu colapso como, por exemplo, perda de centenas de hectares de solo fértil por ano.

Nos países ricos, a modernização da agricultura se deu de forma lenta e gradativa e em ambientes sociais mais desenvolvidos do que o nosso. Mesmo assim, nesses países, a "Revolução Verde" provocou intensas alterações sociais como a eliminação de grande parte da mão de obra rural, não mais necessária em função do uso de máquinas agrícolas, e sua consequente expulsão do campo para as cidades.

No Brasil, a rapidez da tecnicização e as características sociais do meio onde foi implantada produziram efeitos mais acentuados. Entre esses efeitos se destacam a especulação com a terra, favorecendo a concentração de renda e contribuindo para eliminação da maioria das pequenas e médias propriedades e a modificação da relação de trabalho do homem do campo, que passou de pequeno agricultor proprietário da terra, com dificuldade para crédito e comercialização, para uma relação de emprego na qual trabalha por um salário e sem vínculo íntimo com a terra. Esse processo contribuiu na aceleração da migração de grande parte dos trabalhadores rurais para as cidades em busca de melhores ofertas de trabalho.

A evolução da população rural brasileira no período de 1981 a 1999 mostra que houve um acentuado êxodo rural, fazendo com que a população rural apresentasse uma taxa decrescente de 0,7% ao ano, entre 1981 e 1992. Mas de 1992 a 1999 a população rural deixou de diminuir, fato provavelmente explicado pela maior oferta de emprego nas áreas rurais não agrícolas. O que se observa hoje parece ser um êxodo agrícola e não propriamente um êxodo rural. As pessoas continuam morando no campo, mas não trabalhando nas atividades relacionadas à agropecuária. Entre as ocupações rurais não agrícolas que apresentaram aumento na oferta de trabalho estão os serviços domésticos, os diferentes tipos de ajudantes, os pedreiros, os atendentes em diversos setores, os motoristas, os serventes e os faxineiros e cozinheiros não domésticos.

Até a década de 1940, aproximadamente 70% da população brasileira vivia no campo e hoje, somente cerca de 20% da população brasileira vive em área rural. Por outro lado, no campo, em 1985, as unidades familiares representavam 75% do total de estabelecimentos rurais, mas ocupavam apenas 22% da área total da terra agricultável. Esse êxodo rural e o consequente adensamento populacional geraram o crescimento, muitas vezes, caótico das cidades e os problemas urbanos existentes atualmente. Houve pouco investimento em políticas públicas urbanas para receber essa população extra, originada do campo.

Ocupação do Campo - Agroindústria x Agricultura Familiar: Estruturas Agrárias e Sistemas Socioeconômicos

Uma forma de classificar a ocupação do campo baseia-se no tamanho da propriedade, na forma de administrá-la e no uso de tecnologias e financiamentos. De uma forma didática, podem ser separados os modelos agrícolas em *agricultura capitalista patronal* (agroindústria), *agricultura patronal* e *agricultura familiar*. A agricultura capitalista patronal e a agricultura patronal são, em muitos aspectos, semelhantes, sendo que na agroindústria, além da produção, há, de modo geral, seleção de qualidade, classificação por tamanho, transformação, empacotamento e armazenamento dos produtos agrícolas. Embora a agricultura capitalista patronal e a agricultura patronal apresentem muitas semelhanças estruturais, ambos os modelos diferem grandemente da agricultura familiar.

Tanto a agroindústria quanto a agricultura patronal apresentam algumas características em comum. A separação entre gestão e trabalho é bastante acentuada, sendo a organização do sistema centralizada e administrada por um gerente, com ênfase na especialização e na adoção de práticas agrícolas modernas e padronizáveis. Nesse tipo de modelo há predomínio do trabalho assalariado. Já no modelo familiar, a gestão e o trabalho estão intimamente relacionados, sendo o processo produtivo dirigido pelo proprietário e com ênfase na diversificação. O trabalho assalariado é complementar, predominando a mão de obra da família. As lavouras adquirem maior importância e há uma tendência em prevalecer a criação de pequenos animais, ainda que haja pequeno rebanho bovino.

Hoje, no Brasil, somente cerca de 25% dos hectares agricultáveis seguem o modelo familiar. Dos, aproximadamente, seis milhões de estabelecimentos agrícolas, 70% corresponde ao modelo familiar, ocupam apenas 20% da área agricultável e recebem somente cerca de 15% dos financiamentos disponíveis. Embora as propriedades agrícolas familiares sejam minoria em termos de território ocupado e financiamento obtido, ainda são responsáveis por aproximadamente 30% do valor total da produção agropecuária.

Na agropecuária, os segmentos capitalista patronal e patronal superam o familiar em quatro produtos: carne bovina, cana-de-açúcar, arroz e soja, mas, por outro lado, o segmento familiar apresenta maior importância em quinze produtos como carne suína, aves e ovos, leite, batata, trigo, cacau, banana, café, milho, feijão, algodão, tomate, mandioca e laranja. Os sistemas familiares, por serem mais intensivos, permitem a manutenção de quase sete vezes mais postos de trabalho, por unidade de área, do que os sistemas patronais. Enquanto que na agricultura patronal são necessários cerca de sessenta hectares para geração de um emprego, na agricultura familiar bastam nove hectares.

Os estabelecimentos agropecuários podem, ainda, ser classificados em quatro grandes grupos em função do tipo de atividade predominante. No primeiro grupo se situam os estabelecimentos envolvidos no cultivo do solo com culturas permanentes ou temporárias, inclusive hortaliças e flores. O segundo segmento está relacionado à criação, recria ou engorda de animais de grande, médio ou pequeno porte. A exploração de matas e de florestas plantadas pode ser inserida num terceiro grupo, enquanto que a extração ou a coleta de produtos vegetais compreendem o quarto grupo.

Quanto aos sistemas de produção, podem ser classificados em: 1) *superespecializados*, quando um produto responde por mais de 65% do valor total da produção; 2) *especializados*, se pelo menos um produto apresenta valor total de produção superior a 35% e 3) *diversificados*, que são subdivididos em três categorias. No *diversificado tipo 1* os produtos principais superam 20% do valor total da produção, mas não atingem 30%. No *diversificado tipo 2* o valor total da produção dos produtos principais situa-se entre 10 e 20%, enquanto que no *diversificado tipo 3* nenhum produto apresentam mais de 10% do valor total da produção. De modo geral, a agroindústria apresenta sistemas superespecializados ou especializados, enquanto que o modelo patronal pode ser especializado ou diversificado do tipo 1. No sistema familiar predominam os sistemas de produção diversificados. Havendo capitalização, pode apresentar sistema de produção especializado, geralmente relacionado à produção de aves e derivados ou leite. No outro extremo, os modelos familiares desca-pitalizados apresentam sistemas de produção diversificados dos tipos 2 e 3.

Hoje grande incentivo tem sido dado à agroindústria, principalmente relacionada ao cultivo de soja e também ao de cana-de-açúcar, com expansão das fronteiras agrícolas em direção ao Pantanal no centro-oeste do Brasil e, de forma ainda incipiente, à região norte. Nessas regiões, o preço da terra ainda é relativamente baixo, o que possibilita a instalação de grandes propriedades. Também, nessas regiões, devido às extensas áreas pouco povoadas, há maior possibilidade de invasão e posse de terras do que nas regiões mais densamente povoadas, onde geralmente o controle e a fiscalização são mais efetivos. Embora as novas fronteiras agrícolas caminhem para o centro-oeste e para o norte do Brasil, o sistema de escoamento da produção ainda passa pela região sudeste, especialmente São Paulo, em direção ao porto de Santos, gerando uma sobrecarga nas rodovias, responsáveis pela maior parte do transporte de produtos agropecuários. Esse fato faz com que se acentue a importância da região sudeste quanto sua participação na economia nacional, encarecendo o preço da terra nessa região e aumentando os serviços oferecidos, e ainda, atraindo pessoas das demais regiões do país.

Aumento de Produtividade e Diminuição das Perdas Agropecuárias- Contaminação do Ambiente e dos Alimentos e Exposição dos Trabalhadores

A agricultura das últimas décadas foi marcada por um significativo aumento da produtividade, em grande parte devido ao uso de agrotóxicos para o controle e eliminação de pragas e de fertilizantes químicos para promover ou acelerar a germinação e o crescimento das sementes e plântulas, isto é, de plantas nos estágios iniciais de desenvolvimento. No início do século XX, um agricultor era capaz de produzir alimentos para si e mais quatro pessoas, sendo que o mesmo agricultor em 1988 alimentava em média 68 pessoas. Esse aumento na produção de alimentos foi consequência direta e indireta da mecanização, da aplicação de insumos químicos como fertilizantes, reguladores de crescimento e agrotóxicos, e também da melhoria genética dos cultivares.

Visando exclusivamente o aumento da produtividade, muito pouco ou nada foi feito para preservar o ambiente, que é o meio básico para produção agropecuária. Práticas agrícolas como o manejo inadequado do solo, entre outras, podem levar à ocorrência de erosão com perda das camadas superficiais, normalmente mais ricas em matéria orgânica, e o consequente declínio da fertilidade, destruição de ecossistemas com diminuição da biodiversidade, desperdício de água e energia, bem como a contaminação do ambiente por agrotóxicos. Esses fatores representam grandes prejuízos ambientais, sanitários e sociais.

O uso de agrotóxicos resulta, muitas vezes, na presença de seus resíduos ou de seus produtos de degradação nos ambientes edáfico e aquático, na comunidade e nos alimentos produzidos. A permanência do composto e de seus produtos de degradação e de metabólitos no solo pode levar à contaminação de futuras culturas no local, e sua presença na água pode comprometer a biodiversidade nesse ambiente.

O agrotóxico ideal é aquele que promove maior produtividade agrícola pelo menor custo econômico e não deixa nenhuma contaminação ambiental. Sendo que as duas primeiras qualidades, geralmente, são as mais destacadas comercialmente e a terceira é dificilmente obtida. Como o real potencial de contaminação do agrotóxico nem sempre é conhecido, torna-se fundamental o conhecimento do comportamento desses produtos nos diferentes compartimentos do ecossistema.

A avaliação da persistência, da formação de produtos de degradação e de metabólitos e dos efeitos tóxicos indesejáveis decorrentes da aplicação de agrotóxicos deve ser conhecida, preferencialmente, antes de sua utilização, para que se façam recomendações específicas. Vários fatores devem ser considerados nessas avaliações, tais como: grupo químico, tipo de molécula (ingrediente ativo), a formulação em que é apresentado o produto para uso, a forma e a dosagem de aplicação, as características físicas, químicas e biológicas do solo e as condições meteorológicas locais.

A autorização para o uso de um produto deve ser precedida de testes para avaliação da toxicidade aguda e crônica aos organismos direta e indiretamente expostos, e análise do composto e de seus produtos de degradação e de metabólitos no ambiente de aplicação a curto, médio e longo prazo, bem como o potencial de transporte para outras áreas. Os agrotóxicos, em sua grande maioria, são desenvolvidos e estudados quanto ao comportamento da molécula, riscos ambientais e toxicológicos em países do hemisfério norte, onde as moléculas são desenvolvidas e cujas características físicas, químicas e biológicas do solo, e condições meteorológicas são muito diferentes dos países tropicais. Dessa maneira os resultados obtidos, não necessariamente, podem ser aplicados em outras localidades de características ambientais diferentes.

Assim sendo, é necessário haver um programa contínuo de monitoramento e de controle ambiental, nos ambientes de aplicação, que fiscalize o uso dos agrotóxicos, além de desenvolvimento de pesquisas procurando produtos e formas de utilização com menor risco de contaminação ambiental e uso de métodos alternativos de cultivo.

Outro aspecto que não se pode deixar de discutir é referente à exposição dos trabalhadores a substâncias potencialmente tóxicas utilizadas na atividade agropecuária. Deve-se lembrar que todo composto com atividade biocida, como os agrotóxicos, é, em grau variável, tóxico para os organismos, exigindo para seu uso o cumprimento de normas e medidas que impeçam ou reduzam efeitos prejudiciais e deletérios. Os agrotóxicos são responsáveis por intoxicação de seres humanos e animais expostos diretamente pela manipulação dos mesmos, ou indiretamente através da ingestão de água e alimentos contaminados. Essas intoxicações são agudas quando os efeitos se manifestam intensamente e em pouco tempo após a exposição a altas doses do agente, ou crônicas, geralmente de caráter ocupacional, com manifestação tardia, insidiosa e com efeitos cumulativos. Entre os fatores de risco para ocorrência de intoxicações podem ser citados: 1) falta de informação do risco existente na manipulação; 2) nem sempre o seguimento na íntegra das normas de aplicação e das medidas de proteção e 3) negligência na prática diária por falta de percepção da periculosidade, notadamente na forma crônica.

O uso de agrotóxicos na agricultura tem um forte impacto ambiental que interfere diretamente na qualidade de vida da população humana. Os efeitos mais facilmente detectáveis são os agudos, por serem evidentes e imediatos à exposição, embora ainda hoje o número de intoxicações agudas por agrotóxicos não seja preciso e as estimativas sejam variáveis. No Brasil o Sistema Nacional de Informação Tóxico-Farmacológica (SINITOX), do Ministério da Saúde, agrega as informações sobre a ocorrência de intoxicações por agrotóxicos e outras substâncias químicas. Os dados disponíveis mostram que a intoxicação por agrotóxicos tem importância relevante dentre o total de casos de intoxicação, (Tabela 12.1).

Já os casos crônicos, ocasionados por repetidas ou prolongadas exposições a agrotóxicos, são mais difíceis de serem detectados, embora a importância seja extrema, uma vez que muitos desses produtos são cancerígenos em animais e apresentam forte indício de carcinogenicidade na espécie humana. Além disso, em estudos com animais, alguns produtos mostram interferência com a produção hormonal, outros com a reprodução e outros ainda têm efeitos nocivos sobre embriões e fetos. Embora estudos de exposição com a espécie humana não sejam, obviamente, realizados, devem ser levados em consideração os resultados obtidos em estudos com espécies animais. Produtos que interferem com a formação da geração seguinte são altamente problemáticos.

	2005	2006	2007	2008
Medicamentos	26,40	29,66	29,42	29,51
Agrotóxicos de uso agrícola	6,57	5,57	5,92	5,26
Agrotóxicos de uso doméstico	3,36	3,60	3,44	3,66
Produtos veterinários	1,08	1,20	1,20	1,43
Raticidas	4,48	4,25	4,14	3,57
Domissanitários	8,04	10,35	10,61	11,97
Cosméticos	0,99	1,12	1,28	1,43
Produtos químicos industriais	5,45	5,68	5,95	6,36
Metais	0,75	0,55	0,54	0,48
Drogas de abuso	3,35	3,67	3,47	4,25
Plantas	2,11	1,78	1,64	1,72
Alimentos	0,98	1,22	1,19	0,86
Animais peçonhentos/serpentes	5,00	4,40	4,27	3,69
Animais peçonhentos/aranhas	5,27	4,11	4,34	3,60
Animais peçonhentos/escorpiões	8,70	6,85	6,62	7,48
Outros animais peçonhentos	5,85	5,25	5,41	5,29
Animais não peçonhentos	5,99	4,20	4,64	4,04
Desconhecido	2,99	4,42	3,92	2,31
Outros	2,64	2,03	2,00	3,11

TABELA 12.1 – Porcentagem de casos de intoxicação por agentes tóxicos nos anos de 2005, 2006, 2007 e 2008, mostrando a relevância das intoxicações por produtos agrotóxicos (agrotóxicos de uso agrícola, agrotóxicos de uso doméstico, produtos veterinários, raticidas).
Fonte: MS/FIOCRUZ/SINITOX (Disponível em: http://www.fiocruz.br/sinitox).

Hoje, o grande desafio é conseguir melhor distribuição dos alimentos produzidos, mas podemos prever que em 2020, com uma população mundial estimada em oito e meio bilhões de pessoas, o maior desafio será atender a demanda crescente por alimentos. Nesse sentido, nota-se a necessidade de um progresso significativo na agricultura relacionado a diversos fatores como, por exemplo, o melhoramento genético obtido a partir de cruzamentos selecionados realizados ao longo do tempo e da utilização de biotecnologia, obtendo-se espécies geneticamente modificadas. Essas técnicas visam o desenvolvimento de espécies de interesse agrícola que apresentem crescimento mais rápido e sejam capazes de controlar ou eliminar seus parasitas e predadores naturais. O aperfeiçoamento da metodologia de pesquisa, maior agilidade na descoberta de novos insumos, produção de sementes mais viáveis e resistentes e identificação das combinações adequadas de fertilizantes e agrotóxicos possibilitam maior produtividade agropecuária com menores perdas e menor potencial de contaminação do ambiente e dos alimentos. Ainda podem ser citadas como ações que visem à preservação ambiental: a utilização de insumos com moléculas mais seguras ambientalmente, a racionalização no uso de recursos naturais edáficos e aquáticos e a preservação da biodiversidade através da manutenção de áreas naturais de procriação.

Essa visão abrangente da questão agrícola busca uma produção: 1) economicamente viável, com custos compatíveis e competitivos nos mercados interno e externo; 2) ecologicamente saudável, conservando e recuperando o ambiente e os recursos naturais, e reduzindo a utilização de insumos sintéticos; 3) socialmente justa, satisfazendo as necessidades humanas de alimento e renda e 4) culturalmente apropriada, respeitando-se características culturais dos diferentes povos.

A agricultura sustentável, como alternativa à agricultura "moderna", implantada pela "Revolução Verde" nas décadas de 1950 e 1960, e amplamente praticada, começa a ser adotada no mundo e no Brasil, por meio de diversas correntes que se diferenciam em alguns pontos, mas que possuem princípios básicos comuns. As principais tendências têm origem e precursores diferentes e recebem denominações diversas como: *agricultura orgânica, agricultura biodinâmica, agricultura natural, permacultura, agricultura alternativa* e *agricultura nasseriana*. Embora as denominações sejam diferentes, todas visam promover mudanças tecnológicas e filosóficas na agricultura, recomendando práticas de manejo sustentável.

Agricultura Orgânica

É a mais antiga e tradicional corrente da agricultura ecológica. Foi desenvolvida a partir dos trabalhos de compostagem e adubação orgânica realizados por Howard, na Índia, entre 1925 e 1930, que foram divulgados por Lady Balfour na Inglaterra e Rodale, nos Estados Unidos. No Brasil, a Associação de Agricultura Orgânica foi criada em 1989.

A agricultura orgânica é baseada na compostagem da matéria orgânica, isto é, na fermentação de resíduos orgânicos colocados em camadas umedecidas levemente compactas, com a utilização de microrganismos eficazes para processamento mais rápido do composto. A adubação exclusivamente orgânica, com reciclagem de nutrientes no solo e a rotação de culturas garantem a sustentabilidade do agrossistema. Os animais não são utilizados na produção agrícola, a não ser como tração dos implementos e produtores e recicladores de esterco.

Agricultura Biodinâmica

Surgiu na Alemanha a partir das orientações do filósofo austríaco Rudolf Steiner, no início da década de 1920. A principal característica, além da compostagem, é a utilização de "preparados" homeopáticos ou biodinâmicos, elementos fundamentais na produção, que são utilizados para fortalecimento da planta visando deixá-la resistente a determinadas bactérias e fungos, além de atuarem na ativação da microbiota edáfica, isto é, dos microrganismos presentes no solo. Os animais são integrados na lavoura para aproveitamento de seus dejetos a partir do consumo dos alimentos produzidos no local, ou seja, aquilo que o animal tira da propriedade volta para a terra. A importação de adubo orgânico de outro local não é permitida, pois materiais orgânicos de fora da propriedade ou da região não são adequados por não possuírem a bioquímica, a energia ou a vibração adequada à cultura. Existe a preocupação com o paisagismo, com a arquitetura e com a captação de energia cósmica.

A agricultura biodinâmica está baseada na *Antroposofia*, que prega a importância de conhecer a influência dos astros sobre todas as coisas que acontecem na superfície da terra.

Agricultura Natural

Com origem no Japão, a principal divulgadora desta corrente de trabalho ecológico é a Mokiti Okada Association (MOA). Além da compostagem, há a utilização de microrganismos eficientes que possuem capacidade de processar e produzir matéria orgânica útil. Procura desenvolver a adaptação da planta ao solo e também do solo à planta. Esse é o primeiro passo para a manipulação genética e, consequentemente, para a dominação tecnológica, característica semelhante à agricultura moderna, não sendo bem aceita por outras correntes da agricultura ecológica.

Permacultura

Surgiu na Austrália e no Japão na década de 1970, seguindo o pensamento de Bill Mollison. As principais características são os sistemas de cultivo agro-silvo-pastoris e os extratos múltiplos de culturas. Utilizam a compostagem, os ciclos fechados de nutrientes, a integração de animais aos sistemas, o paisagismo e a arquitetura de forma integrada. Na permacultura não existem tecnologias adequadas ou próprias, mas sim "tecnologias apropriadas". A comunidade deve ser autossustentável e autossuficiente, produzindo seus alimentos, implementos e serviços sem a existência de insumos externos. A comercialização deve ser feita por meio de troca de produtos e serviços.

A palavra PERMACULTURA ainda não existe nos dicionários brasileiros. Ela foi inventada por Bill Mollison para descrever essa transformação da agricultura convencional em uma permanente agricultura, em resposta à contaminação de solos, água e ar pelos sistemas industriais e agrícolas; perdas de espécies de plantas e animais; redução dos recursos naturais não renováveis e um destrutivo sistema econômico.

Agricultura Alternativa

Seus precursores no Brasil foram Ana Primavesi, José Lutzenberger, Sebastião Pinheiro, Pinheiro Machado e Maria José Guazelli. Os princípios dessa corrente são a compostagem, a adubação orgânica e a adubação mineral de baixa solubilidade.

Dentro da linha alternativa, o equilíbrio nutricional da planta é fundamental. Aparece, então, o conceito de "trofobiose" que considera a fisiologia da planta em relação à sua resistência a pragas e doenças. Outra característica é o uso de sistemas agrícolas regenerativos, e daí surgiu a agricultura regenerativa, termo defendido por José Lutzenberger. Outras pessoas dentro dessa mesma tendência adotaram o termo *agroecologia* que possui um cunho político e social. A agroecologia prioriza não só a produção do alimento, mas também o processamento e a comercialização, também se preocupando com questões sociais como a luta pela terra, fixação do homem no campo e reforma agrária.

Agricultura Nasseriana

É a mais nova corrente da agricultura ecológica e tem como base a experiência de Nasser Youssef Nasr, no Estado do Espírito Santo. Também chamada de biotecnologia tropical, defende o estímulo e manejo de ervas nativas e exóticas, a multidiversidade de insetos e plantas, a aplicação direta de estercos e de resíduos orgânicos na base das plantas e adubações orgânicas e minerais pesadas.

Segundo essa corrente, a agricultura de clima tropical do Brasil não precisa de compostagem, pois o clima quente e as reações fisiológicas e bioquímicas intensas garantem a transformação da matéria orgânica no solo. Assim, o esterco deve ser colocado diretamente na base da planta, pois essa "sabe" o momento apropriado de lançar suas radículas na matéria orgânica que está em decomposição.

Outro ponto interessante é o uso de ervas nativas e exóticas junto com a cultura visando garantir a diversidade de nichos ecológicos e o manejo das plantas nativas, de modo que elas mantenham o solo protegido e façam adubação verde.

O desenvolvimento sustentável foi a solução apontada pela Comissão Mundial de Meio Ambiente – CMMDA para atender as necessidades do presente e garantir as necessidades das gerações futuras. Para o desenvolvimento sustentável é importante que cada sociedade elabore seus próprios modelos agrícolas, construídos com a participação de seus diferentes segmentos, procurando garantir a independência na produção de alimentos baratos para a população e criação de empregos, além de gerar divisas para o país pela exportação de produtos agrícolas.

Qualidade de Vida Rural

Os conceitos teóricos para o manejo ambiental sustentável devem ser discutidos e disponibilizados aos produtores rurais para permitir o uso criterioso do ambiente agropecuário e assegurar a continuidade saudável dos agrossistemas. As áreas de pesquisa incluem conhecimento sobre ciclo hidrológico e disponibilidade de água, formas de uso da terra e tipo de solo, biodiversidade local e interações ecossistêmicas, economia rural e sistemas de informações ambientais.

Nas regiões de captação de água superficial e subterrânea, a minimização do uso de substâncias exógenas é de extrema importância. Grande parte das águas superficiais está ameaçada devido à atividade agrícola relacionada ao uso de fertilizantes e agrotóxicos. Os fertilizantes levados ao ambiente aquático pelo escoamento superficial ou pela lixiviação, atingem as águas superficiais e o lençol freático, assim estimulam o desenvolvimento das algas, uma vez que, de modo geral, são ricos em nitratos e fosfatos. A proliferação das algas e de outros organismos aeróbios leva a um maior consumo de oxigênio do meio aquático, comprometendo a viabilidade de peixes e outros organismos. Esse processo de eutrofização (enriquecimento alimentar) dos ambientes aquáticos compromete a qualidade da água para consumo assim como a produção de peixes e outros animais aquáticos, acarretando perdas econômicas para a região como um todo.

Já os agrotóxicos, por sua toxicidade, estão implicados na contaminação ambiental. O agrotóxico ideal deve eliminar os organismos-alvo sem atuar sobre os demais seres que se encontram no local durante o intervalo de tempo necessário para sua ação, apresentar pequena mobilidade, não deixar resíduo e decompor-se em produtos inócuos ao meio. Mas na realidade, esses objetivos nem sempre são atingidos por razões diversas, tais como inadequação dos compostos utilizados àquelas condições, uso de concentrações elevadas e metodologias de aplicação incorretas. Além disso, o destino dos agrotóxicos no ambiente depende de fatores como: propriedades físicas e químicas do composto, quantidade aplicada, frequência e modo de sua aplicação, bem como das características abióticas e bióticas do meio e das condições meteorológicas. Em função dos fatores citados e suas interações, cada agrotóxico apresenta comportamento próprio em determinado ambiente.

O tempo de permanência no solo onde o agrotóxico é aplicado, ou encontrado após a aplicação em culturas, estabelece sua persistência no ambiente, podendo determinar alterações no solo. Essa persistência depende da extensão dos processos de remoção físicos, químicos e biológicos, relacionados com a própria estrutura química da molécula, a forma e quantidade das aplicações do composto e as condições edáficas, tais como conteúdos de argila e matéria orgânica, dinâmica de adsorção/dessorção das partículas de solo, disponibilidade de oxigênio, temperatura, umidade, pH, entre outras. De modo geral, quanto mais longa a persistência, mais grave é o problema residual, podendo resultar em danos a organismos não-alvo como diversas espécies de microrganismos, oligoquetos, colêmbolas e ácaros, entre outros, essenciais para manutenção da estrutura e da fertilidade do solo.

A maioria dos agrotóxicos pode destruir ou atuar negativamente sobre os microrganismos do solo. Assim, por exemplo, o inseticida organoclorado dieldrin, hoje com uso proibido, mas amplamente aplicado até épocas recentes, causa severa depressão na população de bactérias nitrificadoras e o herbicida dalapon inibe a atividade denitrificadora, ambos comprometendo os processos necessários à circulação do nitrogênio. A respiração do solo pode ser afetada de maneiras distintas. Por exemplo, o herbicida triazínico simazina diminui a população de bactérias anaeróbias e ao mesmo tempo estimula o crescimento de bactérias aeróbias fixadoras de nitrogênio. Muitas dessas substâncias, como fumigantes e fungicidas, que possuem amplo poder de inibição e morte, causam grande destruição da microbiota. Outras vezes a aplicação de agrotóxicos pode aumentar a taxa respiratória do solo, provavelmente por meio do aumento na população de alguns microrganismos que são capazes de utilizar a molécula como fontes de carbono e de energia. Ainda, pode ocorrer uma ação indireta do agrotóxico sobre uma parte específica da microbiota, inibindo ou destruindo não intencionalmente organismos que controlam naturalmente o crescimento de patógenos e permitindo o aumento da sua população. De qualquer modo, a inibição ou o estímulo do crescimento de algumas populações alteram a estrutura da comunidade edáfica e, consequentemente, interferem na fertilidade do ambiente.

Os agrotóxicos que são aplicados no solo, ou que o atingem, entram em contato íntimo também com a macrobiota edáfica, isto é, os macrorganismos presentes no solo. Esses produtos causam a morte de algumas espécies ou atuam sobre sua fisiologia e comportamento. A macrofauna edáfica, formada por oligoquetos, colêmbolas, nematódeos, gastrópodes e crustáceos, entre outros, atua juntamente com os microrganismos nos diversos processos de reciclagem da matéria orgânica. Assim, se esses organismos forem destruídos ou seriamente afetados, a estrutura e a fertilidade dos solos ficam comprometidas. Alguns agrotóxicos são absorvidos através do tegumento desses animais e, acumulados em seus tecidos, levando à contaminação da cadeia alimentar por meio das relações tróficas mantidas por esses organismos. Outros agrotóxicos são ainda ingeridos juntamente com os restos vegetais por insetos fitopredadores e saprófagos. Esses organismos estão envolvidos na manutenção da fertilidade do solo, pois muitos são essenciais na quebra de algumas espécies de folhas da liteira facilitando sua posterior utilização pela comunidade.

Através de arraste sobre a superfície do solo (*"run off"*) e da lixiviação no perfil do solo, os agrotóxicos são transferidos e movimentam-se nos sistemas aquáticos superficiais e subterrâneos. Dessa maneira podem provocar intoxicação e contaminação da cadeia alimentar seja pela ingestão da água por animais, seja pela absorção pelas raízes e contaminação de alimentos. Também podem atuar nos organismos bentônicos que devido ao seu lento (ou ausente) deslocamento apresentam maior contato com sedimento de leitos de rios e lagos contaminados com o composto.

Os agrotóxicos atingem o solo não somente quando são aplicados diretamente neste, mas também quando são lavados das folhas, flores e frutos pela ação das chuvas e quando as estruturas que foram aspergidas com os compostos caem no chão. Áreas vizinhas aos locais tratados com agrotóxicos também podem apresentar contaminação por deriva resultante de aplicações por pulverizações ou volatilização, através da erosão e deslocamento de partículas do solo para outras áreas. Os animais também podem atuar nesse processo, pois devido sua grande mobilidade no espaço físico permitem a transferência do composto para outras regiões, seja por meio do contato com a vegetação ou com presas contaminadas obtidas no campo tratado com o composto (Figura 13.1).

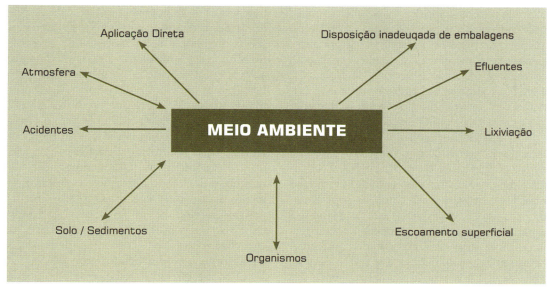

FIGURA 13.1 – Alguns mecanismos de contaminação de ecossistemas pelo uso direto ou não de agrotóxicos. Atmosfera pode receber contaminantes volatizados de uma região e, por ação de correntes aéreas, atingir outros ambientes. De maneira semelhante organismos contaminados em um meio podem, ao se deslocar, transportar o contaminante para outra região. Ainda, contaminantes adsorvidos a partículas de solo/sedimento podem ser mobilizados e contaminar o meio.

O uso intensivo de agroquímicos, tanto fertilizantes como agrotóxicos, acarreta impactos econômicos e ecológicos muitas vezes negativos. Do ponto de vista econômico, os agricultores são afetados, pois arcam indiretamente com os custos de desenvolvimento de novos produtos. O desenvolvimento de um novo agrotóxico custa alguns milhões de dólares e em média leva dez anos – desde seu planejamento inicial, síntese, provas de laboratório, provas de campo, avaliação toxicológica e ambiental – até a produção em massa, formulação e comercialização. Esses custos são repassados para o consumidor. Do ponto de vista ecológico, a utilização de agrotóxicos pode selecionar organismos resistentes nas populações de pragas. Quando uma determinada espécie-alvo torna-se resistente a um composto biocida pode ser necessária a utilização e até a síntese de novos produtos. Esses novos produtos podem se tornar também ineficientes devido ao desenvolvimento de resistência ao longo do tempo por parte dos organismos-alvo, havendo a necessidade da síntese de novos compostos. Novamente os custos do desenvolvimento de novos produtos são repassados ao consumidor.

No Brasil, como em outros países, o uso incorreto desses produtos está relacionado a casos agudos e crônicos de intoxicação de agricultores. Os acidentes provocados pelo uso de agrotóxicos têm sido atribuídos ao analfabetismo, falta de treinamento e de vestimentas adequadas a essa operação e também pouca informação sobre os produtos e sobre sua toxicidade relativa. Embora o manuseio inadequado de agrotóxicos seja um dos principais responsáveis por acidentes de trabalho no campo, é importante salientar que esses são compostos com atividade biocida, que em grau variável são tóxicos para os organismos e, portanto, mesmo com o uso correto existe o risco de intoxicações: lesões hepáticas e renais relacionadas com o uso de organoclorados, fibrose pulmonar com o uso do herbicida paraquat, ação mutagênica e teratogênica relacionadas aos organoclorados DDT, heptacloro e toxafeno, são alguns exemplos que podem ser citados.

Os principais assuntos relacionados à diminuição dos riscos na aplicação de agrotóxicos dizem respeito ao transporte de forma adequada do produto, identificação da toxicidade por meio de rótulos coloridos e com pictogramas, necessidade de comercialização e utilização apenas por meio do receituário agronômico, armazenamento em local seguro, aplicações corretas obedecendo o período de carência e atenção ao destino das embalagens vazias, evitando-se a intoxicação pelo reaproveitamento das mesmas e a contaminação do meio.

Em relação ao ambiente como um todo, devem ser determinados o tipo e o uso do solo e seus efeitos sobre o microclima local. O conhecimento do comportamento de substâncias naturais e exógenas nas camadas superficiais do solo, sua transferência para as plantas, e a partir daí, para toda a cadeia alimentar têm importante papel na prevenção de contaminações ambientais e bióticas. Do ponto de vista toxicológico é essencial o conhecimento dos processos de transformação química e de biotransformação das substâncias, especialmente aquelas introduzidas pelo homem. Muitas pesquisas sobre o comportamento de insumos agrícolas no ambiente são realizadas em países de regiões temperadas, cujas características climáticas são totalmente diversas do Brasil, um país predominantemente tropical. A acidificação, a compactação e a erosão também são fatores importantes na perda de solo fértil. Muitos solos brasileiros são, naturalmente, ácidos, e dessa maneira o uso inadequado de fertilizantes químicos pode contribuir para diminuição do pH e perda da produtividade. O excessivo pisoteio do rebanho bovino e o uso de máquinas agrícolas pesadas, sem levar em consideração as características físico-químicas do solo, contribuem para compactação do mesmo, dificultando a fixação e o desenvolvimento de espécies vegetais. O intenso intemperismo sobre o solo nu favorece a ocorrência de erosão e a consequente perda das camadas superficiais, ricas em nutrientes, diminuindo dessa forma a produtividade agropecuária.

O conhecimento da biodiversidade local e suas interações fornecem informações sobre a estabilidade dos ambientes terrestres e aquáticos e as possíveis consequências do uso intensivo dos recursos naturais disponíveis. Ainda possibilita a discussão de metodologias de saneamento de ambientes comprometidos.

Política Ambiental Rural

A maior parte do espaço territorial ocupado dos municípios, com algumas exceções, é utilizada para atividade agropecuária. Portanto, essa atividade tem grande responsabilidade na preservação do ambiente em condições favoráveis à manutenção da vida, além de ser importante como espaço de recreação e lazer para o homem.

Hoje, a atividade agropecuária possui um alto grau de mecanização relacionado diretamente à concentração da terra e à crescente especialização do setor. Monoculturas e rebanho bovino manejado inadequadamente são alguns fatores responsáveis pelo desenvolvimento de doenças e perda de solo fértil, enquanto que boas práticas agrícolas orientam para o tipo de cultivo adequado àquelas condições ambientais, controle da erosão e à minimização da perda do solo superficial, diminuição do uso de insumos químicos como fertilizantes e agrotóxicos, estabelecimento de rotação de culturas, manutenção ou restauração da paisagem e despoluição dos cursos d'água.

O desenvolvimento agrícola sustentável deve incluir criação de áreas de proteção à fauna e à flora nativas, especialmente quanto às espécies ameaçadas de extinção, conservação da qualidade da água de rios, lagos e represas, zoneamento agrícola, manejo de resíduos e medidas de preservação do solo. Regulamentações devem orientar Estados e Municípios a desenvolverem e disponibilizarem programas de assistência à produtividade sustentável agropecuária de maneira a gerar recursos e preservar o *habitat* natural. Os produtores necessitam ter conhecimento e acesso a novas tecnologias que visem minimizar o uso de fertilizantes e agrotóxicos, reduzir a lotação de animais nos pastos, entender a importância do reflorestamento para polinização de espécies, praticar o manejo correto de florestas e desenvolver melhorias na utilização da água. Hoje, ainda em muitos locais é delegado aos agricultores o manejo de um ecossistema complexo, como os agrossistemas, sem o necessário conhecimento das consequências e efeitos que os processos produtivos podem causar ao ambiente, tanto dentro de sua propriedade como fora dela.

Medidas regionais têm maiores probabilidades de sucesso, uma vez que os problemas e suas soluções são similares no mesmo tipo de ambiente. A regulamentação da política regional deve ser capaz de acoplar o sucesso econômico ao uso prudente dos recursos. A legislação ambiental, tanto federal como estadual, para proteção dos recursos apresenta regulamentações que podem e devem ser adotadas pelas autoridades municipais dentro de seu âmbito de atuação.

A implantação de uma política ambiental rural esbarra com o fato de boa parte da alocação dos recursos estarem centrados em demandas urbanas, em função do crescimento dessa população e do, ainda hoje importante, êxodo rural. Ainda hoje os municípios investem pouco no delineamento de uma política agropecuária ambientalmente saudável. Os programas de assistência técnica, para adoção de práticas de manejo sustentáveis, são ainda tímidos e pouco difundidos.

Em termos econômicos, o empobrecimento e a falta de incentivos à agricultura familiar com o simultâneo desenvolvimento da agroindústria são alguns fatores que retardaram a adoção de processos alternativos de produção que poderiam minimizar a degradação dos recursos naturais e a poluição.

O Brasil ainda está em fase inicial de um processo de educação ambiental rural, com ensino profissionalizante e extraescolar dirigidos não somente aos jovens, mas também aos adultos que manejam a terra. A valorização e o aumento do conhecimento do homem do campo contribuirão para o melhor uso dos recursos naturais.

A avaliação e o monitoramento do estágio atual e futuro da proteção ambiental relacionados aos diplomas legais devem ser uma tarefa permanente, procurando manter a legislação ambiental atualizada para incorporar os avanços do conhecimento científico e tecnológico. O desenvolvimento da condição ambiental depende não somente do poder público, mas também da ação responsável dos indivíduos e dos diferentes grupos sociais.

15

Metrópole e Expansão das Cidades

Uma cidade pode ser definida como uma área urbanizada que se diferencia de outros aglomerados humanos, principalmente pela sua densidade populacional, cuja população varia entre poucas centenas de habitantes até dezenas de milhões de pessoas. Geralmente, se utiliza o termo cidade para uma entidade político-administrativa urbanizada, além da densidade populacional. As cidades podem ainda ser definidas como lugar ocupado pela população onde acontecem diferentes fluxos para "troca" de mercadorias produzidas na própria cidade ou em outros locais urbanos, ou ainda em espaços agrícolas.

O avanço da urbanização em si não constitui teoricamente um problema, mas sim a escala e a velocidade como esse processo ocorre, pois a sustentabilidade do aglomerado urbano está diretamente relacionada com a forma de ocupação do espaço físico, disponibilidade de insumos como, por exemplo, a água, desenvolvimento de processos de tratamento e espaços para destino final e descarga de resíduos, sistema de transporte coletivo, equipamentos sociais e de serviços e qualidade do espaço público. O processo de urbanização brasileiro foi acentuadamente mais rápido do que o que ocorreu na maioria dos países, principalmente, devido à adoção de técnicas agrícolas modernas que minimizaram a necessidade de mão de obra no campo. Esse processo levou à expulsão dos pequenos e médios agricultores do campo que se dirigiram às cidades em busca de emprego e melhores condições de vida, sem que houvesse uma política para recepção dessa nova massa humana. Hoje, é comum nas grandes cidades a população menos favorecida economicamente encontrar seu meio de subsistência a partir dos "restos" deixados pela parcela mais abastada da população, como pode ser observado na Figura 15.1.

FIGURA 15.1 – Mulher revirando lixo, em um domingo de sol no Parque do Ibirapuera em São Paulo-SP, para retirar possíveis materiais recicláveis capazes de serem vendidos.

Nos anos oitenta, o crescimento das cidades continuou a ocorrer, embora não de forma tão acentuada, e correspondeu a cerca de 30% do crescimento demográfico do país. Concomitante a esse processo de crescimento das cidades ocorreu um aumento da população residente em favelas, verificando-se um agravamento das condições de moradia das populações pobres. Ao mesmo tempo em que ocorria a ocupação da periferia por bairros irregulares e favelas, a rápida ocupação do espaço majorou os preços dos terrenos nas áreas centrais, levando a um adensamento da população nessas regiões, possibilitado pela construção de edifícios residenciais. A expansão da área urbana, nas grandes cidades brasileiras, não foi um resultado de projetos planejados visando o aumento da cidade, mas sim consequência de uma ocupação desordenada do território. A intensa verticalização, que consiste em um processo de produção do espaço formado por construções de edifícios com diversas unidades sobrepostas em um mesmo terreno, e a diminuição das áreas verdes nas regiões centrais das cidades, interfere diretamente na circulação atmosférica, criando "bolhas" de calor que alteram a distribuição das chuvas. O crescimento das construções verticais pode ser observado em diversas cidades brasileiras, tanto nas grandes metrópoles quanto em muitas cidades de médio porte, especialmente no interior do Estado de São Paulo. A verticalização é, na maioria das vezes, marca da paisagem urbana e está diretamente relacionada com a valorização do solo urbano.

Outro ponto de destaque é a ocupação desordenada da periferia por bairros irregulares e favelas, aumentando a mancha urbana. Para o estabelecimento das moradias há necessidade de espaço, o que leva ao desmatamento não controlado, alterando, entre outros fatores, o equilíbrio entre evapotranspiração e precipitação, isto é, a circulação da água no ambiente.

Em boa parte das grandes cidades brasileiras, o início da instalação de indústrias também seguiu um padrão politicamente não organizado, não havendo bairros industriais com a infraestrutura adequada para captação dos resíduos gerados, o que possibilitou a contaminação do ambiente por resíduos industriais. Com a mudança dos padrões econômicos e o desenvolvimento de uma legislação ambiental mais forte, muitas indústrias se mudaram para outras áreas, deixando grandes terrenos vagos, muitas vezes com um passivo ambiental. A recuperação dessas áreas tem custo elevado e nem sempre é realizada. Essas áreas disponíveis, geralmente, a baixo custo, foram loteadas regularmente para residências ou ocupadas de forma irregular. Cidades como São Paulo e Rio de Janeiro vivenciam esse tipo de ocupação. Além disso, com a necessidade de mais áreas para implantação de condomínios residenciais, zonas antes classificadas como de uso industrial passaram a ser de uso misto, gerando uma nova problemática. As indústrias que se encontravam, às vezes, há muitos anos no local, passam a conviver com residências e, portanto, devendo ser readequadas às novas restrições de uso e ocupação do solo. Hoje, pode ser observada a saída de algumas indústrias da capital de São Paulo em direção às cidades do interior, principalmente em decorrência da nova ocupação do espaço urbano.

Por outro lado, algumas cidades planejadas tiveram inicialmente um crescimento organizado, com bairros residenciais e comerciais e áreas destinadas à produção industrial. Mas, mesmo essas cidades, com a crescente falta de oportunidade no campo, tendem a receber uma quantidade de pessoas que nem sempre suportam, faltando moradias e serviços adequados. A questão de ocupação ordenada do solo, seja rural ou urbano, é essencial para a viabilidade ambiental em longo prazo.

Processos Espaciais Urbanos - Descentralização

As áreas centrais das cidades possuem as maiores diversidade e concentração de atividades econômicas e de serviços. Nesses locais o solo é amplamente ocupado e os terrenos têm seu valor majorado, desencadeando uma competição pelo espaço e uma elevação nos impostos e aluguéis. Por outro lado, a periferia das grandes cidades brasileiras possui menor atividade econômica, o uso do solo não é tão intenso e o valor dos terrenos, comparativamente, são mais baixos. Empresas e firmas que não conseguem arcar com os altos custos das regiões centrais, deslocam-se para a periferia. Camelôs e vendedores ambulantes ocupam as calçadas das regiões centrais, com maior afluxo de pedestres, e competem com os comerciantes locais, muitas vezes gerando uma situação de "guerra" entre o comércio local e os ambulantes.

O centro torna-se caro também para moradias, e dessa forma a população de baixa renda se desloca das áreas centrais para a periferia da cidade, indo ao centro para trabalhar e para adquirir alguns bens necessários, não encontrados na periferia. Algumas vezes, populações de baixa renda se instalam em cortiços, e outros tipos de habitação, em torno da região central, criando um núcleo populacional altamente segregado. Outras vezes, os prédios deteriorados são substituídos por novos edifícios residenciais ou por comércio diferenciado, o que também implica em um processo de segregação, embora o mais comum seja que as populações de maior poder aquisitivo se desloquem para outras áreas da cidade.

Outro aspecto de interesse é que o sistema de transporte coletivo, seja ele qual for, apresenta maior congestionamento na área central, o que pode ser observado em qualquer grande cidade, resultando em um maior gasto de tempo na movimentação e na circulação de pessoas. Esse aspecto, também contribui para que as empresas se desloquem para a periferia. Por outro lado, o setor de transportes coletivos tem interesse em manter e ampliar a atuação na região central, o que aumenta os lucros, uma vez que é o local onde há maior circulação de pessoas.

No início do século passado começou a ocorrer a descentralização industrial em decorrência dos fatores econômicos acima mencionados, mas também relacionados à introdução de novas técnicas produtivas e ao aumento da produção que necessitava de terrenos maiores para sua ampliação. Muitas empresas e indústrias deslocaram-se para a periferia, mantendo suas sedes administrativas nas regiões centrais. Mesmo empresas e indústrias que inicialmente se instalaram na periferia, estruturaram sua sede administrativa na região central. Dessa forma, as empresas e indústrias tendem a se descentralizar, mas as atividades de negócios tendem a se concentrar na região central. Hoje, em algumas grandes cidades do Brasil, como São Paulo, já se nota a descentralização dos negócios em "direção" às áreas mais periféricas, embora não na realidade na periferia da cidade. Em situação semelhante, encontram-se as atividades do terceiro setor, o comércio varejista e outros serviços que também tendem a se descentralizar.

Nem todas as empresas e indústrias se deslocam para a periferia, as pequenas empresas que necessitam de pouco espaço físico e que conseguem arcar com os elevados custos são capazes de se fixarem nas regiões centrais e obterem grandes benefícios econômicos. Assim, a descentralização das empresas, indústrias e comércio varia em função do tipo de atividade realizada.

As cidades começam a se expandir espacialmente, ampliando cada vez mais as distâncias entra as áreas centrais e os novos bairros industriais ou residenciais que surgem com as maiores facilidades de transporte urbano. As residências da população de maior renda se deslocam para melhores áreas, mais afastadas das áreas centrais congestionadas. Da mesma forma, a maior parte da população de baixa renda também procura se afastar das regiões centrais, embora por outros motivos. Esses fluxos criam realidades distintas, uma área periférica de alto padrão socioeconômico e outra área periférica de baixo poder aquisitivo, onde a criminalidade é alta e as condições de habitação são precárias. Pode-se citar como exemplo a grande São Paulo, onde existe uma região periférica de alto poder aquisitivo localizada em Alphaville, e o Jardim Miriam, também na região periférica da cidade, mas composto por população de baixa renda.

Hoje, muitas indústrias já se estabelecem em áreas periféricas da cidade, embora, muitas vezes, suas sedes ainda estejam localizadas nas regiões centrais. Desse modo, as relações e a organização do espaço urbano se tornam mais complexas, contribuindo para a formação de vários centros com importância menor ou até mesmo réplicas da região central em tamanhos diferenciados e graus distintos de especialização, de acordo com as necessidades da população.

Vale lembrar ainda que na maior parte das grandes cidades ocorreu uma deterioração dos velhos centros comerciais com a formação simultânea de centros secundários, geralmente, nas áreas de maior poder aquisitivo. Isso está relacionado, provavelmente, com o processo dinâmico de valorização e ocupação do espaço físico.

Pobreza e Espaço Urbano - Padrões de Segregação

A distribuição das residências no espaço produz sua diferenciação social e, consequentemente, há uma estratificação urbana correspondente a um sistema de estratificação social. No caso das grandes cidades brasileiras, a segregação urbana reflete a alta concentração presente na distribuição de renda do Brasil. As cidades se tornaram cada vez mais segregadas, mostrando a existência de espaços separados para os diferentes grupos sociais. Assim, a cidade com acentuada segregação abre mão da diversidade, característica dos núcleos urbanos, e reflete a pobreza da vida social e a falência dos espaços públicos, sendo um modelo intimamente ligado à exclusão social, comprometendo até a eficiência econômica. Embora a segregação possa ser classificada em voluntária e involuntária, ambas estão dentro de um mesmo processo, no qual a segregação de uns relaciona-se a segregação de outros.

Desde o início dos anos setenta, tem-se analisado intensamente a ocupação do espaço urbano periférico, principalmente nas grandes cidades brasileiras, e a pobreza. Os espaços ocupados pela população de baixa renda estão, predominantemente, em loteamentos irregulares ou ilegais, que não cumprem e não têm condições de cumprir as exigências para aprovação do loteamento e assentamento dos imóveis. Sem a possibilidade de cumprir as exigências legais, a solução encontrada por essa população foi a "autoconstrução" das moradias.

Favelas e outras formas precárias de habitação em locais irregulares surgem a partir da congregação de pessoas com baixo poder aquisitivo que não possuem condições de pagar um aluguel ou adquirir uma propriedade em local legalizado e mais adequado à construção de residências. A maior parte dos moradores, inicialmente, é constituída por migrantes que deixaram suas cidades ou o campo em busca de melhores condições de vida, desempregados ou subempregados e com baixo nível de escolaridade. O baixo poder aquisitivo empurra essa população para a periferia da cidade, ao longo das ferrovias, rodovias e grandes avenidas, em encostas de morros, nos vazios da cidade, muitas vezes em áreas de proteção ambiental, ou ainda em terrenos desocupados em áreas habitadas por população de renda mais elevada. Essas construções precárias, sejam em qual local for, mostram o contraste entre as diferentes populações econômicas da cidade e revelam a forte segregação existente.

O padrão de desenvolvimento dos bairros periféricos e de favelas em áreas irregulares está relacionado com o tempo, se recente ou antigo, caracterizando o grau de consolidação, e com o processo de ocupação do local, se de forma organizada ou espontânea, criando padrões mais ou menos organizados de construção e vias de acesso.

Nos bairros periféricos, em áreas irregulares, assim como nas favelas, criam-se novos modos de deslocamento em decorrência do padrão de ocupação do espaço. "Ruas" são definidas a partir da ocupação aleatória dos terrenos; passagens e casas, muitas vezes, são construídas sem segurança sobre córregos (Figura 17.1); galerias subterrâneas chegam a ser escavadas para facilitar a locomoção em locais de intensa aglomeração urbana. A pobreza e sua expulsão para a periferia das cidades criam uma nova geografia urbana, que além de novas formas de assentamento contam com logradouros que somente constam nesses locais, estando fora dos mapas oficiais dos municípios.

FIGURA 17.1 – Passagem inadequada sobre córrego em favela localizada na região sul da cidade de São Paulo.

Mesmo nessas áreas a disputa pelo espaço é grande. Existe um mercado de terras que determina as relações de posse, com cobrança de aluguéis, venda e transferência de imóveis. Em "bairros" irregulares já consolidados e em favelas de maior porte, esse comércio imobiliário contribui para criar uma desigualdade econômica que reflete a situação de segregação da pobreza na cidade como um todo. Nos melhores locais dessas áreas estão alocadas as famílias com maior poder aquisitivo, e as pessoas com renda mais baixa se alojam nos locais mais periféricos e de maior risco. Escolas, unidades de saúde e áreas para lazer faltam nesses locais, fazendo com que a população residente tenha de se deslocar por grandes distâncias para conseguir serviços essenciais. A falta de infraestrutura básica contribui para uma qualidade sanitária precária (Figura 17.2), refletindo na proliferação de animais sinantrópicos indesejáveis como ratos, baratas e mosquitos, entre outros, e no aumento da incidência de algumas doenças infecciosas e bastante graves como, por exemplo, a leptospirose, cuja incidência aumenta significativamente nesses locais na época das chuvas. A qualidade das escolas instaladas posteriormente nessas áreas tende a ser baixa. Devido à distância das regiões centrais e à maior dificuldade de acesso há falta de professores, e os que se dispõem a lecionar nesses bairros, geralmente, são recém-formados ou estão terminando o curso. As unidades de saúde, quando instaladas, na maior parte das vezes não conseguem atender a demanda. Como nas escolas, há falta de profissionais, além de haver uma grande procura por atendimento médico.

FIGURA 17.2 – Acúmulo de lixo propiciando o estabelecimento e proliferação de espécies animais sinantrópicos.

A disputa pelo espaço aliada às inadequadas condições de vida, muitas vezes, propiciam um aumento da violência e da criminalidade nessas áreas. Ao mesmo tempo em que a população disputa o espaço físico nessas áreas de ocupação, as pessoas residentes no entorno sentem-se prejudicadas, seja pela falta de segurança, seja pela desvalorização de seu imóvel. Com o passar do tempo e a consolidação desses bairros periféricos irregulares e favelas, serviços de infraestrutura tendem a ser implantados, comércios vão se estabelecendo, as moradias vão melhorando a qualidade e o local começa a mudar de aspecto e aumentar sua valorização.

Com a expansão da cidade, o que antes era periferia passa a estar mais próximo do centro devido às facilidades dos meios de transporte, e a população de maior renda compra terrenos ou, mesmo imóveis, nesses locais para construção de novas moradias com melhor qualidade. Isso faz com que a população de baixa renda, inicialmente no local, venda seus terrenos e se desloque para novas áreas, geralmente, mais distantes das regiões centrais, criando uma contínua expulsão para a periferia. Isso é bastante nítido nas grandes cidades brasileiras. A região central de São Paulo já apresenta baixa densidade populacional e praticamente não existe mais um cinturão verde, exceto no extremo sul, pois hoje a malha urbana praticamente atingiu os limites do município a leste, norte e oeste. A segregação na cidade é dinâmica no espaço e no tempo, implicando em um processo de invasão-sucessão.

As cidades possuem os bairros operários e populares com residências simples (Figura 17.3), os bairros periféricos irregulares e as favelas com suas residências precárias (Figura 17.4), os conjuntos habitacionais economicamente diferenciados, os edifícios de apartamentos com empregados do setor terciário (Figura 17.5), os bairros de populações de alta renda (Figura 17.6) e os bairros formados por grupos de determinada raça ou cultura ou ainda crença religiosa (Figura 17.7). De modo geral, quanto maior a distância diferencial de renda, maior será o diferencial de infraestrutura, serviços, escolas, unidades de saúde, áreas para lazer, marginalidade e criminalidade e consciência da segregação existente na cidade. Onde predominam moradias mais simples a taxa de ocupação dos imóveis por casais jovens com filhos pequenos é relativamente alta, enquanto que nas áreas com maior poder aquisitivo, a taxa de ocupação por casais jovens tende a diminuir e a idade dos filhos apresenta distribuição mais uniforme. A segregação nas cidades também pode ocorrer por influência política e intervenção do Estado por meio de estratégias que estimulem a ocupação de uma determinada área por uma população específica.

Os bairros regulares de alto, médio ou baixo poder aquisitivo, apresentam infraestrutura urbana, ruas com traçado definido e espaços, mesmo que poucos ou pequenos, para área de lazer. Já os bairros periféricos irregulares e as favelas apresentam estrutura espacial labiríntica, com ruelas estreitas, alta densidade demográfica e ausência total de área para lazer.

FIGURA 17.3 – Bairros regulares de baixo poder socioeconômico com residências simples construídas em alvenaria. Observar a falta de acabamento das residências, a presença de mato e a pequena quantidade ou praticamente ausência de árvores.

FIGURA 17.4 – Favela mostrando a precariedade das moradias autoconstruídas à beira de córrego e o acúmulo de lixo notar os canos de esgotamento sanitário com saída direta para o córrego.

77

FIGURA 17.5 – Edifícios de apartamentos mostrando diferentes setores socioeconômicos. A: edifícios classe D (Cingapura em São Paulo/SP); B: classe média baixa; C e D: classe média alta.

FIGURA 17.6 – Bairros residenciais de alto poder aquisitivo, notar o estado de conservação das ruas e calçadas, além da grande presença de árvores.

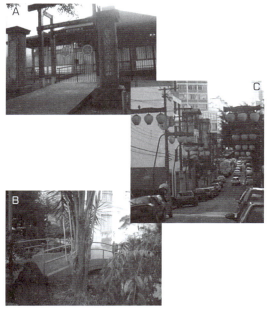

FIGURA 17.7 – Bairro da Liberdade em São Paulo-SP que conta com grande número de imigrantes japoneses e seus descendentes. A: templo budista; B: jardim com características japonesas em edifício do bairro; C: luminárias japonesas nas ruas do bairro.

Reinvenção das Cidades

O espaço urbano é uma abstração do espaço social, isto é, uma abstração do espaço total. Atribui-se ao termo urbano tudo o que se considera intrínseco às cidades, desde o padrão de construção até o comportamento das pessoas. Assim, não se deve fazer referência ao urbano apenas pelo espaço físico das cidades, mas também pela sua organização social, política e econômica, e também pelo modo de vida típico das cidades. Com essas referências ao espaço urbano fica claro que ele extrapola os limites físicos das cidades, e como algumas dessas caracterísitcas, hoje, são encontradas em parcelas do espaço rural, a diferenciação entre urbano e rural nem sempre é clara.

O início do cultivo de vegetais e a melhoria nas técnicas de armazenamento dos alimentos possibilitaram um excedente de recursos, permitindo o sedentarismo, e também que parte da população pudesse exercer novas atividades não relacionadas à busca de recursos alimentares. Outro fator importante no estabelecimento dos primeiros povoados foi a presença de rios e canais que pudessem garantir o abastecimento de água para a vida diária, e assegurar as vias de comunicação. Além disso, a administração dos excedentes agrícolas não impulsionou apenas o nascimento do sedentarismo, mas incrementou também o desenvolvimento do comércio. Dessa forma, tiveram início as primeiras aglomerações humanas onde nem todas as pessoas estavam envolvidas diretamente na coleta de alimentos. Nessas "proto-cidades" se estabeleceram divisões de trabalho entre grupos de indivíduos relacionados à segurança, manufatura de tecidos e ao comércio, propriamente dito. Com o aprimoramento das técnicas de cultivo e da criação de rebanhos, além da utilização de animais para carga e para transporte, as proto-cidades aumentaram sua organização e já começaram a apresentar uma estrutura urbana, com definição espacial para edificação e locomoção, ainda que precária. Desde o estabelecimento as cidades passaram por diferentes momentos.

As primeiras cidades, de modo geral, constituíam-se da residência real, que dominava todo o espaço, e a "cidadela" ao seu redor. Essas cidades estavam localizadas geralmente em um lugar elevado e cercadas por muros para garantir a proteção de seus habitantes. A infraestrutura desconhecia as mínimas noções de saneamento e as epidemias relacionadas a condições insalubres eram frequentes. O avanço no conhecimento científico contribuiu para a melhoria das condições sanitárias e de higiene das cidades.

Até recentemente, o desenvolvimento inicial das cidades era centrado na ocupação do espaço urbano sem maiores preocupações com a forma de estruturação das moradias, indústrias, comércio e vias de locomoção. Essa forma de expansão das cidades contribuiu para a geração de vários problemas ambientais vivenciados por muitas áreas urbanas atualmente. As cidades, mesmo não produzindo tudo o que consomem e tendo que importar insumos, com seus excedentes cada vez maiores, passaram a acumular riquezas e atrair pessoas, aumentando a densidade populacional urbana.

O fortalecimento do comércio contribui para o desenvolvimento de uma rede conectando cidades e regiões de diferentes modos. Os problemas vividos por uma cidade podem ser estudados em outros locais e servirem de base para planejamento urbano, de forma a minimizar os impactos no ambiente. Dessa maneira, a globalização e as mudanças desencadeadas por ela não se limitam apenas ao aspecto econômico, mas atingem a organização e a produção do espaço urbano.

No final da década de noventa e início de 2000, as políticas urbanas globalizadas se orientaram para a transformação das cidades em mercadorias, com o esforço dos governantes em vender sucesso e promover a *reinvenção* dos lugares, proporcionando visibilidade, muitas vezes internacional, de seus projetos e ações urbanas e garantindo, dessa maneira, futuros financiamentos para novos projetos.

A análise do mercado de cidades permite identificar a produção, a circulação e troca de imagens, as linguagens publicitárias e os diferentes discursos sociopolíticos. Dessa maneira, o mercado mundial de cidades, que ao mesmo tempo movimenta outros mercados, é movido por: 1) mercado para empresas com interesses locais; 2) mercado imobiliário; 3) mercado de consumo, especialmente vestuário e alimentos exóticos; 4) mercado do turismo de negócios, cultural, de compras e de jovens ou de terceira idade cada vez maior e com mais diversidade de opções a custos acessíveis; 5) mercado das chamadas "boas práticas", mediante a legitimação de administrações urbanas competentes, gestões competitivas ou planejamento estratégico, o que parece ser um campo ainda com bastante dificuldade em várias cidades e 6) mercado de consultoria em planejamento e políticas públicas, hoje em alta e bastante promissor.

Um dos aspectos que reflete essa nova estruturação das cidades é revelado pelo aumento do número de linhas de pesquisa, nacionais e internacionais, liberadas para o desenvolvimento de propostas em políticas públicas para o funcionamento sustentável das cidades em diversos setores da sociedade. O melhor aproveitamento do espaço possibilita a instalação de infraestrutura de esgotamento sanitário e de abastecimento de água, implementação de técnicas alternativas mais eficazes para o controle de animais sinantrópicos com menores riscos à população e ao ambiente, entre outros aspectos.

Articulações Cidade-Campo

Nas *sociedades agrárias*, as cidades eram os centros político-administrativos que organizavam o meio rural. A cidade era a consumidora de recursos enquanto que o campo era o local de produção. A produção e distribuição de mercadorias eram organizadas por meio de arrecadação, armazenamento e redistribuição, sob o controle da autoridade competente. Ao longo do tempo, prevaleceu o caráter comercial das cidades e essas passaram a acumular riqueza, conhecimento, técnicas e obras, tornando-se centros de vida social e política. Num momento inicial da história da civilização, a separação entre cidade e campo pode ser entendida como separação entre capital e propriedade da terra, ou seja, como o início de uma existência e de um desenvolvimento do capital independente da propriedade da terra. O passo seguinte no processo de divisão do trabalho foi a separação entre a produção e o comércio com o surgimento da classe dos comerciantes e a expansão do comércio para além da vizinhança próxima da cidade. As cidades passam a se relacionar umas com as outras, dando origem a um processo de especialização e divisão do trabalho entre elas. Em outras palavras, as relações entre as cidades refletem as relações existentes dentro das cidades. A produção agrícola deixa de ser a principal atividade e a riqueza deixa de ser, sobretudo, imobiliária. A cidade torna-se o principal local para a produção, passando a influenciar diretamente o sentido e o ritmo da produção no campo bem como sua forma de organização do trabalho.

A influência das cidades sobre o campo pode ser vista a partir da descaracterização da aparência de naturalidade do interior, da imposição de novos padrões de comportamento, das mudanças nas relações de trabalho com acentuada monetarização e da crescente alienação do trabalhador rural em relação ao seu ambiente. Hoje, essas influências, embora sem dúvida ainda estejam presentes, não são tão claras. O rural, muitas vezes, reluta em ser organizado e direcionado pelo meio urbano e as cidades, grandes consumidoras de recursos, têm dificuldade em aceitar sua dependência dos produtos originados do campo.

Na segunda metade do século XX, com o avanço do processo de urbanização e com a "industrialização" da agricultura, começou a se discutir a ideia de um estado contínuo entre o rural e o urbano. Isto é, uma tendência a maior integração entre cidade e campo, com a modernização deste rural e uma diminuição dos contrastes entre esses dois espaços, em relação aos quais não haveria uma distinção nítida, mas uma diversidade de níveis que vão desde a metrópole, em um extremo, até o campo no outro extremo.

O Brasil, sem dúvida, tornou-se ao longo do século XX um país industrial e acentuadamente urbano. O final do século XX e o início do século XXI se caracterizam pela acentuada urbanização global e as novas relações no campo. Os contatos estabelecidos entre os espaços rurais e urbanos assumiram distintas formas de interação. Ao longo da história, as cidades foram vistas como reflexo de desenvolvimento, enquanto que o campo era concebido como atrasado e pouco dinâmico.

De modo geral, a forma de urbanização e a dinâmica do capital favoreceram as cidades em detrimento ao campo. O Estado teve papel importante nesse fenômeno, uma vez que estimulou e financiou a estruturação das cidades em detrimento do meio rural como no acesso a serviços de saúde, construção de escolas, implantação de sistema de telefonia, rede elétrica e abastecimento de água. Essa estrutura aliada a outros fatores exerceu forte atração sobre os habitantes rurais, que acabam se deslocando para as cidades e sendo, algumas vezes, absorvidos nas atividades urbanas.

Sem dúvida, os processos de urbanização e industrialização do Brasil foram eventos importantes que marcaram as relações com a terra e de produção de trabalho e, de uma forma ou de outra, acabaram por aproximar as interfaces entre campo e cidade, embora isso não tenha ocorrido de forma homogênea no território nacional. A expansão das cidades resultou em significativas transformações no campo. As cidades se estenderam sobre as áreas rurais e as absorveram. A velocidade da urbanização dificultou a mudança completa da população rural aos seus hábitos de vida, fazendo com que fossem criados subespaços "rurais" dentro das cidades. A "desruralização" e sua alocação na cidade não significaram uma urbanização completa da população do campo, levando aos múltiplos contrastes marcados pela desigualdade. O rápido crescimento da população urbana em relação às ofertas de trabalho contribuiu para conduzir ao retorno das atividades rurais, no meio urbano, pelos habitantes originários do campo que não encontraram meios de subsistirem nas cidades.

Assim, a formação de subespaços rurais nas cidades está associada com a rápida expansão urbana e inclusão de áreas rurais, e aos movimentos de deslocamento da população do campo para a cidade em busca de melhores oportunidades de trabalho. As cidades são, em maior ou menor grau, permeadas de características rurais como pequenos cultivos agrícolas, o uso de animais de tração como cavalos em carroças para transporte de pessoas e materiais, a criação de abelhas para produção de mel, entre outras. Mesmos nas grandes cidades as atividades descritas podem ser observadas, especialmente nas regiões mais periféricas.

Por outro lado, a incorporação do meio rural pelo tecido urbano acabou por transformar o campo em um "novo rural", onde passaram a ser desenvolvidas funções rurais não agrícolas. Embora, na maioria dos locais rurais, o maior contingente de pessoas esteja envolvido na agricultura, hoje já se percebe uma expressiva parcela da população rural envolvida em outras atividades que não a agropecuária. Essa ampliação de atividades não agrícolas ligadas ao meio rural contribuiu e contribui para a manutenção de uma significativa parcela da população no campo, aliviando a pressão migratória sobre as cidades. Entre as atividades não agrícolas no meio rural pode-se citar o turismo rural e as indústrias baseadas em estratégias de integração. O espaço rural, cada vez mais, está sendo utilizado como espaço para lazer. Na década de 1990 e início dos anos 2000, houve uma intensa proliferação de pesque-pague, não somente no interior, mas também nas áreas mais periféricas das grandes cidades. Nesses locais, a produção de peixes não é a principal fonte de renda, mas sim os serviços de lazer oferecidos pelos pesqueiros, principalmente às populações de média e baixa renda.

A sociedade urbana tende a se generalizar pelo processo de globalização, com o aprofundamento da divisão social e espacial do trabalho, uma nova lógica de emprego, transformação de valores e comportamentos na medida em que todas, ou boa parte das pessoas têm oportunidade teórica de entrar em contato com o mundo todo. De qualquer modo, a comunicação hoje no mundo é ampla e rápida, e novas informações, nem sempre fiéis à realidade, estão disponíveis.

No campo, o desenvolvimento avança reproduzindo relações capitalistas através da expansão das culturas agrícolas para exportação, implantação do trabalho assalariado e concentração das terras nas mãos de poucos, mantendo os grandes latifúndios.

Tanto no campo quanto na cidade, a propriedade privada do solo orienta e condiciona a vida privada, e atua no processo de segregação. A globalização tende a envolver espaços urbanos e rurais na mesma lógica, onde a existência da propriedade privada marca e orienta os padrões de apropriação e do processo produtivo. A cidade e o campo refletem o modo como se apresenta a economia mundial, onde a metrópole revela seu poder de centralização, ganhando cada vez mais importância e poder político, e o campo modifica sua relação de trabalho com a terra à similaridade das atividades urbanas. O espaço vira paisagem, que vira patrimônio e nessa condição gera lucro.

Um critério simplista de distinção entre cidade e campo é a pressão demográfica sobre o ecossistema, sendo as áreas rurais sujeitas a menor densidade populacional e, consequentemente, menor pressão humana. Também é importante ressaltar que o campo, de modo geral, mantém suas características ecossistêmicas mais próximas da natureza, pelo menos à primeira vista. Já as cidades recebem forte pressão antrópica, principalmente, devido à grande densidade populacional e à necessidade de acomodação para as pessoas, e exercem grandes alterações no ecossistema natural, tornando-o fortemente artificial. Embora a densidade populacional e a alteração no ecossistema natural sejam possíveis critérios de diferenciação entre o campo e a cidade, hoje, em ambos os ambientes, as relações de trabalho e a propriedade privada assumem modelos similares que começam a ser questionados. Os terrenos vazios nas cidades e a terra improdutiva no campo têm importante papel como reserva de valor no mercado de capital revelando a extensão da valoração do espaço. A população *sem terra* para plantar e *sem teto* para morar começa a se organizar, questionando a propriedade que permite deixar a terra vazia, seja no campo ou na cidade. Ambas as populações, rural e urbana, de excluídos revelam o processo de deterioração e desintegração da vida, questionando o direito da propriedade privada e as formas de apropriação do espaço. Esses movimentos têm se tornado mais fortes e organizados nos últimos anos, não somente no Brasil, mas também em outros países onde há uma grande concentração de terra nas mãos de uma pequena parcela da população.

Paisagens e Uso do Solo Urbano e Rural

Paisagem

Paisagem pode ser definida como tudo o que se vê e que é vivido e sentido por cada ser humano, de acordo com julgamentos de valor e com a análise individual influenciada pelos meios social, cultural, ambiental e emocional, sendo, portanto, diferente para cada um. Assim, cada pessoa tem um julgamento de valor diferente ao se deparar com uma determinada paisagem. Se um morador de uma grande cidade visita uma estância rural em um dia ensolarado fica admirado com as diferentes flores multicoloridas, a presença maciça do verde e das diferentes espécies de animais. Já para o trabalhador rural, a relação com a paisagem "vista" pelo turista adquire um aspecto diferente, uma vez que sua preocupação é com o espaço cultivado, a proteção contra as pragas e os animais e as condições climáticas que irão afetar seu trabalho. De maneira semelhante, um turista ao ver com deslumbramento peixes em um rio, ou macacos em árvores na mata fica, na maioria das vezes, (Figura 20.1) maravilhado com esse contato, enquanto que um pescador que vive de seus pescados enxerga nesses animais uma fonte de sobrevivência. Ou seja, para cada observador a paisagem tem um sentido, seja de contemplação, seja de caráter utilitário, ou em algumas situações de indiferença. De modo genérico, as paisagens vistas pela maioria das pessoas são resultados de interferências antrópicas, diretas ou não, sobre os ecossistemas naturais, e relacionam-se com a agricultura, urbanização e industrialização.

FIGURA 20.1 – Peixes em rio. A: macacos em árvores na mata. B: as mesmas paisagens que podem ser interpretadas de modo diferente por diferentes populações.

Ambiente Urbano

A cidade pode ser considerada um ecossistema antrópico, onde o grau de artificialidade em relação ao ambiente natural atinge seu nível mais elevado. Nenhum ambiente é mais alterado do que a cidade em virtude da sua natureza altamente pavimentada e edificada. O efeito da urbanização é cada vez mais acentuado chegando a praticamente desvincular o ser humano de seu relacionamento com a natureza. As consequências dessa desvinculação se fazem sentir a distâncias, às vezes, consideráveis. Nas cidades fica cada vez mais difícil relacionar a entrada de alimentos, de combustíveis e de eletricidade, captadas, via de regra, em locais distantes, armazenadas e transferidas para utilização urbana, com a consequente geração de resíduos, com a intensa e profunda manipulação do ambiente além dos limites urbanos. De modo geral, os ambientes urbanos tendem a apresentar algumas características singulares como o afastamento e a ausência de contato com o meio natural, a concentração e elevada densidade populacional, e a predominância de atividade industrial e de prestação de serviços. Esses processos causam acentuadas modificações que recaem sobre a paisagem, comunidade, estado psicológico e fisiológico dos habitantes, além de darem origem a fatores culturais, tanto econômicos como políticos que, isolada ou coletivamente, influem ou mesmo determinam a qualidade de vida da população residente.

Desde o término da Segunda Guerra Mundial, assiste-se o acentuado incremento do fenômeno da urbanização, relacionado ao desenvolvimento industrial e à mecanização agrícola que leva a mão de obra a se concentrar no meio urbano.

A mudança de padrão na cobertura vegetal em áreas urbanas e sua sustentabilidade perante o espaço construído são preocupações crescentes diante do processo de expansão da área antropizada identificada nos grandes centros urbanos. Num primeiro momento da ocupação humana é comum ter como prioridade a remoção da vegetação existente para dar lugar a moradias e outros equipamentos urbanos. Esse tipo de ocupação do espaço contribuiu para o desequilíbrio ambiental que se estabeleceu nas cidades. As áreas verdes, quaisquer que sejam elas, têm importância fundamental nas cidades, contribuindo para amenizar as condições climáticas, promover a absorção de água da chuva, além de valorizar economicamente o espaço urbano ocupado. As cidades com suas escassas áreas verdes apresentam um clima artificial, com grandes bolsões de calor, entre outras alterações que repercutem diretamente na saúde e bem-estar da população.

O acelerado e desordenado aumento da população no Brasil começou a se manifestar a partir do século XIX, como reflexo da Revolução Industrial, e com esta a migração campo-cidade, acelerando-se no século XX, quando a indústria se tornou o setor mais dinâmico da economia conduzindo a concentração populacional, espacial, de renda e de bens e serviços; e também com as modificações na agricultura com a introdução das técnicas modernas da revolução verde. Com a urbanização, surgiu a necessidade de planejamento do espaço como forma de atender aos interesses, principalmente, dos grandes empreendimentos. As cidades nascem, transformam-se e, às vezes, desaparecem em função da criação ou do fechamento de rotas comerciais, do progresso e do declínio dos procedimentos de fabricação industrial, do desenvolvimento, das atividades de serviços e do turismo. Logo, as transformações na paisagem urbana surgem associadas à mercantilização do espaço urbano, fazendo com que o fator econômico seja o principal responsável pelas alterações ambientais.

Espaço Rural

Como já comentado, o intenso processo de êxodo rural verificado na segunda metade do século XX, responsável pelo alto grau de urbanização alcançado pela população, encontra-se hoje em fase de desaceleração, tornando-se cada vez mais significativa a migração entre pequenos municípios rurais e o movimento cidade-campo. A pobreza é proporcionalmente muito maior no campo do que na cidade, atingindo 39% da população rural em 1990. É também nesse espaço onde são identificados os menores índices de escolaridade e as maiores taxas de analfabetismo do país. A agricultura concentra hoje os mais baixos níveis de renda média.

Embora a "industrialização" da agricultura desencadeie a urbanização do campo com a expansão de atividades não-agrícolas no campo, como o turismo, o comércio e a prestação de serviços, o rural permanece distinto do urbano pela sua relação com a terra, tanto do ponto de vista econômico, como social e espacial. As principais atividades em que se concentra a população economicamente ativa, as diferenças no tamanho e na densidade populacional, as diferenças na mobilidade social e as diferenças na direção da migração são aspectos que se diferenciam no campo e na cidade, e acabam mantendo a diferença entre esses dois "mundos". A utilização do espaço rural apresenta uma densidade relativamente fraca de habitantes e de construções, dando origem a paisagens com preponderância de cobertura vegetal e uso econômico dominantemente agro-silvo-pastoril, além disso, o modo de vida dos habitantes se caracteriza por coletividades de tamanho limitado onde o nível de interação entre as pessoas é bastante elevado. Embora o uso do espaço agrícola modifique a paisagem, uma vez que retira a mata original para dar lugar às culturas e à criação de rebanhos, essas modificações são menos acentuadas do que aquelas que ocorrem nas cidades. Sem dúvida, a substituição da cobertura vegetal original por sistemas agropecuários tem impacto sobre o ambiente. Algumas vezes, existe o risco de eliminação de espécies vegetais e animais nativas com a consequente alteração na cadeia alimentar. Além disso, a modificação na paisagem rural acaba por interferir no modo de vida de seus habitantes, uma vez que muitos alimentos e "remédios" eram colhidos diretamente na mata. Os rios e lagos também são afetados com a retirada, em maior ou menor escala, da mata ciliar, comprometendo o fluxo das águas e a sua potabilidade decorrentes do assoreamento desses corpos d'água. Resíduos gerados pela atividade agropecuária podem atingir os corpos d'água e comprometer a sustentabilidade do meio aquático e de organismos terrestres que utilizam essa água para consumo. Novamente essas alterações na paisagem aquática atuam no modo de vida da população rural, interferindo na utilização desses ambientes no fornecimento de recursos alimentares. Outra forma de modificação

da paisagem rural está associada ao padrão e construção das casas. Se em um modelo de agricultura familiar aproveitam-se os locais mais altos e planos para moradias, com a "industrialização" do campo, o espaço pode ser amplamente modificado de acordo com as necessidades humanas.

Embora as atividades agropecuárias modifiquem a paisagem rural, essa ainda se opõe ao intenso artificialismo das cidades. Nos países desenvolvidos do "primeiro mundo" o espaço rural tende a ser cada vez mais valorizado por manter paisagens silvestres ou cultivadas, água limpa, ar puro e silêncio, atraindo novos moradores, mas principalmente turistas. Essa tendência começa a chegar aos Brasil, especialmente, nas regiões mais ricas do país, como o sul e o sudeste, onde o turismo rural tem aumentado nos últimos anos.

A degradação das paisagens constitui atualmente um problema grave, com efeitos adversos e por vezes irreversíveis na conservação dos recursos naturais, preservação das áreas protegidas e desenvolvimento socioeconômico de uma região. Embora o aumento do conhecimento e a experiência dos países mais desenvolvidos possibilitem optar por formas de ocupação do espaço menos agressivas, evitando-se os erros cometidos, ainda hoje prevalecem decisões relativas ao ordenamento do território nem sempre adequadas, permitindo que a iniciativa privada não cumpra as regras instituídas e que as grandes obras públicas e transformações na ocupação e uso dos solos continuem a ser decididas setorialmente, sem uma perspectiva de prever e assegurar o futuro de forma integrada. Exemplos malsucedidos de transposição de rios na Ásia não são levados em consideração quando se discute, e se aplica, a transposição do Rio São Francisco, embora as informações estejam disponíveis e o meio científico tenha feito críticas ao modelo que se pretender adotar.

21

Consequências da Degradação Ambiental

O estilo de vida nas grandes cidades é um fator determinante da degradação ambiental e do comprometimento da qualidade de vida, especialmente nos chamados países de "terceiro mundo". A complexidade do estilo de vida presente nas cidades aliada a um forte apelo de propaganda criam nas pessoas uma necessidade de consumo intensivo. A maior parte dos produtos, como eletrodomésticos, carros, entre outros, lançados no mercado não são indispensáveis, uma vez que geralmente vêm acrescidos de novos acessórios ou sofisticações tecnológicas de maneira a tornarem os modelos anteriores menos atraentes, incutindo uma necessidade não real. Será que precisamos trocar de carro ou de televisão todo ano? Outro fator que deve ser amplamente discutido é o uso excessivo de embalagens descartáveis, uma vez que o processo de degradação ambiental inicia-se na produção, desde a extração da matéria-prima, passando pelo processamento do material até o descarte final dos resíduos gerados.

Na visão econômica corrente, os recursos naturais são, de modo geral e bastante simplista, considerados infinitos ou facilmente substituíveis. Como consequência do pensamento economicista, os problemas ambientais devem ser resolvidos segundo as regras do mercado, pela regulação de preços que levem ao racionamento de energia, à redução da poluição, etc. Isso não é necessariamente a realidade, especialmente em países onde a população tem menos acesso à informação e menor poder aquisitivo. Fica difícil para o consumidor optar por um produto mais caro e menos poluente em detrimento de outro mais barato, embora mais poluente. No entanto, já é possível vislumbrar algumas, ainda poucas, iniciativas no meio empresarial voltadas para mudanças no perfil da produção, buscando reduzir danos ao ambiente e promover um desenvolvimento econômico socialmente responsável. Por exemplo, muitos países já não utilizam o gás cloro-flúor-carbono (CFC), relacionado à destruição da camada de ozônio, nos produtos formulados com aerossóis e contidos no interior de embalagens em *spray*.

O homem impõe uma pressão cada vez maior sobre o ambiente. Primeiramente, devido ao uso excessivo dos recursos naturais em ritmo mais rápido do que aquele em que os mesmos podem ser renovados, em segundo lugar pela geração de resíduos em velocidade e em quantidade maiores do que aquelas em que podem ser integrados ao ecossistema e por ele processado e, em terceiro lugar pela produção e liberação no ambiente de materiais sintéticos não biodegradáveis e, muitas vezes, tóxicos aos seres vivos.

A degradação de uma área ocorre quando a biota é alterada ou destruída, a camada superficial de solo fértil é eliminada ou coberta e impermeabilizada e a vazão e qualidade dos corpos d'água são comprometidas. Esses impactos sobre o ambiente comprometem suas características físicas, químicas e biológicas, além de afetar o potencial econômico da região. A degradação de uma área está relacionada com o processo produtivo em exercício, o volume de produto final e de rejeitos e o tipo de resíduo gerado pela atividade.

Um ambiente degradado não significa que seja impróprio à vida, mas sim que as novas condições não possibilitam a existência da biota presente anteriormente e interferem com a circulação de materiais nos chamados ciclos biogeoquímicos. Espécies euriécias, de modo geral, são capazes de suportarem alterações ambientais e se estabelecerem em novos ambientes, mas por outro lado, espécies estenoécias têm grande probabilidade de serem levadas à extinção em decorrência de drásticas alterações de seu ambiente de origem.

Diferentes atividades econômicas, sejam rurais ou urbanas, interferem direta ou indiretamente com o equilíbrio ecológico. A mineração ocupa extensas áreas e remove agressivamente a vegetação e as camadas superficiais do solo, consumindo encostas de morros, criando crateras e produzindo rejeitos. Essa atividade altera intensamente a área minerada e as áreas vizinhas, embora seja geograficamente restrita. Por outro lado, a agricultura possui um denso e extenso impacto ambiental, sendo um importante fator na diminuição da biodiversidade. A utilização, de forma não adequada, dos recursos hídricos contribui para a contaminação da água e transmissão de doenças de veiculação hídrica. A extensa impermeabilização do solo em áreas urbanas dificulta a percolação da água no solo e a reposição dos reservatórios subterrâneos. Assim, quando chove, essa água escorre pela superfície do asfalto e desemboca nos rios, muitas vezes causando enchentes e sérios prejuízos sociais e econômicos. De modo semelhante, a compactação do solo nas áreas agrícolas leva à ocorrência de enxurradas durante as chuvas, arraste das camadas superficiais do solo ricas em nutrientes, assoreamento dos ambientes aquáticos, enchendo rapidamente os rios, córregos e lagos. As queimadas realizadas em florestas e em algumas áreas agrícolas estão diretamente relacionadas com a diminuição ou eliminação da biota e a alteração na circulação de nutrientes, além de contribuir com a poluição atmosférica e regime de chuvas. A queima

de combustíveis por motores de grande quantidade de veículos automotivos e a liberação de gases contribui para aumentar a poluição atmosférica. Especialmente, no inverno, devido à *inversão térmica* – processo característico dessa época do ano no qual uma massa de ar quente fica sobre uma camada de ar mais frio impedindo a circulação atmosférica e a consequente dispersão dos poluentes – o problema se agrava. Nas grandes cidades é comum crianças e idosos, populações mais suscetíveis, desenvolverem doenças respiratórias. Indústrias que utilizam matérias-primas tóxicas ou que produzem resíduos tóxicos, resultantes do processo produtivo, são importantes nos casos de contaminação ambiental, seja do solo ou da água usada para consumo.

Introdução de Espécies Exóticas

As primeiras introduções de espécies vegetais exóticas foram com a intenção de suprir as necessidades agropecuárias e florestais, mas apresentaram forte impacto nas áreas introduzidas, muitas vezes com a eliminação de espécies nativas. Hoje, o comércio de plantas ornamentais assumiu importante papel na introdução de espécies exóticas, atuando também no ambiente urbano. O potencial de espécies exóticas para modificarem os sistemas naturais é tão grande que as plantas exóticas invasoras são consideradas atualmente a segunda maior ameaça mundial à biodiversidade. De modo geral, ao invés das espécies exóticas invasoras serem integradas com o tempo ao novo ecossistema e terem seus impactos amenizados, estes se agravam a medida em que ocupam o espaço das plantas nativas, levando à perda da biodiversidade por competição com as plantas nativas, à modificação dos ciclos e das características naturais e à alteração fisionômica da paisagem. Em certo sentido esse é um processo de contaminação biológica.

Alguns ambientes, por suas características ecológicas, são mais sensíveis à invasão, ao estabelecimento e à proliferação de espécies exóticas do que outros. Quanto menor a biodiversidade natural existente, mais suscetível é o ecossistema à invasão, uma vez que há espaço para ocupação de novos nichos ecológicos pelas novas espécies. As espécies exóticas, geralmente, não possuem competidores, parasitas e predadores naturais, o que favorece seu estabelecimento e sua proliferação no novo ambiente. Na ausência de inimigos naturais a probabilidade de sucesso no novo ambiente aumenta significativamente, tanto no aspecto sobrevivência quanto na produção de descendentes. Ecossistemas com alto grau de perturbação, como cidades e campos altamente cultivados, propiciam maior potencial de dispersão, estabelecimento e proliferação das espécies exóticas, uma vez que nesses ambientes há diminuição da biodiversidade, espaços vagos e alteração na ciclagem de nutrientes.

Alguns fatores podem ser apontados como favoráveis à introdução de espécies exóticas invasoras como as práticas erradas de manuseio de ecossistemas, remoção de florestas, queimadas para preparo da terra, erosão do solo e pastoreio excessivo, que contribuem para a diminuição da biodiversidade natural e o aumento da fragilidade do meio. Além disso, características fitogeográficas também exercem forte influência no processo. Ambientes abertos, como campos e cerrados, tendem a ser mais facilmente invadidos por espécies vegetais arbóreas do que áreas florestadas, uma vez que o ambiente sombreado proporcionado pelas árvores adultas dificulta a germinação de sementes de algumas espécies e o desenvolvimento de plântulas.

As plantas exóticas invasoras são bem sucedidas, pois, de modo geral, apresentam características morfo-fisiológicas favoráveis à sua proliferação. Na maioria das espécies exóticas há grande produção de sementes de pequeno tamanho que pode ser transportada por *anemocoria*, isto é, pelo vento, facilitando sua dispersão. As sementes apresentam grande longevidade no solo, muitas vezes, sob condições adversas e sua maturação é precoce, aumentando as chances de sobrevivência. Além da reprodução sexuada, muitas plantas exóticas também se multiplicam eficazmente por brota-

ção e outras formas assexuadas, aumentando suas chances de proliferação e dispersão. Os longos períodos de floração e de frutificação e o rápido crescimento favorecem sua proliferação. Além disso, muitas espécies produzem toxinas que impedem o crescimento de outras espécies de plantas nas imediações, desenvolvendo uma relação biótica do tipo amensalismo, o que contribui para disponibilização do espaço para si e para seus próprios descendentes. Além disso, geralmente apresentam boa capacidade de se estabelecerem em áreas degradadas, as quais são características de cidades e de campos altamente cultivados.

De modo geral, as mesmas espécies exóticas são invasoras de diversos países e sua dominância tende a levar à homogeneização da flora mundial, num lento processo de globalização vegetal. Em áreas isoladas, como ilhas, essas espécies são as principais causas de degradação ambiental, principalmente, por estarem relacionadas com a perda da diversidade de plantas endêmicas. Também, tendem a produzir alterações na ciclagem de nutrientes, na produtividade e nas cadeias tróficas, na distribuição da biomassa, na densidade de espécies, no porte da vegetação, no acúmulo de serrapilheira e de biomassa aumentando o risco de incêndios, nas taxas de decomposição, nos processos evolutivos e nas relações entre polinizadores e plantas. Ainda há o risco de essas espécies produzirem híbridos a partir de cruzamentos com espécies nativas, híbridos esses que podem apresentar comportamento diferente de ambos os genitores com consequências imprevisíveis para o ambiente como um todo. Espécie invasora de maior porte do que a vegetação nativa, geralmente, produz os maiores impactos.

Dentre as espécies de plantas exóticas invasoras no Brasil destacam-se: Eucaliptos, *Pinus elliottii, Pinus taeda, Casuarina equisetifolia, Melia azedarach* (cinamomo), *Tecoma stans* (amarelinho), *Hovenia dulcis* (uva do japão), *Cássia mangium, Eriobothrya japonica* (nêspera), *Ligustrum japonicum* (alfeneiro), *Bracchiaria sp, Mllinis minutiflora* (capim gordura), *Delonix regia* (flamboyan), *Terminalia catappa* (chapéu-de-sol), *Impatiens walleriana* (maria-sem-vergonha), entre outras (Figuras 21.1, 21.2 e 21.3). Salientando-se que os eucaliptos podem ser citados como espécies invasoras, introduzidas propositadamente, em grande parte dos países. Devido ao seu rápido crescimento e qualidade mediana da madeira é o grupo de espécies que tem atendido à demanda por madeira.

FIGURA 21.2 – A: *Tecoma stans* (amarelinho); B: *Impatiens walleriana* (maria sem vergonha); C: *Hibiscus spp*.

FIGURA 21.1 – A: Eucaliptos; B: *Pinus spp*; C: *Ficus spp*.

FIGURA 21.3 – Pasto com braquiátria (*Bracchiaria spp*), gramínea muito utilizada no país para alimentação do rebanho bovino.

Poluição do Solo

Alterações nas camadas superficiais e profundas do solo que interfiram com sua capacidade de manter as condições físicas e químicas capazes de suportarem a vida caracterizam a poluição edáfica ou poluição do solo. Essas alterações são decorrentes de diferentes fatores tanto no meio agrícola como nas áreas urbanas.

Na agricultura, a compactação do solo, por práticas agrícolas inadequadas e pelo intenso pisoteio de rebanhos, dificulta a percolação da água e reposição dos depósitos subterrâneos (aquíferos), também dificulta a fixação dos vegetais ao substrato, uma vez que as raízes apresentam maior dificuldade para penetrar no solo. A compactação facilita a lavagem e retirada das camadas superficiais do solo pela ação das chuvas levando à erosão e à perda de nutrientes essenciais à manutenção da vida vegetal e consequentemente a toda cadeia alimentar. A erosão continuada do solo produz voçorocas (Figura 21.4) e leva à perda, cada vez maior, das ricas camadas superficiais do solo. Além disso, contribui para a desagregação das partículas e a perda de material particulado formador do solo. O uso de substâncias tóxicas para controle de pragas agropecuárias tem relação direta com a contaminação do solo e possível contaminação da cadeia alimentar. O desmatamento e o uso inadequado dos recursos hídricos podem levar ao arraste das camadas de solo, e das substâncias sobre elas, para os ambientes aquáticos levando ao assoreamento de rios e lagos, comprometendo a qualidade da água para consumo humano e para a utilização na agropecuária.

Nas cidades, a pavimentação das ruas e avenidas, embora facilite a locomoção de pessoas e de veículos, leva à impermeabilização do solo. Nessas condições, com a chegada da época das chuvas, a absorção da água pelo solo é dificultada, ou mesmo impedida, fazendo com que grandes volumes de água cheguem aos rios e córregos ao mesmo tempo, causando transbordamento e as conhecidas enchentes, o que propicia a disseminação de

FIGURA 21.4 – A: Fotografias de voçorocas em fazenda próxima à cidade de Piraju no Estado de São Paulo; B: em área próxima ao mar, mostrando o acentuado grau de erosão e consequente perda de solo.

diversas doenças, além de causar grandes prejuízos econômicos. Outro aspecto importante relacionado à impermeabilização do solo é a deficiência ou mesmo a ausência de oxigênio no solo, condição conhecida genericamente por anaerobiose, que, muitas vezes, inviabiliza a proliferação de fungos e bactérias aeróbios relacionados a vários processos ecológicos. Além disso, a deficiência de oxigênio no solo prejudica o estabelecimento das raízes vegetais e, por consequência, o desenvolvimento das plantas, especialmente as de maior porte.

Como nos ambientes rurais, o uso inadequado e, principalmente, a disposição de substâncias tóxicas no solo podem levar à contaminação do mesmo, comprometendo-o para usos futuros. As áreas ocupadas por indústrias em época anteriores e que hoje estão tendo sua utilização alterada para abrigar condomínios residenciais devem ser cuidadosamente avaliadas quanto à presença de possíveis contaminantes no solo.

Poluição Atmosférica

A utilização crescente de combustíveis, principalmente derivados de petróleo, contribui de modo acentuado para o aumento da poluição atmosférica. A explosão dos motores libera quantidades variáveis de óxidos de nitrogênio e de enxofre, monóxido de carbono, além de material particulado, ou seja, pequenas partículas sólidas de diferentes diâmetros que flutuam no ar. Esses produtos denominados poluentes atmosféricos causam dano, não só à saúde de todos os seres vivos, animais e vegetais, bem como ao revestimento das moradias e de outras estruturas urbanas. Nas cidades, de modo geral, a qualidade do ar deixa muito a desejar, especialmente no inverno, quando é frequente o fenômeno da inversão térmica que dificulta a dispersão dos poluentes atmosféricos. Embora os principais contribuintes para a poluição atmosférica nas grandes cidades, sem dúvida, sejam os veículos automotores, não se pode deixar de lado a poluição gerada por indústrias localizadas em áreas urbanas. A legislação ambiental hoje está mais rígida e procura minimizar os impactos atmosféricos veiculares e industriais, mas ainda faltam investimentos em pesquisas e equipamentos para instalação de filtros eficazes, sistemas de monitoramento e, principalmente, recursos humanos no setor público para uma eficiente fiscalização do cumprimento das leis.

Um aspecto que atualmente deve ser discutido amplamente é o uso de etanol combustível derivado da cana-de-açúcar. Sem dúvida o etanol apresenta impactos atmosféricos significativamente menores do que aqueles combustíveis derivados de petróleo como a gasolina e, principalmente, o diesel. Mas, a produção de etanol exige terras agricultáveis, as quais poderiam estar sendo utilizadas para produção de alimentos. Não se deve discutir poluição atmosférica decorrente, em especial, da emissão veicular, sem se considerar as questões agrícolas que estão envolvidas no cultivo de cana-de-açúcar. Muitas vezes é divulgado nos meios de comunicação o uso bem sucedido de etanol em ônibus urbanos em Estocolmo, com significativa diminuição da poluição atmosférica, mas nem sempre é salientado que o etanol utilizado por eles tem origem em terras agrícolas brasileiras.

Poluição Aquática

As primeiras ameaças antropogênicas aos recursos hídricos estavam associadas à transmissão de doenças humanas. Regiões de grande densidade populacional foram as primeiras áreas de risco, embora águas isoladas também tenham sofrido degradação antrópica ao longo do tempo. O rápido crescimento do processo de urbanização concentrou populações de baixo poder aquisitivo em periferias carentes de serviços de saneamento, principalmente esgotamento sanitário. O crescimento desordenado das grandes cidades permitiu o surgimento de moradias precárias em locais nem sempre adequados à construção civil, além disso, os sistemas de saneamento, distribuição de água potável, tratamento de esgotos e coleta do lixo produzido se tornaram ineficientes para atender a demanda crescente. A grande população e o saneamento básico deficiente de algumas cidades contribuíram para o assoreamento dos corpos d'água e a consequente diminuição da velocidade de escoamento das águas. Esses fatores aliados à extensa impermeabilização do solo contribuem para a ocorrência de enchentes na época das chuvas de verão. Além disso, a deficiência no sistema de saneamento cria condições propícias ao estabelecimento e desenvolvimento de animais sinantrópicos, muitos dos quais relacionados a diversas patogenias humanas.

O lançamento de esgotos, ricos em resíduos orgânicos, nas águas pode causar outros danos, além de aspecto feio e cheiro desagradável. Como já comentado, quando esgoto doméstico, ou outro efluente rico em matéria orgânica, é lançado diretamente na água estimula a proliferação dos organismos aquáticos. Esses ao aumentarem em quantidade, passam a consumir mais o oxigênio presente na água. Se o processo de lançamento de esgoto for contínuo, os organismos continuam proliferando e respirando, tornando o ambiente pobre em oxigênio ou mesmo anaeróbio, isto é, sem oxigênio. Nessa situação os organismos aeróbicos, aqueles que respiram oxigênio, morrem e o lago ou lagoa passa a ter somente organismos anaeróbicos que durante seu processo metabólico liberam gases, geralmente, fétidos. A esse processo damos o nome de eutrofização. O aparecimento de grande quantidade de peixes mortos, além do aspecto e do cheiro da água, é indicador de ocorrência de eutrofização (Figura 21.5).

A localização inadequada de indústrias e práticas agrícolas errôneas são fatores que contribuem para a perda da qualidade dos recursos hídricos. A erosão, a alteração da paisagem pela agricultura, pela urbanização e pelo reflorestamento, e a alteração dos canais dos rios e das margens de lagos por meio de diques, canalização, drenagem e inundações de áreas alagáveis são alguns fatores importantes na perda da qualidade dos recursos hídricos, especialmente aquela relacionada ao assoreamento e à contaminação dos mesmos.

A poluição de um ambiente aquático está relacionada com alterações de ordem física, química e biológica. E, portanto, a recuperação dos rios, córregos e lagos envolve interferências em vários setores como a localização adequada à construção de moradias, desassoreamento dos corpos d'água aumentando sua capacidade receptora, aumento da área de solo permeável permitindo a percolação da água no substrato e repondo o reservatório subterrâneo, despoluição desses ambientes por meio de sistema de esgotamento sanitário e recuperação da mata ciliar.

FIGURA 21.5 – Curso d'água eutrofizado; observar a grande proliferação de vegetação aquática consequente ao excesso de nutrientes disponíveis aos organismos.

População Rural e Urbana

No Brasil, aplica-se o *critério administrativo* para distinção entre área urbana e área rural. Segundo esse critério, toda sede de município é uma cidade e toda sede de distrito é uma vila, portanto são áreas urbanas. Dessa forma, toda a população humana que habita a sede de um município ou a sede de um distrito é classificada como *população urbana*. Em outros países é aplicado o *critério estatístico*, segundo o qual a população é considerada urbana se reside em uma aglomeração superior a um determinado número de habitantes, sendo considerada população rural aquela que vive no campo ou em aglomerações com população inferior ao número definido para população urbana. Por exemplo, na França, aglomerações superiores a dois mil habitantes são consideradas urbanas, enquanto que no México para ser classificada como urbana é necessário que se reúnam mais de cinco mil habitantes. Outro critério que poderia ser adotado é o *científico*, no qual apenas a população que habita aglomerações em que a maioria da população ativa, radicada na mesma, exerce atividades econômicas secundárias e terciárias seria considerada urbana, sendo a população rural aquela em que a maioria da população ativa exerce atividades primárias.

O censo de 2000 revelou que cerca de 80% da população brasileira vive em áreas urbanas, sendo 78,5% em cidades urbanizadas que possuem infraestrutura de serviços públicos básicos como luz, água e coleta de lixo, e 1,5% em cidades não urbanizadas. Apenas 20% da população brasileira vivia em áreas rurais em 2000. Nas décadas de 1940, 1950 e 1960, entre 30 e 40% da população brasileira morava nas cidades. Entre as décadas de 70 e 90, a porcentagem da população urbana aumentou acentuadamente. De 1990 ao início dos anos 2000, o crescimento da população urbana diminuiu o ritmo, havendo um leve aumento da população rural, embora a oferta de emprego na atividade agropecuária tenha diminuído, caracterizando um êxodo agrícola e não, como anteriormente, um êxodo rural. Provavelmente, isso está relacionado com o aumento das ocupações rurais não agrícolas. Entre as ocupações rurais não agrícolas que mais cresceram se destacam os empregos domésticos e ajudantes diversos, geralmente associados à população de baixo nível de qualificação e poder econômico.

Esse crescimento rural e urbano não é homogêneo em todas as regiões do país. Na região sudeste, com exceção de São Paulo, e nas regiões centro-oeste e sul as taxas de crescimento da população rural, na segunda metade da década de 90, são muito inferiores às taxas de crescimento da população total, indicando que o êxodo rural ainda continua forte nessas regiões. Na região nordeste e no estado de São Paulo, as taxas de crescimento da população rural são muito próximas das taxas de crescimento da região, indicando pequeno êxodo rural.

Um aspecto interessante é quanto à distribuição sexual nas áreas urbanas e rurais. Nas cidades o número de mulheres supera o número de homens, mas no campo ocorre o inverso, há mais homens do que mulheres. Isso pode estar relacionado com diversos fatores como, por exemplo, o maior índice de violência nas áreas urbanas, que afeta principalmente homens jovens. Também pode ter influência o tipo de trabalho disponível nesses ambientes. De modo geral, nas áreas urbanas existem mais empregos domésticos disponíveis, tipo de atividade em que as mulheres se saem melhor.

Um aspecto que merece ser discutido mais profundamente é que embora haja essa diferença sexual no campo, as participações dos homens e das mulheres nos empregos rurais não agrícolas, que não exigem qualificação, são equilibradas. Pode ser então que a ligeira diferença sexual em favor dos homens, nas áreas rurais, esteja nas atividades que exigem algum tipo de qualificação.

Parte III

VIGILÂNCIA EM SAÚDE AMBIENTAL

Introdução - Impactos Ambientais

Todas as espécies durante seu crescimento atuam sobre o ambiente o modificando de diferentes formas. Essas modificações são, em termos gerais, impactos ambientais mais ou menos graves. O homem, não diferente das demais espécies, modifica seu meio, interferindo dessa maneira nos ecossistemas, embora, na maior parte das vezes, com significativos impactos ambientais, em função, principalmente, do tamanho da população humana e do atual modelo de desenvolvimento adotado pela maioria dos países.

O atual padrão de desenvolvimento se caracteriza pela exploração excessiva e constante dos recursos naturais e pela geração maciça de resíduos, além da crescente exclusão social. Na verdade, existe uma crise na relação entre meio ambiente e desenvolvimento decorrente do aumento de consumo pela crescente população humana. Às agressões ao ambiente somam-se o desperdício de energia e de recursos naturais e a quase absoluta inexistência de iniciativas para redução de resíduos na sua origem. De modo geral, os impactos ambientais estão relacionados com a necessidade energética do homem e sua consequente exploração ambiental, a fim de possibilitar a realização das atividades humanas.

Definindo energia como a capacidade de realizar trabalho propiciado pela conversão de uma modalidade energética mais concentrada em outra mais dispersa, com liberação de calor, fica claro que todas as atividades que são realizadas por máquinas ou por seres vivos requerem energia. Os seres vivos necessitam de energia para crescerem, se movimentarem e se reproduzirem e, portanto, trocam continuamente energia com o ambiente, seja fornecendo a energia de seus corpos, seja recebendo energia dos outros seres vivos ou de outras fontes externas como o fogo, a eletricidade, o vento e muitas outras. Por sua vez, as máquinas também necessitam de energia para funcionarem, uma vez que a refrigeração, o deslocamento de veículos, o aquecimento de caldeiras, entre outras atividades, são trabalhos realizados envolvendo algum tipo de transformação energética. Deve-se lembrar que a energia está presente em grande quantidade no universo e ela não aumenta nem diminui, apenas é transformada de um tipo em outro. A partir da utilização de diferentes materiais ou fenômenos como o petróleo e seus derivados, o carvão mineral, o carvão vegetal, a lenha, o álcool, os cursos d'água, os átomos, os ventos e o gás natural, a energia pode assumir diferentes formas: elétrica, química, nuclear, térmica, luminosa, cinética. Ainda, quando se fala em energia, deve-se lembrar que o Sol é responsável pela origem de praticamente todas as outras fontes de energia. Em outras palavras, as fontes de energia são, em última instância, derivadas da energia do Sol. A partir da energia solar ocorre a evaporação possibilitando o ciclo das águas, que permite o represamento e a consequente geração de eletricidade por meio das usinas hidrelétricas. A radiação solar também atua aquecendo a atmosfera, causando os ventos. Petróleo, carvão e gás natural foram gerados a partir de restos de plantas e animais que, quando vivos, obtiveram a energia necessária ao seu desenvolvimento vinda do Sol. Qualquer que seja a fonte energética e o tipo de energia liberado sempre haverá, em maior ou menor grau, impactos ambientais. Extração de petróleo, carvão, lenha e gás geram alterações nos ambientes de onde são removidos além de poluir o ar com CO_2 e outros gases quando transformados. A produção de álcool combustível necessita de grandes áreas, as quais poderiam estar sendo utilizadas na produção de alimentos. A alteração e o represamento dos cursos d'água, para construção de hidrelétricas, modificam drasticamente o ambiente, contribuindo para a diminuição da biodiversidade da região e alterando o clima local. A energia nuclear gera rejeitos radioativos perigosos, que devem ser acondicionados adequadamente para posterior destinação final. E o aproveitamento da força dos ventos envolve a construção de estruturas próprias para tal finalidade, que em última instância modificam a paisagem. Embora as transformações energéticas causem impactos ambientais, sem dúvida, são essenciais à manutenção da vida e em termos sociais ao estilo de vida atual, sendo, portanto, necessário o aumento do conhecimento e o desenvolvimento de tecnologias cada vez mais limpas, isto é, que gerem menos rejeitos em maior espaço de tempo.

Além do desperdício energético e de materiais, o aumento da população humana causa grandes impactos ambientais, seja pela necessidade de espaço físico para alocação das pessoas, seja pelo maior consumo de recursos naturais. O uso de tecnologia sempre foi uma característica do homem, mesmo em épocas remotas. Mas, hoje, com um número crescente de pessoas e tecnologias que geram resíduos em larga escala, os impactos gerados se tornam acentuados. Portanto, o estilo de vida atual causa impacto no ambiente de dois mo-

dos: primeiro devido ao uso energético e dos recursos naturais, e segundo, pelo descarte de resíduos gerados a partir da transformação da matéria-prima no meio ambiente.

A urbanização, outra forma de causar impacto ambiental, tem adquirido grande importância, uma vez que se espera uma parcela cada vez maior da humanidade morando em cidades nos próximos anos. A expansão das cidades envolve impermeabilização do solo decorrente do aumento da área asfaltada, poluição dos corpos d'água relacionada com o despejo de dejetos domésticos e industriais, contaminação do solo pela deposição inadequada de resíduos e poluição atmosférica em função da eliminação de gases gerados por motores industriais e veículos automotores. Além dos impactos ambientais devem ser destacados também os impactos sociais relacionados à intensa urbanização. A violência, muitas vezes, relacionada diretamente com a alta densidade demográfica pode ser citada como importante impacto social, principalmente nas grandes cidades.

Para minimizar os impactos ambientais, as ações humanas sobre os ecossistemas devem ser planejadas antes de sua implantação. A Agenda 21, documento elaborado por 170 países na *Rio-92*, no Rio de Janeiro, aponta uma série de medidas e estratégias necessárias para o desenvolvimento sustentável do planeta, mas até o momento não foi implementada pelos governos sob forma de políticas públicas. A cultura atual prioriza o consumo desenfreado com a produção de bens nem sempre necessários como se *"A felicidade fosse obtida por meio da tecnologia"*. Há necessidade de uma ampla discussão na sociedade sobre a questão ambiental, com propostas para mudança de comportamento que valorizem a qualidade ambiental.

Dentro desse enfoque, muito se tem discutido sobre a importância de entender as alterações ambientais, especialmente aquelas que interferem diretamente na saúde humana e que contribuem para elevação dos custos no tratamento de doenças que poderiam ser evitadas. Com o aumento do conhecimento ecológico é possível promover o gerenciamento dos fatores de risco físico, químico ou biológico relacionados à saúde decorrentes dos problemas ambientais, surgindo assim o conceito de vigilância em saúde ambiental. Para a efetiva vigilância em saúde ambiental é primordial o amplo conhecimento dos conceitos ecológicos, especialmente em ecologia urbana, e a sólida formação dos profissionais nessa área. Não é possível discutir vigilância em saúde ambiental sem o prévio conhecimento das interações que estão presentes no ambiente. Mas nem sempre isso é claro. É frequente ouvir discussões sobre o tema entre profissionais que não são da área ambiental e não possuem conhecimento ecológico efetivo. Há necessidade de ampliar a discussão ambiental nas diferentes áreas técnicas relacionadas à saúde, fortalecendo dessa maneira o próprio conceito de vigilância em saúde ambiental.

No Brasil, a história da Vigilância em Saúde Ambiental é relativamente recente. Em junho de 2003, a Secretaria de Vigilância em Saúde (SVS) do Ministério da Saúde assumiu as atribuições do antigo Centro Nacional de Epidemiologia (CENEPI) e, com base no Decreto nº 3.450, de 9 de maio de 2000, passou a ter também como atribuição a gestão do Sistema Nacional de Vigilância Epidemiológica e Ambiental em Saúde. E somente em março de 2005, por meio da Instrução Normativa nº 1, o Subsistema Nacional de Vigilância em Saúde Ambiental (SINVSA) foi regulamentado, tendo como atribuições coordenar, avaliar, planejar, acompanhar, inspecionar e supervisionar as ações de vigilância às doenças e agravos relacionadas à saúde ambiental, além de elaborar indicadores nessa área.

Modelos Assistenciais de Saúde e Vigilância Ambiental

A implantação da vigilância no Brasil, ao longo dos anos noventa, implicou na reorganização político-institucional com uma distinção entre a vigilância epidemiológica, voltada para o levantamento e controle dos pacientes; a vigilância sanitária, com ênfase no controle de produtos e serviços e a vigilância ambiental, voltada para ações de controle no meio ambiente. Esta com grande interface com os órgãos ambientais.

O Sistema de Saúde atual do Brasil se baseia no modelo médico-assistencial privativista com ênfase na assistência médico-hospitalar e nos serviços de apoio diagnóstico e terapêutico e no modelo assistencial sanitarista, com campanhas e ações pontuais de vigilância, embora existam esforços no sentido de buscar o desenvolvimento de modelos alternativos. O desenvolvimento da Saúde Pública está relacionado com os avanços das descobertas que possibilitaram o estabelecimento de estratégias de combate às doenças infecciosas e parasitárias, com base nos modos de transmissão e utilização de técnicas de controle de vetores e educação sanitária da população. A incorporação do conceito de risco e a identificação dos fatores de risco envolvidos na determinação das doenças, principalmente na década de 1990, vêm estimulando a modernização das estratégias de ação na área da Saúde Pública, com a ampliação de seu campo de atuação e a incorporação de novas técnicas e metodologias de estudo.

A construção de um novo modelo assistencial que articule técnicas oriundas da vigilância epidemiológica e das ciências sociais em saúde, juntamente com conhecimentos e metodologias de estudo na área ecológica, passou a ser expresso como *vigilância em saúde*. Vigilância em Saúde pode ser, portanto, definida como um conjunto de ações voltadas para o conhecimento, previsão, prevenção e contínua ação sobre os problemas de saúde relacionados aos fatores de risco ambientais, atuais e potenciais, de uma população em um determinado território com características próprias. Para isso propõe a incorporação de profissionais tanto da área da saúde como de outras áreas, especialmente da área ecológica, formando uma equipe multidisciplinar, bem como o envolvimento da população. Também vai além dos conhecimentos e técnicas médico-sanitaristas, incluindo conhecimentos ecológicos e de comunicação social.

O primeiro passo para o estabelecimento da vigilância em saúde é a territorialização e o desenvolvimento de ações específicas e adequadas àquelas condições ambientais. Para isso, é essencial o conhecimento detalhado do território, abrangendo suas características físicas, químicas, bióticas e antrópicas em sua contextualização histórica. A forma como se deu o uso e a ocupação do espaço pela população são aspectos importantes que não podem ser menosprezados, uma vez que interferem diretamente na relação dessas pessoas com seu ambiente. Nesse sentido, pode-se afirmar que a vigilância em saúde está intimamente associada ao conceito de vigilância em saúde ambiental, embora esta tenha uma visão mais abrangente.

Estruturação da Vigilância em Saúde Ambiental - Âmbito de Atuação

O modelo de desenvolvimento econômico e social atua diretamente nos ecossistemas causando impactos de diversas ordens sobre o ambiente, sobre a comunidade e, naturalmente, sobre os seres humanos. O desmatamento indiscriminado, a intensa urbanização, a deficiência no saneamento básico, a contaminação biológica e química do solo e das águas e a implantação de projetos não-sustentáveis são alguns fatores que estão intimamente relacionados à viabilidade e ao bem-estar das populações. Os fatores citados implicam na piora da qualidade ambiental com a degradação dos ecossistemas e a sua consequente incapacidade de manter o equilíbrio existente, o que repercute na saúde da população humana.

O desmatamento indiscriminado, principalmente, nas regiões centro-oeste e norte do Brasil, e técnicas de cultivo nem sempre apropriadas àquelas condições ambientais rurais levam à perda de solo fértil, seja por alteração na biodiversidade, pela maior taxa de evaporação devido à remoção da vegetação ou pela erosão das camadas superficiais do solo que são ricas em nutrientes. As populações que dependem diretamente ou aquelas que estão mais intimamente relacionadas à vegetação nativa acabam por sofrer as consequências das alterações ambientais, tornando-se fragilizadas e expostas à exploração de outros setores econômicos. Além disso, a diminuição da área de vegetação acaba por expulsar uma parcela da população rural que migra, na maior parte das vezes, para as cidades, acelerando o processo de urbanização e acentuando as disparidades socioeconômicas à custa do aumento da periferia dos centros urbanos. A concentração de pessoas e dos processos produtivos promove um aumento dos níveis de poluição que geram situações de risco a doenças, traumas e outros agravos à saúde. A baixa qualidade da água para consumo humano e o saneamento precário estão associados às doenças infecciosas que afligem, principalmente, a população mais carente.

Com a finalidade de conhecer as alterações ambientais e atuar de modo a manter a qualidade ambiental e promover a saúde da população, tem se procurado desenvolver novos conceitos de vigilância com caráter sistêmico, buscando intervir sobre os problemas ambientais que, direta ou indiretamente, atuam sobre a saúde, enfatizando aqueles que requerem atenção e acompanhamento contínuo, além de atuar de forma intersetorial sobre o território conhecido. É um novo e desconhecido campo de atuação, ainda em fase inicial de implantação.

A *Vigilância em Saúde Ambiental* pode ser definida, segundo o Ministério da Saúde, como "um conjunto de ações que proporcionam o conhecimento e a detecção de qualquer mudança nos fatores determinantes e condicionantes do meio ambiente que interferem na saúde humana". Essa discussão teve início dentro do setor de saúde, procurando ter um olhar socioecológico e sistêmico sobre o processo saúde-doença. Mas deve ser destacado que a vigilância em saúde ambiental tem obrigatoriamente um caráter multidisciplinar, pois é impossível avaliar riscos à saúde humana sem um amplo e profundo conhecimento das interações que estão presentes no ambiente e o modo como a população humana se insere nesse espaço. Com esse enfoque, fica clara a necessidade de interações entre a ecologia e a saúde pública.

Para o desenvolvimento da vigilância em saúde ambiental são essenciais: 1) o estudo do ecossistema, seja ele rural ou urbano, conhecendo as interações presentes e suas modificações ao longo do tempo, além dos impactos causados pela ação humana sobre o meio. É importante que os conceitos básicos da ecologia possam ser claramente compreendidos e transportados para o ambiente de interesse, avaliando as possíveis alterações decorrentes das ações antrópicas e suas consequências ambientais sobre a saúde humana; 2) a avaliação e o gerenciamento de risco, a partir das informações obtidas pelo estudo ecológico, selecionando e implantando estratégias mais apropriadas ao controle e prevenção dos riscos; 3) a utilização de tecnologias de controle e de remediação ambiental, levando-se em conta a capacidade de suporte do meio, a relação custo/benefício da metodologia empregada e os impactos nas políticas públicas; 4) o desenvolvimento de indicadores de qualidade ambiental e de saúde, possibilitando uma visão mais abrangente e integrada da relação entre ambiente e saúde e decisões mais efetivas e 5) a integração multidisciplinar a partir de estudos e pesquisas nos diferentes campos do conhecimento. Além disso, a educação ambiental e de saúde, a atenção primária ambiental e a implantação da *Agenda 21* devem estar intimamente integradas à vigilância em saúde ambiental, pois é necessário que haja uma mudança de comportamento da sociedade e nas tecnologias de produção e a consciência de responsabilidade compartilhada, ou seja, o envolvimento de todos nas práticas desenvolvidas pela vigilância em saúde ambiental.

Embora a vigilância em saúde ambiental seja essencialmente multidisciplinar e intersetorial, com várias frentes de atuação, é possível destacar alguns tópicos prioritários a serem abordados e discutidos em termos de Brasil. Merecem destaque no ambiente rural a perda de solo fértil e a contaminação do solo e da água por agrotóxicos, e no ambiente urbano a proliferação de animais sinantrópicos indesejáveis, doenças transmitidas por vetores, qualidade da água para consumo humano, poluição do ar, contaminação do solo por resíduos sanitários e industriais, desastres naturais e os desastres tecnológicos. Tanto no ambiente rural como no ambiente urbano, um aspecto que deve ser ressaltado pela vigilância em saúde ambiental refere-se às condições saudáveis no trabalho.

Perda de Solo Agricultável

Como descrito anteriormente na Seção "Noções Gerais de Ecologia – item Solo", o solo é a camada não consolidada da superfície terrestre, resultante do desgaste da rocha matriz por processos físicos, químicos e biológicos, sendo constituído por minerais, matéria orgânica viva e não-viva, água e ar. Esse substrato desempenha funções diversificadas e fundamentais, essenciais à vida terrestre, servindo de controle natural dos ciclos dos elementos e do fluxo de energia nos ecossistemas, atuando nas trocas entre os grandes biociclos. Os solos variam quanto à composição das partículas minerais, conteúdo de matéria orgânica, água, ar, temperatura, capacidade de troca catiônica, pH e, naturalmente, quanto à quantidade de organismos e composição de espécies da comunidade. Encontram-se presentes, nesse ambiente, diferentes espécies de bactérias, fungos, actinomicetos, nematódeos, anelídeos, insetos e outros organismos entre os heterotróficos, juntamente com cianobactérias e plantas entre os fotoautotróficos.

Os fatores físicos, químicos e biológicos definem as características do ambiente edáfico e seu conhecimento possibilita a utilização mais proveitosa desse meio. O cultivo de vegetais adequados às condições de cada tipo de solo, o controle do crescimento de organismos sem interesse econômico e a eliminação dos fitoparasitas, fitopredadores e competidores diminuem as perdas agrícolas aumentando a disponibilidade de alimentos. Por outro lado, o uso de cultivares ou a criação de rebanhos em solos não adequados àquelas condições favorecem sua degradação por meio da ocorrência de arraste das camadas superficiais pela chuva e ventos, compactação do solo, alteração nas taxas de absorção e perda de água e pela modificação da estrutura e diversidade da biota edáfica.

A camada agricultável ou arável, correspondente à parte superior do solo, é rica em matéria orgânica e microrganismos e também é o local onde se desenvolve a maior parte das raízes, sendo que suas características são um dos fatores principais que servem de base para a decisão do tipo de preparo do solo, de acordo com a sua utilização. Para finalidade didática, os solos podem ser classificados em *solos leves, solos médios* e *solos pesados*, e embora atualmente esses termos não sejam tão utilizados em agricultura teórica, eles facilitam o entendimento e servem para orientação básica da equipe de vigilância em saúde ambiental. Os solos leves, isto é, aqueles de textura mais grosseira, geralmente de fácil cultivo, devem ser preparados com o mínimo de operações possíveis, priorizando-se as práticas conservacionistas, uma vez que são altamente suscetíveis à erosão. Uma simples gradagem é suficiente para seu preparo, e no caso de vegetação herbácea se encontrar presente basta que se faça uma roçagem prévia e posterior aração. Os solos médios também são de fácil manejo e podem ser preparados a partir da trituração de restos de vegetação e posterior aração em diferentes profundidades a cada ano, a fim de evitar o adensamento da subsuperfície. Já para os solos pesados, aqueles com altos teores de frações finas, particularmente argila, e de difícil manejo, duas ou mais gradagens podem ser utilizadas e em situações de alta infestação de ervas. Quando houver restos de

culturas herbáceas pode haver a necessidade de roçagem para facilitar a penetração dos implementos agrícolas. Para qualquer que seja o tipo de solo, o melhor preparo é sempre aquele em que se proporcionam boas condições para germinação, emergência das plântulas e desenvolvimento do sistema radicular das culturas, com o mínimo de operações, priorizando sua conservação.

O conteúdo de água de um solo influencia as propriedades físicas e químicas, além de atuar nos processos bioquímicos e biológicos e na sua compactação. A compactação é o aumento da densidade do solo devido à disposição das partículas de argila, silte e areia quando o solo é submetido a um esforço cortante e/ou de pressão. De modo geral, os solos formados por partículas pequenas, como solos predominantemente argilosos, em associação com diferentes tamanhos, são mais facilmente compactados, pois as partículas pequenas podem ser encaixadas nos espaços formados entre partículas maiores, formando camadas com baixa macroporosidade que dificultam ou até mesmo impedem a movimentação de água e de gases. O processo de compactação é intensificado pela redução quantitativa dos agentes de estrutura como matéria orgânica, e de exudados de plantas, diminuição da atividade de alguns microrganismos e outros processos bióticos. Outras características importantes são os conteúdos de argila, silte e areia e de matéria orgânica presentes no solo. A Tabela 25.1 apresenta as faixas granulométricas das partículas formadoras dos solos, lembrando que essas faixas referem-se ao tamanho das partículas, independente da natureza do material de origem. Solos mais argilosos tendem a reter mais água e íons do que solos com maiores teores de areia e silte, mas ao mesmo tempo têm maior probabilidade de desenvolverem camada superficial compactada, dificultando ou mesmo impedindo o crescimento normal do sistema radicular e a sustentação das plantas. Já os solos arenosos tendem a ser mais oxigenados do que solos argilosos. A matéria orgânica favorece maior biodiversidade edáfica, mas também tende a adsorver nutrientes os tornando não biodisponíveis. Assim, a matéria orgânica pode ser separada em duas categorias, uma formada por restos de vegetais e de animais em início de decomposição, e que não está ligada à fração mineral, e outra intimamente ligada aos componentes minerais. Além disso, os solos com maiores teores de matéria orgânica tendem à apresentarem densidades aparentemente menores, possuindo assim maior capacidade de retenção de água. O conhecimento detalhado da propriedade agrícola é essencial para a obtenção de sucesso.

	Classificação	Faixa granulométrica
Frações grosseiras		
	Matacão	>20cm de diâmetro
	Calhau	20cm a 2cm de diâmetro
	Cascalho	2cm a 2mm de diâmetro
Frações finas		
	Areia grossa	2mm a 0,2mm de diâmetro
	Areia fina	0,2mm a 0,05mm de diâmetro
	Silte	0,05mm a 0,002mm de diâmetro
	Argila	<0,002mm de diâmetro

Tabela 25.1 – Faixas granulométricas de acordo com o diâmetro das partículas constituintes dos solos.

A queima dos resíduos de culturas anteriores ou da vegetação natural de cobertura do solo, além de reduzir a infiltração de água e aumentar a suscetibilidade do solo à erosão, contribui para a diminuição do teor de matéria orgânica do solo e, consequentemente, influi na capacidade dos solos de reter cátions trocáveis. Durante a queima existe conversão dos nutrientes da matéria orgânica para a forma inorgânica de nitrogênio, enxofre, fósforo, potássio, cálcio, magnésio e outros micronutrientes. Esses nutrientes contidos podem ser perdidos por volatilização durante a queima ou por lixiviação e/ou erosão das cinzas. Além disso, a queima, ao aumentar a temperatura do solo, pode levar à morte de organismos da biota edáfica essências na circulação de nutrientes. Essas informações devem ser amplamente divulgadas aos agricultores para que possam plantar vegetais adequados ao tipo de solo e manipulá-lo de forma sustentável.

Com base no conhecimento do tipo de solo presente na propriedade agrícola, o agricultor deve ter acesso às técnicas de preparo do solo, que é uma operação simples, indispensável ao bom desenvolvimento das culturas, mas se mal utilizadas, podem levar à destruição dos solos

em curto período de tempo. Antes de adotar um tipo de preparo de solo, o agricultor deve realizar um estudo do seu perfil quanto à profundidade, estrutura, porosidade e textura, avaliando a existência de diferentes camadas por meio da cor, dureza, desenvolvimento de raízes e textura. De maneira geral, destacam-se os seguintes tipos de preparo do solo: 1) *preparo convencional* que provoca uma inversão das camadas subsuperficial e superficial arável do solo com o uso de arado; 2) *preparo mínimo* que consiste no uso de implementos agrícolas sobre os resíduos da cultura anterior, com o revolvimento mínimo necessário do solo; 3) *plantio direto* em que se semeia por meio de semeadeira especial sobre os restos culturais da cultura anterior, devendo-se tomar o cuidado de evitar essa técnica em solos degradados, compactados, ácidos e infestados de plantas daninhas e 4) *plantio semidireto* onde, semelhante ao plantio direto, a semeadura é feita diretamente sobre a superfície, com plantadeira especial para plantio direto, diferindo apenas por não existirem resíduos na superfície do solo.

Uma técnica, bastante discutida, principalmente em regiões tropicais, é a *rotação de culturas* que corresponde ao cultivo alternado de espécies vegetais diferentes ao longo do tempo envolvendo lavouras anuais exclusivas ou espécies forrageiras perenes num sistema agropecuário integrado. A rotação de culturas, devido à diversificação do cultivo de espécies vegetais diferentes, minimiza os problemas fitossanitários nas espécies destinadas à produção de grãos. As espécies vegetais produtoras de grande quantidade de palha e raiz, além de favorecerem o sistema de semeadura direta, a reciclagem de nutrientes e estabelecerem o aumento da proteção do solo contra a ação dos agentes climáticos, promovem a melhoria do solo nos seus atributos físicos e biológicos. Além disso, a diversificação da cobertura vegetal é um processo auxiliar no controle de plantas daninhas. O manejo das espécies destinadas à adubação verde, na rotação de culturas, deve ser realizado quando o solo estiver seco, procurando, com isso, evitar que o implemento agrícola utilizado, por ser pesado, contribua para a compactação do solo.

Tanto os agricultores como a assistência técnica especializada devem estar receptivos às mudanças e terem claro a sua importância para aumentar a rentabilidade agropecuária ao mesmo tempo em que mantêm as condições edáficas saudáveis. Nesse sentido, a vigilância em saúde ambiental envolve vários aspectos. Quanto ao manejo do solo é importante organizar informações referentes como fertilidade, acidez, presença de camada compactada, ocorrência de erosão, vias de acesso e infraestrutura disponível, obtidas de maneira fidedigna para que representem com fidelidade as condições da propriedade agrícola. O levantamento e o mapeamento das espécies e distribuição das plantas daninhas são passos importantes, principalmente, devido ao custo dos herbicidas e seu potencial tóxico. A definição das máquinas e implementos agrícolas que serão utilizados no sistema deve ser feita observando-se as informações específicas de regulagem em função do tipo de solo e do tipo de preparo, bem como da capacidade de cortar e abrir sulcos, visando uniformizar a profundidade de semeadura e cobrir adequadamente

as sementes, assim como melhorar a capacitação profissional por meio de treinamentos do trabalhador agrícola nas técnicas disponíveis e adotadas. O planejamento é uma das mais importantes etapas para a redução de erros e riscos, aumentando as chances de sucesso. Envolve a análise dos custos e dos benefícios proporcionados pelo sistema adotado, considerando-se a necessidade de novas máquinas e equipamentos, utilização de sistemas de rotação de culturas, mercado consumidor para as culturas que compõem o sistema, capacitação de pessoal, elaboração e interpretação das informações obtidas na propriedade, análise de fertilidade de solo, necessidade de incorporação de fertilizantes e corretivos, existência de camadas compactadas nos solos, incidência e nível de infestação de plantas daninhas e infraestrutura básica da propriedade. Essas informações devem ser mapeadas para servirem de subsídios na elaboração de cronograma de atividades.

Contaminação do Solo e de Alimentos por Agrotóxicos

O crescimento da agropecuária, com maior produtividade e menores perdas agrícolas, sem dúvida está relacionado ao uso de agroquímicos como fertilizantes e agrotóxicos. Essas substâncias, uma vez no ambiente, entram em contato com o solo, água e seres vivos que se encontram presentes no ecossistema, onde uma parcela do produto é assimilada pelos vegetais e pelos animais e o restante adsorvido às partículas do solo, dissolvido na água ou degradado por processos físicos, químicos ou biológicos. A biota edáfica atua sobre esses compostos desempenhando papel de destaque no comportamento dos mesmos no ecossistema, transportando-os para outros locais, transformando-os em outros produtos nem sempre bem conhecidos e, muitas vezes, degradando-os totalmente. É importante ter em mente que o uso de substâncias químicas constitui risco potencial de contaminação ambiental e de bioacumulação. Os organismos que vivem no solo ou sedimentos são diretamente expostos e podem bioacumular tais compostos em seus corpos.

Assim, o uso dessas substâncias deve ser precedido por estudos ambientais e o solo, a água e os alimentos produzidos nesses ambientes devem ser analisados periodicamente para avaliação da presença de resíduos de agrotóxicos. Na agricultura, embora ainda haja muito desconhecimento por parte dos agricultores e falta de fiscalização, já existe uma discussão sobre o tema e a legislação estabelece o limite máximo permitido de resíduos e os períodos de carência para os agrotóxicos utilizados nas diferentes culturas. O período de carência refere-se ao número de dias que deve ser respeitado entre a última aplicação do produto e a colheita do cultivar, minimizando assim os riscos de existirem resíduos do produto acima do limite máximo permitido. O estabelecimento legal de um período de carência é um aspecto da vigilância em saúde ambiental no meio rural, pois se refere a um trabalho preventivo, ou seja, está se definindo, previamente, baseado em estudos científicos, o tempo mínimo necessário para diminuir os riscos da presença de resíduos nos cultivares e, assim, preservar a saúde das pessoas que irão consumir esses alimentos. Mas deve-se lembrar que esse tempo, definido em estudos, corresponde a uma análise estatística de várias amostras retiradas em diferentes condições e, então, comparadas quanto aos resultados obtidos. Portanto, a fiscalização e o cumprimento do período de carência não eliminam totalmente os riscos da presença de resíduos nos alimentos, mas, sob a luz do conhecimento atual, minimizam a valores aceitáveis.

Outro aspecto da vigilância em saúde ambiental que começa a ser abordado é a educação do agricultor no sentido de proteger a si e a sua família, minimizar os impactos ambientais e preservar a saúde da população consumidora. Já existem grupos que promovem a discussão com os agricultores sobre as importantes consequências do uso inadequado de agrotóxicos no ambiente. A educação ambiental rural deve ser aprofundada e ampliada,

pois somente com o conhecimento e a participação efetiva dos agricultores nas tomadas de decisões é que a vigilância do ambiente, a fim de mantê-lo saudável, torna-se possível.

Além do agricultor adulto, é importante lembrar que as crianças e os jovens que residem, estudam e/ou trabalham no meio rural devem conhecê-lo para poder preservá-lo. Algumas escolas rurais já incluem em seus currículos a educação ambiental como tema transversal, isto é, um tema que pode e deve ser tratado em todas as disciplinas tradicionais. Não é uma tarefa fácil e, muitas vezes, surgem alegações de que essas são propostas teóricas fora da realidade e que os alunos do meio rural também têm o direito de receber as mesmas informações daqueles que residem no meio urbano. Esse tipo de crítica é justificada se não houver um claro entendimento do corpo docente para discussão e definição das melhores maneiras de implantação da proposta. Os conteúdos adequados a cada nível e série, sem dúvida, devem ser ministrados, usando nas aulas exemplos que estão dentro da realidade vivida pelo aluno. Essa dificuldade também aparece no meio urbano, onde, muitas vezes nas escolas, se apresentam exemplos de situações não vivenciadas pelo aluno. Um exemplo disso é ver citado, com grande frequência, nos livros didáticos de ecologia a relação entre tubarão e rêmoras como exemplo de comensalismo. Quantos alunos, sejam de uma escola na cidade ou no meio rural, viram um tubarão e algumas rêmoras, exceto na televisão e em fotos de revistas? Por outro lado, quase todas as pessoas já presenciaram restos de alimentos deixados por um cão de estimação sendo consumidos por aves.

Quanto ao solo e à biota edáfica, as discussões ainda estão em fase inicial. Alguns estudos indicam que sob determinadas condições ambientais os agrotóxicos aplicados podem ser mais ou menos persistentes e atuarem de modo mais ou menos agressivo sobre os micros e os macrorganismos presentes. A vigilância em saúde ambiental, nesse sentido, envolve conhecimentos mais aprofundados das espécies presentes e das relações desenvolvidas nos agrossistemas, além de técnicas de coleta e de análise de solo e organismos. Ainda, a partir de estudos bem elaborados e validados, devem-se definir quais os organismos que podem ser usados como indicadores e estabelecer uma periodicidade para avaliação da biota edáfica exposta. Esses estudos são complexos, longos e, geralmente, de custo elevado, retardando muitas vezes o desenvolvimento de propostas viáveis. A concentração real ou efetiva de uma substância utilizada em estudos de ecotoxicidade deve ser determinada antes e durante sua utilização segundo sua estabilidade, de acordo com os Procedimentos Operacionais Padrão (POP), escritos e regidos pelas Boas Práticas de Laboratório (BPL), com técnicas de análise baseadas em métodos analíticos validados e com critérios técnicos bem fundamentados.

Proliferação de Animais Sinantrópicos Indesejáveis nas Cidades

Animais sinantrópicos são definidos como aqueles que vivem em íntima associação com o homem, seja em função do aproveitamento de locais para abrigo seja pela disponibilidade de alimentos. O crescimento, nem sempre planejado, das grandes cidades acaba por criar condições ambientais que são favoráveis ao estabelecimento e à proliferação de diversas espécies de animais sinantrópicos, nem todas desejáveis. A abundância de abrigos e de alimentos permite que espécies de insetos e de mamíferos procriem em tal número passando a incomodar e, muitas vezes, causar doenças humanas. Esses locais, não raro, são decorrentes do rápido crescimento das grandes cidades que permitiu o surgimento de moradias precárias em áreas nem sempre adequadas à construção civil. O baixo nível de escolaridade e o alto índice de desemprego contribuem significativamente para o estabelecimento de moradias precárias como "favelas" e "cortiços" em áreas urbanas. A falta de informação e de educação sanitária da população e o baixo poder aquisitivo dificultam o acesso adequado aos sistemas de saneamento, distribuição de água potável, tratamento de esgotos e coleta do lixo produzido. O crescimento desordenado das cidades, a ocupação inadequada do solo, a falta de estrutura sanitária para atender a demanda juntamente com os hábitos e costumes da sociedade em relação à geração e ao destino do lixo propiciaram um excedente de resíduos orgânicos possibilitando um aumento nas populações de animais sinantrópicos, muitos dos quais com grande impacto na Saúde Pública.

A presença de terrenos baldios com acúmulo de mato e de materiais inservíveis (Figura 25.1) propicia abrigo e criadouros a diversas espécies de animais, especialmente roedores e insetos. Da mesma forma, armazenamento inadequado de diferentes tipos de materiais em casas comerciais, indústrias e residências contribui para criar locais que funcionam como esconderijos e proteção a animais. Nesses locais podem ser encontrados ratos, mosquitos, baratas e outras espécies sinantrópicas importantes.

FIGURA 25.1 – Terreno baldio com acúmulo de mato e de materiais inservíveis, condições que propiciam o estabelecimento e a proliferação de animais sinantrópicos indesejáveis.

Os ratos são, sem dúvida, os grandes "inimigos" humanos, não só por estragarem alimentos, mas principalmente pela transmissão de algumas importantes doenças. Genericamente, os ratos enxergam mal, não percebem cores, mas apenas variações claro/escuro, têm olfato e paladar bastante acurados e audição sensível. Além disso, seu tato é bastante desenvolvido em função das vibrissas conhecidas como "bigodes" e dos pelos sensoriais ao longo do corpo. Esses animais vivem em grupos familiares, ficam adultos com cerca de 3 meses de idade e são onívoros. Nos grupos familiares há indivíduos dominantes, tanto fêmeas como machos adultos, e dominados, geralmente os jovens e os animais mais velhos. Os animais dominantes ocupam melhores locais e se alimentam primeiro quando há segurança no consumo daquele alimento, mas se um novo e diferente alimento é disponibilizado no ambiente é consumido primeiro pelos animais dominados e depois, se for adequado, por todo o grupo. Esse tipo de "teste" alimentar visa à continuidade do grupo, uma vez que se o alimento for tóxico, os adultos dominantes, machos e fêmeas férteis, não serão afetados e podem repor a população.

A ratazana ou rato de esgoto (*Rattus norvegicus*) é a maior das espécies urbanas com seu corpo podendo chegar a cerca de 25cm e pesar até 600g, possui corpo robusto com pelos ásperos, cabeça com orelhas pequenas e arredondadas e focinho rombudo e cauda grossa, curta e peluda. Vive em tocas subterrâneas que são construídas, muitas vezes, em terrenos malcuidados e é boa nadadora, graças à presença de membranas interdigitais, o que possibilita que frequente galerias de águas pluviais. Havendo abrigo e alimentos adequados e em quantidade suficiente, esses animais vivem até dois anos e uma fêmea pode ter de oito a doze ninhadas por ano, cada uma com dez filhotes em média. Têm atividade noturna com raio de ação de aproximadamente 50m em torno do abrigo do grupo.

O rato de telhado ou rato preto (*Rattus rattus*), que nem sempre é preto, possui corpo esguio com mais ou menos 20cm, coberto com pelos longos e macios, cabeça com orelhas grandes e proeminentes, focinho afilado, cauda longa e fina com pelos medianos. Vive em forros e telhados de construções sendo bom escalador. Boas condições de abrigo e alimentação possibilitam às fêmeas gerarem de quatro a oito ninhadas por ano, com dez filhotes em média por gestação, os quais vivem cerca de um ano e meio. Como as ratazanas, também apresentam hábitos noturnos com raio de ação de cerca de 60m em torno do abrigo do grupo.

O camundongo (*Mus musculus*) é um roedor de pequeno porte cujo corpo esguio alcança até 10cm, possui cabeça com orelhas proeminentes e focinho afilado e sua cauda é fina e sem pelos medianos. Vive em prateleiras e no interior de móveis pouco usados, pois é um bom escalador, mas pode escavar tocas. Como os anteriores, também têm hábitos noturnos com seu raio de ação de aproximadamente 3 a 5m em torno do abrigo. Em boas condições as fêmeas podem gerar de cinco a seis ninhadas por ano, com cinco filhotes cada. A vida média é de um ano. Camundongos, diferente de ratazanas e de ratos de telhado, gostam de novidades, sendo por isso denominados de *neófilos*, e por isso caem facilmente em ratoeiras. Já para capturar ratazanas e ratos de telhado, deve-se deixar as armadilhas por um tempo no local de passagem desses animais para que possam se acostumar com a "novidade" e, então, serem apanhados. Esse comportamento de ratazanas e ratos de telhado é denominado *neofobia*.

Deve ser lembrado que muitos insetos, especialmente os mosquitos, necessitam de água para que possam depositar seus ovos e proliferarem. Algumas espécies, como o *Culex sp*, preferem águas poluídas, ricas em matéria orgânica, já outras espécies, como o *Aedes sp.*, preferem águas não poluídas, mas com matéria orgânica disponível. Esses locais estão dentro das cidades e próximos a moradias, e às vezes dentro delas, fazendo com que esses animais sinantrópicos entrem em contato íntimo com os seres humanos. Cabe destacar que os mosquitos adultos se alimentam de seiva de plantas, mas as fêmeas necessitam de sangue para a maturação de seus ovos. Esse aspecto da biologia desses animais está diretamente relacionado com a transmissão de algumas doenças, pois ao sugarem o sangue de uma pessoa que esteja com determinados tipos de parasitas, esses serão assimilados pelo mosquito e poderão ser transferidos a uma outra pessoa durante o próximo repasto sanguíneo.

A disposição inadequada de lixo doméstico (Figura 25.2) possibilita que diferentes espécies animais vasculhem esse material a procura de alimentos, na maioria das vezes encontrados em boas condições. Nas grandes cidades brasileiras, de modo geral, o lixo orgânico é suficiente para manter espécies com relação natural de predatismo vivendo em harmonia. Um exemplo são os gatos na cidade de São Paulo, que dificilmente caçam ratos; ao invés disso, as duas espécies dividem os restos encontrados no lixo. Outro exemplo da grande disponibilidade de resíduos orgânicos se refere aos pombos urbanos (*Columbia lívia*), que consomem naturalmente grãos e vegetais, mas podem ser encontrados devorando salsichas ao lado de carrocinhas de cachorro-quente.

FIGURA 25.2 – Disposição inadequada de lixo doméstico; notar sacos plásticos roídos.

O controle da fauna sinantrópica, na cidade de São Paulo, tem sido feito por meio de algumas ações de manejo das pragas e do ambiente. Porém, devido às dificuldades operacionais e de conscientização da população em relação a esse procedimento, muitas vezes há a necessidade do emprego de produtos biocidas desinfestantes, como inseticidas e rodenticidas, das mais diversas classes. Vale lembrar que os agrotóxicos e os desinfestantes muitas vezes possuem os mesmos ingredientes ativos e são apresentados nas mesmas formulações e concentrações. Mas por razões de registro do produto, o termo agrotóxico se refere aos insumos biocidas utilizados na agricultura, os chamados agrotóxicos, enquanto os desinfestantes compreendem aqueles que são aplicados nos ambientes urbanos. Por exemplo, o piretroide deltametrina pode ser encontrado como agrotóxico utilizado no controle de carrapatos e como desinfestante usado para o controle de baratas. Além disso, alguns herbicidas, como o glifosato, são utilizados tanto na agricultura da soja como em jardinagem amadora.

A abordagem que prioriza o combate químico tem relativo impacto no controle global desses animais e um impacto não monitorado no ambiente, na saúde dos cidadãos e dos trabalhadores expostos, afetados direta ou indiretamente pelas frequentes aplicações de agrotóxicos ou de desinfestantes. Assim, o modelo sustentado na utilização de produtos químicos, além de pouco eficaz, constitui uma ameaça generalizada de contaminação da população e do ambiente, e principalmente, não é capaz de induzir mudança de comportamento da população em relação à proliferação de sinantrópicos, uma vez que ela não modifica o habitat desses animais. Os produtos aplicados periodicamente induzem à falsa ideia de que o problema está sendo "resolvido" pelo poder público ou pelas empresas controladoras de vetores e pragas urbanas, ficando minimizada a necessária conscientização de todos os atores sociais no controle de animais sinantrópicos.

Assim, o tema central da vigilância em saúde ambiental, no que se refere ao controle da fauna sinantrópica indesejável, baseia-se na elaboração de um programa de educação sanitária e ambiental para conscientização da população, objetivando mudanças comportamentais da comunidade envolvida e de aspectos de saúde pública relacionados ao descarte inadequado de lixo urbano. É importante ainda lembrar que não é possível, e nem sempre desejável, erradicar as espécies, mas sim manter suas populações dentro de limites não prejudiciais visando melhorar as condições ambientais e diminuir a incidência de doenças causadas ou transmitidas por animais sinantrópicos. Essa clareza não é facilmente conseguida e, acaba-se por utilizar como principal técnica de controle da aplicação de biocidas com impacto imediato sobre as populações de animais sinantrópicos atingidas. De forma sucinta, entre os vários aspectos para discussão que merecem destaque estão: 1) a questão do lixo e do entulho produzidos, enfatizando a diminuição do consumo de recursos naturais e a implantação da coleta seletiva, minimizando assim, a oferta de abrigo e de alimento à fauna sinantrópica; 2) a maior conscientização das pessoas quanto aos cuidados a serem tomados em suas residências como, por exemplo, a eliminação de materiais inservíveis que propiciam criadouros de mosquitos e abrigo para ratos, baratas, escorpiões e aranhas; 3) a racionalização do uso de desinfestantes para o controle das pragas e 4) o desenvolvimento de um projeto de educação ambiental que favoreça a articulação em diferentes áreas: escolas, igrejas, sociedade de bairros e órgãos governamentais, oferecendo maiores possibilidades de fixar alguns conceitos e ressaltar a importância do conjunto ambiente-seres vivos.

Principais Doenças Transmissíveis, Atualmente, nas Cidades: suas Causas, Mecanismos de Controle e Ações de Vigilância em Saúde Ambiental

Para o controle de doenças transmissíveis é necessário que as vigilâncias epidemiológica e ambiental atuem juntas. A vigilância epidemiológica com enfoque na doença propriamente dita, e a vigilância em saúde ambiental levantando os aspectos ambientais que possam ter favorecido a instalação da doença no meio. Dentro do âmbito da vigilância em saúde ambiental está o estudo das condições físicas e químicas do ambiente e, no caso de transmissão por vetores, a detecção da presença do animal e a forma mais adequada de controle. Além disso, deve ser feito um trabalho educa

tivo junto à população no sentido de manter o ambiente urbano em condições sanitárias adequadas, que não favoreçam a dispersão de microrganismos nocivos e de outros parasitas pelo ar e pala água, bem como o estabelecimento e a proliferação de animais sinantrópicos indesejáveis. A atuação junto à população deve ser contínua, com caráter preventivo e não apenas esporádica em função do aumento da incidência de determinada doença. Podem ser utilizadas diferentes estratégias para atingir esse objetivo como campanhas públicas, visitas periódicas às residências e a estabelecimentos comerciais e industriais por agentes de saúde municipais ou estaduais (Figura 25.3), promoção de palestras em locais públicos, implantação de educação ambiental nas escolas, entre outras. Campanhas públicas na mídia, sem dúvida atingem grande número de pessoas, mas devido ao elevado custo devem ser utilizadas pontualmente. Funcionários públicos municipais ou estaduais visitando residências e estabelecimentos comerciais e industriais causam pequeno impacto nas grandes cidades, uma vez que para atingir toda a população seria necessário um grande número desses agentes de saúde. Talvez nas cidades pequenas essa estratégia possa funcionar melhor. A promoção de palestras abertas à população, geralmente, tem bom aproveitamento quando o problema é comum a um grupo de pessoas que possuem um mesmo interesse. Mas para grandes públicos com abordagem de temas genéricos, o impacto positivo é baixo. A implantação de educação ambiental é uma das melhores estratégias, uma vez que o indivíduo é "trabalhado" desde o início de sua vida. Mas deve ser tomado o cuidado de abordar temas dentro da realidade do local para que os alunos possam entender os riscos envolvidos e as formas de controle disponíveis. Infelizmente, a educação ambiental, muitas vezes, enandera por um lado fora da vivência cotidiana do indivíduo, passando a ser apenas mais uma disciplina politicamente correta e não atingindo os objetivos propostos.

Serão comentadas algumas doenças trans

FIGURA 25.3 – Visitas periódicas às residências e estabelecimentos comerciais por agentes municipais para orientação da população quanto à manutenção da boa qualidade ambiental.

missíveis de importância nas cidades brasileiras para se ter uma ideia de como a vigilância em saúde ambiental pode atuar. Informações técnicas mais específicas sobre as doenças citadas e sobre a biologia dos *agentes etiológicos*, isto é, os que causam a doença, e dos *agentes vetores*, aqueles que transmitem a doença, podem ser obtidas em livros especializados.

Ações de Vigilância em Saúde Ambiental em Doenças Relacionadas à Presença de Animais Sinantrópicos

Diversos pontos são discutidos para melhorar as condições ambientais e diminuir a incidência de doenças causadas ou transmitidas por animais sinantrópicos, as chamadas zoonoses. A questão do lixo e do entulho produzidos deve ser trabalhada com ênfase na diminuição do consumo de recursos naturais e no estímulo à adoção da coleta seletiva. Esses aspectos envolvem uma questão mais geral em termos ambientais, mas ao mesmo tempo contribuem para minimizar a oferta de abrigo e de alimento à fauna sinantrópica. A maior conscientização das pessoas quanto aos cuidados a serem tomados em seu ambiente possibilita uma diminuição de materiais diversos disponíveis que possam funcionar como abrigo e criadouros de mosquitos, ratos, baratas, escorpiões e aranhas. Destacar a importância da racionalização do uso de desinfestantes para o controle de vetores e pragas urbanas para diminuir os riscos de intoxicações e contaminação ambiental, retardando o desenvolvimento de resistência. Procurar o estabelecimento de discussões entre os diferentes setores governamentais e privados envolvidos no controle de animais sinantrópicos. E, principalmente, priorizar o desenvolvimento de projetos de educação ambiental oferecendo maiores possibilidades de fixar alguns conceitos e ressaltar a importância do conjunto ambiente-seres vivos.

O envolvimento dos agentes de saúde, sejam agentes de zoonoses ou agentes comunitários de saúde, é importante no mapeamento das principais áreas-problema, como áreas de risco ambiental e comunidades carentes, uma vez que esses agentes de saúde estão em contato direto com a população. Os técnicos que atuam nas Unidades de Vigilância Ambiental devem visitar as áreas mapeadas para estabelecer o grau de risco e quais metodologias serão utilizadas em função de aspectos relevantes como, por exemplo: área sujeita a enchente, (baixo) nível socioeconômico da comunidade estabelecida na área, condições (inadequadas) de descarte e disposição de lixo e presença (excessiva) de cães e gatos domésticos domiciliados ou não.

O bom resultado do trabalho de vigilância ambiental nessa área está diretamente relacionado à participação de diferentes órgãos públicos e entidades privadas para o desenvolvimento de uma ação conjunta e com a visita periódica de agentes de saúde e técnicos aos locais selecionados. Nessas visitas procurar-se-á esclarecer quais os procedimentos para se evitar a proliferação de animais sinantrópicos, isto é, adoção de medidas profiláticas, e se necessário, a eliminação desses animais com o uso de desinfestantes. Além disso, os técnicos devem conversar com a comunidade discutindo as principais questões sanitárias e ambientais e, havendo interesse da comunidade, ministrar palestras sobre os diferentes temas de interesse local.

Dengue

O dengue é uma infecção viral transmitida pela picada da fêmea do mosquito *Aedes aegypti*, bastante adaptado às condições urbanas, onde encontra abrigo e alimento. Ambos os sexos se alimentam de seiva de plantas, mas as fêmeas necessitam de sangue para a maturação de seus ovos, dessa maneira são elas as transmissoras da doença, pois ao sugar sangue de uma pessoa infectada passa a abrigar os vírus em seu organismo e ao picar um novo indivíduo transfere os vírus, transmitindo a doença.

As fêmeas do *Aedes aegypti* depositam seus ovos alguns milímetros acima do nível da água limpa, mas com matéria orgânica, não potável e parada presente em diversos tipos de recipientes. Com o aumento do nível da água, essa entra em contato com os ovos que hidratam e eclodem rapidamente. De cinco a sete dias após a eclosão, as larvas, que se alimentam de matéria orgânica presente na água, passam por quatro estágios, por uma fase de pupa, na qual não se alimentam, mas se locomovem ativamente, até originar o inseto adulto alado. É importante a atenção da população para que sejam eliminados os possíveis criadouros, isto é, qualquer recipiente que possa acumular água do ambiente, dificultando a colocação de ovos pelas fêmeas e diminuindo o número de seus filhotes. A Figura 25.4 mostra formas jovens do mosquito e alguns possíveis criadouros. A vigilância em saúde ambiental do dengue envolve basicamente a busca ativa de possíveis criadouros e sua eliminação. Para a efetividade dessas ações é necessária a participação da população.

FIGURA 25.4 – Alguns possíveis criadouros do mosquito Aedes aegypti. Acima à esquerda, foto mostrando larvas do mosquito; acima à direita pneus sobre entulho; abaixo à esquerda caixa d'água sem tampa e abaixo à direita pratos de vasos de plantas.

A eliminação de mosquitos adultos pode ser obtida por meio da aplicação de inseticidas, mas esses devem ser selecionados criteriosamente e usados com parcimônia, de modo a evitar o estabelecimento de linhagens resistentes. De modo geral, em situações de transmissão autóctone da doença, isto é, de casos adquiridos na própria região, é utilizada essa estratégia em maior escala.

Leptospirose

A leptospirose é uma doença infecciosa, que apresenta numerosas formas clínicas, causada pela bactéria *Leptospira spp*. A transmissão é mais frequente no verão, devido ao contato com a água que pode conter a bactéria presente na urina de roedores, especialmente das ratazanas. As enchentes nos grandes centros urbanos, geralmente, são acompanhadas por um aumento no número de casos dessa doença. Tal fato se deve à contaminação das águas com urina de ratos infectados. A leptospirose ocorre sob as formas anictérica e ictérica, sendo a última a mais grave. O início da doença é abrupto após um período de incubação de sete a treze dias, com sintomas que se assemelham a uma gripe e duração de uma a três semanas. Cerca de 90% dos indivíduos infectados apresentam a forma anictéria, mas o restante pode desenvolver uma grave doença caracterizada por icterícia, disfunção renal e sintomas nervosos, podendo levar à morte. A bactéria é comumente encontrada nos rins de roedores, sendo eliminada através da urina desses animais. Cães e outros mamíferos infectados podem, também, transmitir a doença. A transmissão ocorre por contato direto ou indireto com urina ou carcaças de animais infectados das mucosas ou pele com traumatismos. Para prevenir a doença deve ser evitado o contato direto com águas de enchente ou que possam estar contaminadas. Se não for possível evitar o contato com esses ambientes é importante o uso de roupas protetoras impermeáveis, luvas e botas para reduzir os riscos de contaminação. O controle de roedores nas grandes cidades é medida necessária, uma vez que são os principais reservatórios da bactéria. Não se deve esquecer que para controlar a população de roedores, a adoção de algumas medidas simples como não jogar lixo nas ruas, manter imóveis limpos, acondicionar o lixo adequadamente e colocá-lo no horário de passagem do caminhão de lixo são bastante eficazes. Essas medidas simples diminuem a disponibilidade de alimento que podem ser consumidos pelos ratos, o que contribui para o controle da população desses animais.

Em altas infestações de roedores, visando uma rápida diminuição dessas populações e minimizando o risco da ocorrência de leptospirose, pode ser utilizados rodenticidas anticoagulantes, derivados da cumarina ou da indandiona e benzotiopironas, em diferentes formulações conforme o tipo de ambiente. Em ambientes internos pode ser utilizados rodenticidas na formulação iscas granuladas ou péletes, em bueiros e bocas-de-lobo o indicado é o uso de blocos parafinados, e em tocas na terra e nas margens de córregos a formulação pó de contato é a mais adequada.

Toxoplasmose

A toxoplasmose é a doença, transmitida por animais, mais difundida no mundo. O agente etiológico, isto é, o causador da doença, é o protista esporozoário *Toxoplasma gondii*. Gatos jovens não imunes são os hospedeiros definitivos do *T. gondii*, pois no epitélio intestinal desses animais pode-se encontrar o parasita na sua fase sexuada. Nos demais animais e no homem, hospedeiros intermediários, o parasita somente é encontrado na sua fase assexuada em vários tecidos, líquidos orgânicos e células (exceto nas hemácias). O homem entra em contato oral com os cistos do parasita que são eliminados nas fezes dos gatos infectados. Os parasitas penetram na mucosa oral ou nasal e invadem as células onde se multiplicam assexuadamente. Os sintomas aparecem de três a vinte dias após o contato. A grande maioria dos casos é assintomática, isto é, não apresentam sintomas, mas podem ocorrer situações variadas dependendo da localização do parasita. Toxoplasmose ganglionar ou febril aguda é a forma sintomática mais frequente e tem curso benigno. A toxoplasmose ocular, não é tão frequente, mas é mais grave que a anterior. A toxoplasmose cutânea ou exantemática, a cérebro-espinal ou meningoencefálica e a generalizada são bastante raras, mas fatais na maioria das vezes. Outra forma de toxoplasmose que merece atenção é a congênita, como o nome diz, é aquela "que nasce" com a criança, pois é adquirida pelo feto durante a gestação quando a mãe se encontra na fase aguda da doença. Dependendo do tempo de gestação, a doença pode causar anomalias fetais graves e até abortos.

Para diminuir a incidência de toxoplasmose deve-se cuidar adequadamente de gatos e mantê-los domiciliados, lembrando que são esses animais os reservatórios do toxoplasma. Os tanques de areia devem ser protegidos, pois os gatos gostam de depositar suas fezes nesses ambientes. É importante que esses animais não sejam alimentados com carne crua, pois mesmo o resfriamento elevado não mata os parasitas que possam estar presentes. Durante o acompanhamento pré-natal é importante a avaliação das gestantes quanto à presença da infecção na fase aguda, evitando-se a toxoplasmose congênita.

Até o momento não há vacina disponível e nem droga eficaz para prevenção e tratamento da toxoplasmose. Assim, a orientação da população para a adoção dos cuidados com as condições de saúde dos gatos é a melhor maneira de prevenção.

Criptococose

A criptococose ou blastomicose europeia é uma micose sistêmica, cosmopolita, adquirida a partir da inalação do fungo *Cryptococcus neoformans*. A doença é rara, mas com a Síndrome da Imunodeficiência Adquirida (SIDA ou *acquired immunodeficiency syndrome* – AIDS) houve um aumento significativo na prevalência dessa micose. O fungo, presente no ambiente, penetra no organismo por inalação ocorrendo sua disseminação pelo sangue e atingindo diferentes vísceras. As principais formas da doença são a pulmonar e a do sistema nervoso central. Na criptococose pulmonar ocorre desde colonização assintomática das vias aéreas até formas mais graves, enquanto que a criptococose do sistema nervoso central, que corresponde a 75% dos casos, simula neoplasia maligna. Dois fatores são fundamentais na patogênese dessa micose: a virulência do fungo e a resposta imunológica do hospedeiro. Indiví-

FIGURA 25.5 – Pessoa alimentando pombos em parque de São Paulo, comportamento que contribui para proliferação desses animais.

duos com resposta imunológica normal, geralmente, eliminam o fungo. Mas, em indivíduos comprometidos imunologicamente, como em casos de uso de drogas imunossupressoras, por exemplo, em indivíduos transplantados, doenças neoplásicas e infecção pelo vírus da AIDS, a doença pode se manifestar e ter desenvolvimento grave. A mortalidade da doença é elevada mesmo com tratamento disponível, sendo que nos casos de AIDS a letalidade é ainda maior.

A criptococose é mais frequente em homens e em adultos sendo raros os casos pediátricos. O fungo é encontrado em solos e em tecidos, secreções e excreções de animais e do próprio homem, conseguindo sobreviver por vários meses nesses materiais, mesmo quando secos. Não existe transmissão homem a homem. Um aspecto que deve ser salientado é a importância dos pombos na transmissão, não como vetores, mas sim pelo fato de seus excrementos, ricos em nitrogênio, serem meio de cultura fértil para o crescimento do fungo. A associação dos pombos com símbolos da paz e da fraternidade estimula as pessoas a adotarem uma postura protetora em relação a esses animais (Figura 25.5), o que é facilitado pelo comportamento da ave, já bastante urbanizada e domesticada.

De modo a evitar o aumento exagerado do número dessas aves, como também a sua maior concentração nos locais em que se dá a alimentação, a população deve ser orientada a não fornecer alimentos a esses animais. Também deve ser salientada a importância de se evitar a manutenção de locais propícios ao aninhamento das aves, tais como sótãos e forros abertos, vãos no telhado, parapeitos mais largos, entre outros. Ainda deve ser destacado que o tipo de edificação, às vezes, propicia locais para a construção de ninhos. Construções com vigas expostas e cobertas são bastante utilizadas por essas aves. O controle de população de pombos urbanos é um aspecto importante na prevenção da criptococose e para se atingir esse objetivo é necessária a participação efetiva da população, inclusive com a orientação de arquitetos e engenheiros quanto ao aspecto construtivo.

Leishmaniose

Leishmaniose Tegumentar Americana

A leishmaniose tegumentar americana, também conhecida como ferida brava ou úlcera de Bauru é causada por protistas parasitas do gênero *Leishmania,* especialmente a espécie *Leishmania braziliensis*, que acomete uma grande variedade de mamíferos silvestres considerados reservatórios do parasita. É transmitida por fêmeas de mosquitos flebotomíneos. Como no caso do *Aedes*, os mosquitos flebotomíneos se alimentam de seiva, mas as fêmeas necessitam de sangue para a maturação dos ovos, logo são elas as transmissoras dessa zoonose. O inseto ao picar o hospedeiro infectado ingere os parasitas e estes se desenvolvem no intestino do mosquito, tornando-o infectante. Ao picar novo hospedeiro (homem ou animal) irá transmitir o parasita. Após um período de incubação variável, desde um mês até um ano, o quadro clínico inicia-se pelo aparecimento de pequena lesão eritemato-papulosa no local da picada do mosquito vetor, com formação posterior de um nódulo com até 1cm de diâmetro, e em aproximadamente quatro semanas de evolução aparece uma crosta central. Essa crosta cai e forma-se uma úlcera leishmaniótica clássica com forma arrendondada e bordas elevadas e infiltradas. Pode haver apenas uma lesão ou várias lesões, dependendo do número de picadas do inseto vetor. As lesões podem se desenvolver nas mucosas, geralmente, da região nasal com eliminação de crostas e obstrução nasal. Além das lesões nasais podem ocorrer lesões em lábios, língua, pálato, orofaringe e laringe. Enquanto houver parasitas nas lesões pode haver transmissão.

O diagnóstico da leishmaniose tegumentar é clínico, levando-se em conta as informações sobre a procedência do paciente e laboratorial. O tratamento é feito utilizando-se medicação com o objetivo de obter a cura clínica dos doentes e evitar as recidivas e a evolução das formas cutâneas para muco-cutâneas, bem como prevenir o aparecimento de lesões mutilantes.

Algumas medidas devem ser adotadas para prevenir a doença e medidas clínicas como diagnóstico precoce e tratamento. Toda pessoa que apresentar ferida de difícil cicatrização deverá procurar uma Unidade de Saúde, para a realização do exame específico, e se necessário iniciar o tratamento. Evitar a permanência nas matas ou em áreas de desmatamento recente, principalmente após o crepúsculo, período de maior atividade do inseto vetor. Acondicionar o lixo adequadamente e manter limpos os quintais e abrigos de animais, pois as fêmeas dos mosquitos flebotomíneos, diferente das fêmeas do *Aedes*, procuram locais úmidos, sombreados e ricos em matéria orgânica para postura de seus ovos. O uso de telas mosquiteiro pode ser importante onde a doença é endêmica, isto é, tem ocorrência natural e contínua ao longo do tempo, evitando-se dessa forma a entrada no interior do domicílio do mosquito adulto.

Similar ao procedimento adotado para o controle do *Aedes*, a eliminação de mosquitos adultos pode ser obtida por meio da aplicação de inseticidas, mas esses devem ser selecionados criteriosamente e usados com parcimônia, de modo a evitar o estabelecimento de linhagens resistentes. De modo geral, em situações de transmissão autóctone da doença, isto é, de casos adquiridos na própria região, é utilizada essa estratégia em maior escala.

Leishmaniose Visceral Americana

A leishmaniose visceral americana ou calazar é uma zoonose com ampla distribuição. É causada pelo protista *Leishmania chagasi* e, também, transmitida por mosquitos flebotomíneos. Grande variedade de mamíferos silvestres como ratos selvagens, tamanduás, tatus e gambás, e na zona urbana principalmente o cão, são reservatórios do parasita. As aves não pegam a doença, portanto, não são consideradas reservatórios de *Leishmania chagasi*. As fêmeas do inseto ao picarem o hospedeiro desenvolvem o parasita no intestino, tornando-se infectantes. Ao picarem novo hospedeiro (homem ou animal) irão transmitir o parasita. O homem com calazar apresenta febre irregular por muito tempo, crescimento da barriga, anemia, palidez, emagrecimento, fraqueza, problemas respiratórias como tosse seca e diarreia; e, em casos mais graves, sangramento na boca e intestino. Já no cão, os sintomas são emagrecimento, apatia, queda de pelos, vômito, febre irregular, lacrimejamento dos olhos com presença de conjuntivite, fezes sanguinolentas, crescimento exagerado das unhas e descamação e feridas na pele, comuns no focinho, orelha, caudas e patas.

O diagnóstico é clínico, levando-se em conta a procedência do doente e, também, laboratorial. O tratamento no homem é feito com uso de medicamentos, mas para o cão, até o momento, não se conhece nenhum tratamento eficaz sendo, portanto, necessária sua eliminação o mais rápido possível. A profilaxia da doença pode ser feita com o diagnóstico precoce e tratamento dos doentes, a eliminação do reservatório doméstico (cão), o uso de telas de malha fina nas portas e janelas, o combate ao inseto vetor no peridomicílio e intradomicílio, a manutenção da casa e do quintal sempre limpos (recolher as folhas, frutos, troncos, raízes, fezes de animais), o acondicionamento adequado do lixo e a poda de árvores. Além disso, é essencial a adoção ampla e continuada de medidas de saneamento, que visem à eliminação de acúmulo de matéria orgânica em jardins, terrenos baldios e locais públicos, e de ações educativas da população e capacitação de equipes para diagnóstico ambiental.

Da mesma forma que o citado para o controle do *Aedes*, a eliminação de mosquitos adultos pode ser obtida por meio da aplicação de inseticidas, mas esses devem ser selecionados criteriosamente e usados com parcimônia, de modo a evitar o estabelecimento de linhagens resistentes. Como para a dengue e para a leishmaniosa tegumentar america, em situações de transmissão autóctone da doença, isto é, de casos adquiridos na própria região, é utilizada essa estratégia em maior escala.

Malária

A malária ou maleita ou febre treme-treme é uma doença de evolução crônica com picos febris periódicos. Tem ampla distribuição geográfica e é bastante importante nos países tropicais em desenvolvimento. É causada por protistas do grupo dos plasmódios pertencentes a quatro espécies diferentes, sendo que no Brasil são encontradas três delas: *Plasmodium falciparum, P. vivax* e *P. malariae*. As formas infectantes do parasita penetram nos capilares sanguíneos do organismo hospedeiro com a picada do mosquito transmissor (fêmeas do *Anopheles sp.*), alguns atingem o fígado e penetram nas células hepáticas onde se multiplicam. Após um período que varia de seis a dezesseis dias, essas células se rompem liberando vários parasitas nos capilares sanguíneos. Nas infecções por *Plasmodium falciprum* e por *P. malariae*, os parasitas são liberados todos ao mesmo tempo, não persistindo no interior das células hepáticas. Já nas infecções por *P. vivax*, alguns parasitas podem permanecer latentes no interior das células hepáticas por meses. Os parasitas liberados no sangue invadem, agora, os eritrócitos (hemácias ou glóbulos sanguíneos vermelhos) onde crescem e se multiplicam. Os eritrócitos infectados se rompem liberando os parasitas que voltam a infectar outros eritrócitos, repetindo o ciclo. Quando há rompimento dos eritrócitos e liberação dos parasitas na corrente sanguínea, o indivíduo apresenta febre alta, tremores e mal-estar geral. A periodicidade desse quadro clínico varia de acordo com a espécie. Para *P. vivax* é de 48h, *P. malariae* é de 72h e para *P. falciparum* varia entre 36 e 48h. Depois de três a quinze dias do início dos sintomas, alguns parasitas se diferenciam em machos ou fêmeas e sobrevivem por um curto período de tempo no sangue periférico. Quando a fêmea do mosquito anófeles se alimenta do sangue de um indivíduo infectado, ela ingere junto com o sangue os parasitas. No trato digestivo do mosquito ocorre a fecundação dos parasitas e a formação de zigotos, que depois de cerca de 24h migram para as células salivares do inseto. A partir de então, as fêmeas do mosquito tornam-se infectantes, pois ao picarem um novo indivíduo, para obtenção de sangue, injetam saliva que contém os parasitas.

O risco de se contrair malária está associado aos hábitos do indivíduo, suas condições de vida e de habitação e a situação econômica de região. Por exemplo, a criação de barragens, a utilização de canais a céu aberto na agricultura, escavações, invasão de florestas e a degradação do ambiente são fatores que, junto às condições de miséria e subnutrição, contribuem para disseminação da malária. Sendo uma doença de transmissão vetorial, algumas medidas preventivas podem ser adotadas no seu controle, visando diminuir o contato do homem com o mosquito transmissor. A eliminação dos criadouros dos mosquitos, ambientes aquáticos, por meio de obras de engenharia sanitária como drenagem e desaguamentos que evitam o acúmulo de água empoçada contribuem para reduzir as populações de mosquito. Devem ser evitadas a manutenção de arbustos e de mata muito próximos a residência, já que esses são os principais abrigos do mosquito durante o dia. Ainda, é importante evitar a permanência ao ar livre, em áreas endêmicas, nos horários em que os mosquitos se apresentam em maior quantidade, como o amanhecer e o anoitecer. O uso de inseticidas para eliminação do mosquito é uma medida eficaz, mas que deve ser usada com cautela e por pessoas habilitadas, evitando-se o desperdício e o estabelecimento de linhagens resistentes a esses produtos químicos Em zonas endêmicas, o uso de repelentes químicos, mosquiteiros sobre as camas ou redes de dormir, telas nas janelas e portas das habitações e uso de medicamentos supressores da doença são medidas recomendadas. Vale lembrar que como todo e qualquer medicamento não há isenção total de efeitos colaterais, logo seu uso deve ser feito sob orientação do médico de confiança.

É necessário avisar as autoridades locais de saúde, evitar o contato do paciente infectado com o ambiente e submetê-lo imediatamente ao tratamento específico. Para o controle da malária é essencial o envolvimento da população e dos profissionais da área de saúde, informando sobre a doença e o vetor. Apesar de vários estudos, até o momento não existe uma vacina eficaz contra a malária.

Febre maculosa

A febre maculosa não é uma doença frequente nas cidades, embora quando apareça seja de especial importância devido a sua gravidade. Muitas vezes a doença é fatal. É uma enfermidade causada por bactérias riquétsias (*Rickettsia rickettsi*), que crescem nas paredes dos vasos sanguíneos formando trombos e causando hemorragias e necroses locais na pele, músculo cardíaco e tecido cerebral. Após três a catorze dias de incubação surgem sintomas como febre, dor de cabeça, mialgias e confusão mental, e ao final do terceiro ou quarto dia forma-se erupção cutânea com manchas avermelhadas e salientes em torno dos punhos e tornozelos se irradiando para o tronco, face, pescoço, palmas e solas. A doença pode evoluir gravemente por duas ou três semanas, ocorrendo necrose nas áreas de hemorragia em decorrência da inflamação generalizada das paredes dos vasos sanguíneos afetados e deixar sequelas neurológicas em crianças como distúrbios do comportamento e dificuldade de aprendizado.

A transmissão é feita pela picada do carrapato infectado, quando esse regurgita saliva, contendo as bactérias, após sugar o sangue do indivíduo. Crianças e adultos jovens estão mais sujeitos à febre maculosa devido à maior exposição aos carrapatos presentes na vegetação e em cães domésticos. Dessa maneira, a educação em saúde para se evitar a infestação de animais de estimação por carrapatos é medida importante para se evitar a transmissão de febre maculosa. A procura por carrapatos aderidos ao corpo do animal, logo após a um passeio em local onde haja algum tipo de vegetação, e sua remoção é um procedimento eficaz para aumentar a segurança no contato com cães domésticos.

Ações de Vigilância em Saúde Ambiental em Doenças de Transmissão Aérea

A vigilância ambiental deve detectar os locais onde a transmissão de doenças por via aérea é mais propícia e determinar quais as condições que estão favorecendo essa forma de disseminação. Isso pode ser feito a partir da confirmação de um caso, mas o mais indicado é que haja recursos e pessoal capacitado para intervir antes do estabelecimento da doença. Após a identificação das condições que estão favorecendo essa forma de disseminação aérea, propor medidas de interferência ambiental de modo a minimizar o contágio. Como medida geral de prevenção e controle de doenças de transmissão aérea-respiratória, a equipe de vigilância ambiental deve orientar a população a evitar locais fechados com grande concentração de pessoas, e também informar as pessoas que se encontram boa parte do tempo em locais confinados como escolas, asilos, creches, escritórios, etc., para manter janelas abertas estimulando a ventilação natural. Além disso, nos locais onde tenha ar-condicionado, esse deve ser verificado e limpo periodicamente, atendendo as legislações estaduais e municipais vigentes.

Em todos os casos, a educação sanitária é se suma importância, o simples uso de lenços de papel para assoar o nariz e tossir são medidas que contribuem para diminuir a transmissão de bactérias e vírus pelo ar. Outro ponto a salientar é o estímulo à vacinação de diferentes faixas etárias de acordo com o patógeno em questão, seguindo as orientações do Ministério da Saúde. A aplicação de vacina é um procedimento seguro e bastante eficaz, em muitos casos, para se evitar a contaminação de pessoas saudáveis e, assim, diminuir a transmissão da doença.

Influenza

A influenza ou gripe é uma doença de distribuição mundial e trata-se de uma infecção viral do trato respiratório, cujos sintomas mais comuns são dor de garganta, obstrução nasal, tosse frequente ou persistente e eliminação de catarro. É comum vir acompanhada de febre alta, dores musculares e mal-estar geral. Resfriado e influenza não são termos sinônimos para a mesma doença, diferente do que muitas pessoas pensam. O resfriado pode ser causado por diversos vírus, como o rinovírus, o adenovírus, o vírus sincicial respiratório e o vírus parainfluenza e tem um caráter mais inflamatório com irritação na garganta e coriza, isto é, eliminação contínua de secreção nasal e febre baixa, sendo os sintomas, maiores ou menores do que os quadros gripais. Já a influenza ou gripe humana é causada pelo vírus da influenza dos tipos A, B ou C. Esses vírus são altamente transmissíveis e sofrem frequentes mutações, sendo o tipo A mais mutável que o B e este mais que o tipo C. Os tipos A e B são responsáveis pelas maiores morbidade e mortalidade, mas as epidemias e pandemias costumam estar associadas ao tipo A.

A transmissão do vírus da influenza se dá pelas vias aéreas, por meio do contato de pessoas sadias com secreções respiratórias de pessoas infectadas. Os primeiros sintomas surgem 24h depois do contato e duram em média quatro dias, podendo se estender por semanas. Geralmente, a infecção é autolimitada, isto é, afeta as vias aéreas superiores, e tem curso benigno evoluindo para cura completa. Mas a doença pode complicar, principalmente, em idosos, pessoas com doenças crônicas e pessoas imunodeprimidas, isto é, pessoas que usem rotineiramente medicamentos que causam diminuição da resistência do organismo ou que tenham alguma doença que afete o sistema imunológico, sendo as infecções bacterianas secundárias as complicações mais frequentes. Nesses casos é necessário procurar atendimento médico nas Unidades de Saúde.

Desde 1999, o Ministério da Saúde do Brasil realiza campanhas anuais de vacinação contra a influenza, cuja população-alvo é o grupo com maior risco de complicações citadas acima. Em 2008 e 2009, com a disseminação mundial, e não apenas no Brasil, da influenza H1N1 foi promovida uma ampla divulgação da importância da vacinação em massa para o controle desse tipo de vírus. A aderência da população às campanhas de vacinação é um dos pontos a ser observado quando na realização de uma campanha publicitária com essa finalidade. Quanto maior a adesão das pessoas, maiores serão as probabilidades de sucesso da campanha.

Como medida geral de prevenção e controle da influenza, e de outras doenças de transmissão respiratória, recomenda-se evitar locais fechados com grande concentração de pessoas. Além disso, caso a pessoa esteja gripada, também é importante utilizar lenços de papel ao tossir.

Resfriado comum

O resfriado comum pode ser causado por diferentes tipos de vírus, com manifestações clínicas bastante semelhantes. Os principais tipos de vírus envolvidos pertencem às famílias *Adenoviridae* e *Picornaviridae*, sendo este o maior grupo de vírus respiratórios, destacando-se os rinovírus.

Os rinovírus se difundem por meio de aerossóis e fômites e causam quadros clínicos, geralmente, suaves, como cefaleia (dor de cabeça), congestão nasal, rinorreia (escorrimento nasal) hialina, espirros, coriza e faringite, raramente atingindo o trato respiratório inferior. A presença de febre e de secreção purulenta sugere infecção bacteriana. A evolução da doença geralmente é autolimitada sem necessidade de tratamento específico, a não ser pelo uso de medicamentos sintomáticos. O desenvolvimento do vírus pode facilitar o estabelecimento de sinusite aguda, otite média aguda e faringotraqueobronquite catarral aguda, esta geralmente associada a infecções bacterianas. Como existem diversos tipos de adenovírus e de rinovírus, de modo geral, as pessoas são suscetíveis durante toda a vida.

Sarampo

O sarampo é uma doença aguda infecciosa de origem viral causada pelo *Morbillivirus*, espécie de sarampo da família dos *Paramyxoviridae.* O vírus tem distribuição mundial e pode infectar pessoas em todas as faixas etárias, embora a maior prevalência seja na infância. A gravidade da doença é variável em populações de diferentes níveis socioeconômicos, sendo preocupante em populações carentes, desnutridas e que vivem em habitações populosas. Também é mais severa em pacientes imunodeprimidos.

A infecção ocorre a partir da inalação do vírus que, primeiramente, coloniza as vias aéreas superiores, se replica e se espalha pelo organismo através do sangue, sistema linfático, vísceras abdominais, pele e sistema nervoso. Os sintomas como febre, síndrome catarral, conjuntivite e exantema mobiliforme generalizado surgem entre sete e dezoito dias após o contato com o vírus, podendo ocorrer complicações como pneumonias, lesões do trato gastrointestinal, desidratação e encefalite. A doença pode ser facilmente prevenida por meio de vacina eficaz que deve ser administrada à criança no primeiro ano de vida. O contato com pessoas infectadas também deve ser evitado, assim como evitar lugares fechados e sem ventilação natural adequada com aglomerações de pessoas, especialmente no período do inverno.

Rubéola

A doença é causada pos um vírus da família *Togaviridae*, que afeta principalmente crianças entre cinco e nove anos de idade, embora nos países onde a vacinação é generalizada tem ocorrido um aumento na faixa etária atingida. A transmissão ocorre por meio de secreções respiratórias e os pacientes são mais contagiosos no início da erupção cutânea. Após duas a três semanas de incubação surgem os primeiros sintomas que, geralmente, são discretos como febre, mal-estar e anorexia e, então se inicia o quadro clínico característico correspondendo a exantema cutâneo que começa no rosto e desce para o corpo todo, durando cerca de três dias. As complicações são raras e a mortalidade quase nula. O tratamento é sintomático e a profilaxia é obtida por meio de vacinação. O risco da rubéola é sua ocorrência na gestante, durante as primeiras doze semanas de gestação, podendo causar aborto, prematuridade, más-formações congênitas, infecção ativa no nascimento ou mais raramente neonatos infectados com doença clínica.

Varicela – Herpes-Zoster

As duas doenças são manifestações clínicas de vírus similares do grupo dos herpesvírus. A varicela resulta de uma infecção primária que ocorre usualmente na infância, enquanto que o herpes-zoster, geralmente, está relacionado com uma reativação do vírus latente em indivíduos imunodeprimidos. É uma doença de distribuição mundial, com elevado grau de contagiosidade, cuja transmissão ocorre principalmente por gotículas respiratórias e contato direto com as lesões. Após um período de incubação, que varia de doze a quinze dias,

surgem os primeiros sintomas representados, usualmente, por febre baixa, cefaleia, anorexia e vômitos. Esses sintomas duram desde algumas horas até cerca de três dias, quando então há o aparecimento de erupções na pele e mucosas, de início maculopapular, transformando-se no dia seguinte em vesicular, e após dois a quatro dias em crostas que se desprendem cerca de cinco dias depois somem sem deixar cicatrizes. O indivíduo transmite a doença desde um a dois dias antes do aparecimento das vesículas até quando as mesmas já estão com as crostas formadas. A varicela é uma doença benigna, mas podem ocorrem complicações cutâneas, pulmonares e neurológicas em crianças menores de um ano, desnutridas ou imunodeprimidas. O tratamento é feito com analgésicos, antitérmicos, banhos com substâncias antissépticas e antivirais. A profilaxia deve ser feita com o isolamento do paciente, uso de material adequado para manipulação do doente, imunização passiva com a administração de gamaglobulinas e imunização ativa por meio de vacinação.

O quadro clínico do herpes-zoster é correspondente à área do nervo afetado, com lesões cutâneas acompanhadas de febre discreta, cefaleia e mal-estar geral. As lesões são unilaterais, não ultrapassando a linha média do corpo, reunidas em grupo. Inicialmente, as lesões são eritematopapulosas e evoluem rapidamente para papulovesiculares e papulopustulosas. As crostas das lesões caem espontaneamente entre quinze e vinte dias após o início das lesões. Da mesma forma que a varicela, as lesões são altamente infectantes.

Tuberculose

A tuberculose é uma das doenças mais comuns da humanidade, bastante difundida no mundo todo. O agente etiológico é a *Mycobacterium tuberculosis*, espécie intermediária entre as eubactérias, bactérias verdadeiras, ou seja, aquelas que apresentam as características típicas do grupo, e os actinomicetos ou bactérias filamentosas, antes classificadas como fungos. Como as micobactérias sobrevivem apenas algumas poucas horas no ambiente externo, a proximidade física e o grau de parentesco apresentam uma relação direta com a infecção e a doença entre os comunicantes. Quanto mais íntima e demorada for a convivência, maior será a possibilidade de transmissão. Além disso, as condições ambientais influenciam fortemente a disseminação da doença. Moradias inadequadas, úmidas e pouco ensolaradas e com muitos habitantes favorecem a transmissão da bactéria.

A principal porta de entrada é a via respiratória, mas, às vezes, a via digestiva pode assumir papel preferencial na transmissão da tuberculose bovina. Os doentes com a forma pulmonar bacilífera eliminam o microrganismo juntamente com suas secreções respiratórias e os indivíduos sadios podem se infectar ao inalarem gotículas contendo o microrganismo. Uma vez aspirados, os microrganismos se alojam nos alvéolos pulmonares onde são atacados por macrófagos. Alguns são eliminados durante o processo de fagocitose celular, mas muitos permanecem vivos e multiplicando-se dentro dos fagossomas, provocando a morte dos macrófagos com liberação dos lisossomas e destruição tecidual. Durante esse processo desenvolve-se uma reação inflamatória inespecífica dando origem ao *cancro de inoculação* que corresponde à lesão inicial da doença. Havendo uma boa resposta imunológica do indivíduo, há bloqueio da proliferação bacilar e expansão da lesão, impedindo o aparecimento da doença, mas se houver um número excessivo de bacilos ou baixa imunidade do hospedeiro, pode ocorrer o desenvolvimento da tuberculose. A partir do cancro de inoculação, lesões secundárias contíguas ou disseminação do bacilo podem se desenvolver via sistema linfático para os linfonodos dos hilos dando origem ao *complexo primário tuberculoso* (cancro de inoculação + linfofaringite + adenomegalia hilar), que dependendo de sua evolução pode ser visível ao raio X de tórax. Dos linfonodos, via sistema linfático, os bacilos podem atingir a corrente sanguínea e se implantarem em diferentes regiões do organismo. Como a quantidade de bacilos geralmente é pequena, a evolução da doença pode levar anos ou até mesmo décadas, e quase sempre está relacionada com uma reativação de um foco primário. Cerca de 5% dos infectados desenvolvem a doença e no restante há bloqueio da propagação das lesões, permanecendo os bacilos em estado de latência que pode ser rompido por reativação endógena ou reinfecção exógena.

Os sintomas da tuberculose pulmonar, que é a forma mais comum, demoram a aparecer e compreendem tosse, hemoptise (expectoração com sangue), dispneia, dor torácica, rouquidão, febre baixa e sudorese no período vespertino, anorexia e perda de peso. O tratamento é feito à base de quimioterápicos e é bastante demorado, fazendo com que muitos pacientes interrompam os remédios, sem estarem curados, ao se sentirem melhor, dificultando posteriormente novo tratamento. A profilaxia envolve a administração da vacina BCG, busca ativa de casos com diagnóstico precoce e o correto tratamento do doente. A melhoria das condições da habitação e a correta alimentação das pessoas também são fatores indiretos importantes na profilaxia da tuberculose.

Difteria

Doença infecciosa aguda causada pela eubactéria *Corynebacterium diphtheriae*, com distribuição mundial, endêmica em populações com condições de higiene precárias e que atinge preferencialmente crianças até dez anos de idade, devido a sua alta infectividade e baixa patogenicidade. A difteria é uma doença tipicamente toxêmica, com produção de lesões na porta de entrada e invasão do organismo exclusivamente pela toxina produzida pela bactéria. A toxina pode atingir vários órgãos via sistemas sanguíneo e linfático. As manifestações clínicas imediatas como abatimento, astenia, febre pouco intensa, taquicardia, hipotensão arterial e albuminúria aparecem nos primeiros dias de evolução da doença e as manifestações tardias surgem a partir da segunda semana em diante, com quadros hematológico e circulatório. O tratamento é feito com aplicação de soro antidiftérico, que neutraliza a toxina circulante, mas não tem ação sobre a toxina fixada nos tecidos. Assim é importante que logo que haja suspeita clínica bem fundamentada se inicie a administração do soro. A profilaxia é feita por vacinação em massa e pelo acompanhamento dos doentes e de seus comunicantes.

Coqueluche

É uma doença infecciosa aguda, causada pela eubactéria *Bordetella pertussis*, com elevada contagiosidade que atinge o trato respiratório provocando tosse de intensidade variável que pode durar até várias semanas. A transmissão ocorre por meio de contato direto com o material de nasofaringe de uma pessoa infectada, o contágio por contato indireto é mais raro, pois o microrganismo sobrevive pouco tempo fora do hospedeiro. Cerca de sete a quinze dias após o contágio surgem os sintomas que se caracterizam primeiramente por anorexia, espirros, lacrimejamento, coriza, irritabilidade, febrícula e tosse seca, principalmente à noite. Esses sintomas definem a *fase catarral* da doença e duram de sete a catorze dias. Em seguida, e por cerca de quatro semanas, ocorrem acessos de tosse, mais intensos à noite, com forte sensação de asfixia, caracterizando a *fase paroxística*, na qual podem ocorrer complicações respiratórias, neurológicas e hemorrágicas. O tratamento consiste no isolamento do doente, uso de antimicrobianos e medicação sintomática, e a profilaxia é feita por meio de vacinação.

Ações de Vigilância em Saúde Ambiental em Doenças Transmissíveis por Transfusões Sanguíneas, Transplantes e Contato Íntimo

As ações de vigilância ambiental em doenças transmissíveis por transfusões, transplantes e contato íntimo baseiam-se especialmente no entendimento das características sociais da população, uma vez que estão relacionadas com o estágio do conhecimento na área médica e no comportamento da população. Com o

avanço da medicina, as transfusões sanguíneas e o transplante de órgãos são cada vez mais comuns e atingem um número cada vez maior de pessoas em todo o mundo. Doadores de sangue e de órgãos podem ser portadores de microrganismos patogênicos e, muitas vezes, não apresentarem sintomas da doença, e se o sangue ou órgãos forem utilizados os receptores podem desenvolver quadro clínico com consequências mais ou menos severas. Para minimizar esse risco, hoje há maior controle dos bancos de sangue e de órgãos, sendo necessária a realização de uma ampla variedade de exames para detectar a presença de possíveis focos de transmissão. Esse controle já mostra seus efeitos. No Brasil, a incidência de doença de Chagas transfusional já diminuiu oi foi eliminada em muitos Estados, assim como a transmissão de AIDS por sangue contaminado já apresenta redução significativa.

Já a transmissão de doenças por meio de contato íntimo está diretamente relacionada com o comportamento e valores da população, bem como com seu nível de escolaridade. Sociedades onde é estimulado o elevado número de parceiros sexuais estão mais sujeitas a transmissão por essa via. O apelo dos meios de comunicação aos jovens para frequentarem casas noturnas que favorecem o contato íntimo é fator importante na manutenção da circulação de patógenos de doenças como a hepatite B. Outro aspecto a ser abordado, com grande dificuldade, é a própria valorização da vida pela sociedade que acaba por comparar o prazer imediato *versus* o risco de adoecer. Essa é uma questão difícil, pois envolve a conscientização da sociedade de seu próprio envelhecimento e finitude individual. A vigilância ambiental deve atuar junto à área educacional no sentido de abrir espaço para discussão dos riscos envolvidos e localizar fisicamente os espaços propícios à transmissão de doenças por contato íntimo, procurando desenvolver uma atenção primária ambiental basicamente preventiva e participativa em nível local, que reconhece o direito do ser humano em ter prazer e ao mesmo tempo viver em um ambiente saudável e adequado, e ser informado sobre os riscos ambientais em relação à saúde. Ambientes saudáveis implicam em enfoque sociológico e técnico do enfrentamento dos fatores de risco.

Hepatite B

Como a hepatite A, a hepatite B também é uma infecção do fígado causada por um vírus. Mas, diferente da hepatite A, o vírus responsável pela hepatite B é o VHB, do grupo dos hepadna-vírus, e a principal via de transmissão se dá através de transfusões de sangue. O uso compartilhado de seringas, agulhas e outros instrumentos entre usuários de drogas também é uma importante fonte de contaminação. O contato acidental de sangue e ou secreções corporais, contaminadas pelo vírus, com mucosa ou pele com lesões, também pode transmitir a doença. Outra forma de transmissão e, atualmente, motivo de grande preocupação, é através de contato sexual. Além disso, mulheres grávidas contaminadas podem transmitir a doença aos seus bebês. Os sintomas da hepatite B são semelhantes aos das hepatites em geral, iniciando-se com mal-estar generalizado, dores de cabeça e corpo, cansaço, falta de apetite e febre e, em seguida, sintomas mais característicos como coloração amarela das mucosas e da pele, urina escura e fezes esbranquiçadas. Após dez a quinze dias os sintomas gerais diminuem e, em cerca de oito semanas, o tom amarelado das mucosas e da pele tende a desaparecer. A hepatite B aguda não requer tratamento específico e o uso de qualquer medicamento deve ser avaliado pelo médico. Cerca de 5% dos casos não se curam da infecção e ficam com hepatite crônica. Desses, alguns podem desenvolver cirrose e câncer de fígado ao longo das décadas. O risco da doença crônica com má evolução é maior em quem usa bebida alcoólica, em bebês que adquirem a doença no parto e em pessoas com baixa imunidade imunológica. É importante a confirmação diagnóstica feita por exames de sangue, pois alguns casos só são descobertos na fase crônica ou na investigação da causa de cirrose e câncer de fígado. Como medidas profiláticas são recomendadas: 1) a vacinação de todos os recém-nascidos e adultos não vacinados que não tiveram a doença; 2) uso de luvas, máscara e óculos de proteção quando houver possibilidade de contato com sangue ou secreções corporais suspeitas; 3) pessoas que tiveram exposição conhecida ao vírus devem receber gamaglobulina específica nos primeiros dias após o contato; 4) os recém-nascidos de mães com hepatite B devem receber gamaglobulina específica e vacina imediatamente após o parto e 5) uso de preservativos nas relações sexuais.

Hepatite C

A hepatite C é causada pelo vírus VHC do grupo dos flavivírus, cuja forma de transmissão é bastante semelhante à hepatite B, embora não tenham sido demonstrados casos de transmissão entre casais que mantiveram relações sexuais exclusivamente vaginais e fora do período menstrual. Além disso, a transmissão materno-fetal é rara. Cerca de 30% dos casos ocorrem sem que se possa demonstrar a via de contaminação. Diferentemente das hepatites A e B, a grande maioria dos casos de hepatite C não apresenta sintomas na fase aguda e, quando ocorrem, são muito leves e semelhantes aos de uma gripe. Boa parte das pessoas infectadas desenvolverá hepatite crônica, descobrindo que tem a doença por acaso. Uma vez diagnosticada a doença, o médico especialista deve acompanhar o paciente e, se necessário, solicitar a realização de outros exames para determinar o grau da doença e a necessidade ou não de tratamento com resultados nem sempre satisfatórios. Se descoberta na fase aguda, o tratamento é indicado visando diminuir o risco de evolução para hepatite crônica. A prevenção é feita pelo controle de qualidade dos bancos de sangue e uso de equipamentos de proteção individual por profissionais da área da saúde. No caso de um dos parceiros ser portador de lesões no pênis ou na vagina, em relações anais e no período menstrual, casos em que o risco de transmissão é desconhecido, recomenda-se o uso de preservativos.

Sífilis

A sífilis ou lues, doença sexualmente transmissível de distribuição mundial, é causada pela bactéria espiroqueta *Treponema pallidum*, que tem o homem como único hospedeiro. Caracteriza-se por ser uma doença sistêmica de evolução crônica com manifestações cutâneas temporárias. Devido ao fato do parasita ser rapidamente morto no ambiente externo, o contágio se faz por via sexual ou placentária, excluindo praticamente outras vias. Duas a três semanas após o contato do parasita com a mucosa do hospedeiro aparece uma lesão eritematosa e pouco dolorosa no local da penetração, que em poucos dias se torna ulcerada, bem delimitada, de superfície lisa e uniforme, coberta com um exsudato e base dura, caracterizando o *cancro duro* ou *protosifiloma*, acompanhada de enfartamento inguinal uni ou bilateral duro, móvel e indolor. Quando não tratado, o cancro regride espontaneamente em duas a três semanas sem deixar cicatriz. Essa fase corresponde à *sífilis primária*. Após dois a três meses surgem lesões que resultam da disseminação hematogênica dos treponemas a partir do cancro primário, caracterizando a *sífilis secundária*. Inicialmente aparecem lesões discretas eritematosas disseminadas denominadas *roséola sifilítica*, que evoluem para lesões papulosas polimórficas. Nas mucosas da boca e da vagina as lesões, denominadas *placas mucosas*, são esbranquiçadas e ricas em treponemas, e nas partes do corpo com maior umidade, calor e atrito têm configuração vegetante e, geralmente, odor característico, mas também ricas em treponemas e são denominadas *condilomas planos*. Frequentemente há queda de pelos e de cabelos. Na fase secundária uma pequena porcentagem dos pacientes pode apresentar alterações neurológicas, artrite e glomerulonefrite. Quando não tratada a sífilis secundária regride espontaneamente após dois a três meses.

Após um período de latência, que pode ser longo, a doença entre na fase tardia ou *sífilis terciária*, com diminuição progressiva na possibilidade de transmissão. Em cerca de 15% dos casos surgem lesões paucitreponêmicas tegumentares ou extrategumentares caracterizadas por terem localização assimétrica e promoverem a desorganização e destruição tecidual, e se não tratadas podem persistir por muitos anos deixando cicatrizes. Aproximadamente 10% dos casos apresentam alterações, muitas vezes assintomáticas, cardiovasculares como aneurisma de aorta, hipertrofia ventricular esquerda e comprometimento das coronárias. Em uma pequena porcentagem de pacientes pode se estabelecer a neurosífilis com uma variedade de sintomas, incluindo psicoses e demência. As consequências da fase terciária sempre são graves.

De especial interesse é a sífilis na gestante, uma vez que o parasita sempre atinge a placenta e pode causar graves lesões no feto, podendo ocorrer aborto espontâneo e natimortalidade.

A sífilis já foi uma doença estigmatizada em função de sua forma de transmissão e do tipo de evolução. Mas atualmente esse quadro tem revertido, uma vez que há tratamentos facilmente disponíveis e eficazes, levando à cura completa do paciente.

Cancro mole

O cancro mole, doença com evolução aguda e transmissão exclusiva pela via sexual, é causada pala eubactéria *Haemophilus ducreyi*, e recebe diferentes denominações como cancrela, úlcera mole e úlcera de Ducrey. Predomina no sexo masculino e na faixa etária entre 20 e 30 anos. A doença se caracteriza por uma ou mais úlceras necróticas, dolorosas localizadas na região genital, anal ou anogenital, raramente em outras regiões, acompanhadas ou não de adenopatia inguinal. Após três a cinco dias do contato da bactéria com pequenas fissuras na pele ou mucosas aparece uma pápula eritematosa ou vesico-pustular que rapidamente evolui para lesão ulcerada, não endurada, secretante, dolorosa e com bordas eritematosas. Geralmente, o fundo das lesões apresenta restos de tecido necrótico, o que confere um aspecto de sujidade às lesões e liberação de odor fétido. Quando não tratada a evolução do cancro mole é muito lenta e costuma deixar discreta cicatriz no local atingido.

Gonorreia

O termo gonorreia significa literalmente corrimento (*rhoia*) de espermatozoides (*gonos*), já dando uma ideia do principal sintoma, pelos menos em homens. A gonorreia, amplamente distribuída pelo mundo, recebe também a denominação de blenorragia, sendo mais frequente nos grandes centros metropolitanos do que nas áreas rurais. O agente etiológico é a bactéria diplococo *Neisseria gonorrhoeae*, popularmente conhecido por gonococo. A transmissão se dá via contato sexual, com a penetração do gonococo no epitélio, e após dois a cinco dias surgem as manifestações clínicas. Interessante notar que essas manifestações são bastante diferentes no homem e na mulher.

No homem, a gonorreia corresponde a um processo inflamatório da uretra anterior, no início com um prurido discreto seguido de um eritema localizado. Logo após surge o corrimento uretral, inicialmente claro que se torna gradativamente purulento, causando ardor ao urinar (disúria) e urgência miccional (polaciúria). Quando não tratada, após cerca de três semanas há diminuição do corrimento que se torna leitoso. É importante salientar que dependendo da extensão da infecção podem ocorrer complicações como, por exemplo, orqui-epidimite uni ou bilateral, diminuindo a fertilidade ou mesmo levando à esterelidade.

A gonorreia na mulher geralmente apresenta um quadro clínico oligossintomático, isto é, com poucos sintomas aparentes. Pode ocorrer pequeno corrimento leitoso, na maioria das vezes não percebido pelas mulheres, constituindo-se em portadoras assintomáticas. Quando não tratada, a infecção pode atingir as trompas e ovários, levando a casos de obstrução tubária e consequente infertilidade.

Não é frequente, mas pode ocorrer gonorreia disseminada quando não tratada. Nesse caso, pode haver desenvolvimento de uma bacteremia caracterizada por mialgia, artralgia, artrite assimétrica e lesões dermatológicas características. Ocasionalmente pode provocar endocardite e meningite.

Linfogranuloma venéreo

O lifogranuloma venéreo ou Doença de Nicolas-Favre-Durand é uma doença com transmissão exclusiva por via sexual, de evolução subaguda ou crônica, causada pela *Chlamydia trachomatis* L1, L2 e L3. O período de incubação é de uma a três semanas, após o qual aparece no local de penetração do parasita uma lesão fugaz e indolor. Duas a três semanas após o surgimento da lesão primária, instala-se uma adenite inguinal unilateral, às vezes bilateral, firme e pouco dolorosa que, gradualmente, passa a apresentar flutuação dolorosa. Essa lesão supura, eliminando material purulento por vários orifícios, com ou sem sangue, deixando cicatrizes retraídas ou queloideanas.

Quando a lesão não é tratada, a doença evolui para a fase terciária com manifestações tardias. No homem pode surgir lifodema no pênis e no escroto, e na mulher, hipertrofia vulvar denominada estiomene.

Ações de Vigilância em Saúde Ambiental em Doenças Relacionadas ao Solo Contaminado Biologicamente

O solo é a camada não consolidada da superfície terrestre, resultante do desgaste da rocha matriz por processos físicos, químicos e biológicos, sendo constituído por minerais, matéria orgânica viva e não-viva, água e ar. Esse substrato desempenha funções diversificadas e fundamentais, essenciais à vida terrestre, servindo de controle natural dos ciclos dos elementos e do fluxo de energia nos ecossistemas, atuando nas trocas entre os grandes biociclos. É no solo que os organismos terrestres se estabelecem e retiram os nutrientes essenciais ao seu funcionamento, sejam eles bactérias, protistas, fungos, plantas ou animais. Também é esse substrato que serve como reservatório de água doce subterrânea e a fornece para originar e manter rios, lagos e lagoas. Assim, se o solo estiver contaminado os organismos também estarão sujeitos ao fator contaminante. Ações de vigilância ambiental envolvem a detecção de áreas onde alguns organismos patogênicos são endêmicos e, nesse caso, a educação sanitária da população deve ser priorizada para que evite o contato direto da pele ou mucosas com o solo. Além disso, devem ser esclarecidas as possíveis formas de contaminação biológica e os cuidados básicos a fim de evitá-la. Em ambientes não contaminados biologicamente por patógenos, deve-se trabalhar preventivamente a educação sanitária da população local para que não se estabeleça o ciclo da doença. De qualquer modo, em ambas as situações o poder público deve investir em saneamento básico, uma vez que muitas das doenças relacionadas ao solo com contaminação biológica apresentam forma de transmissão fecal-oral.

Tétano

É uma doença infecciosa, não contagiosa, com distribuição mundial, letalidade elevada, causada pela ação de um componente proteico (a *tetanospasmina*) da exotoxina da bactéria *Clostridium tetani* sobre as células nervosas. Caracteriza-se por hipertonia da musculatura estriada, podendo ser ou não generalizada, intensificada sob estímulo luminoso, ·manuseio do paciente, tosse, micção, deglutição, etc., constituindo-se o espasmo ou convulsão tônica. O *C. tetani* é um bacilo esporulado e anaeróbio. Em condições ambientais adversas, a bactéria se apresenta sob a forma de esporo, que pode se manter viável por vários anos, e sob condições ambientais favoráveis, o esporo germina, adquirindo a forma vegetativa que é quando pode produzir a exotoxina. A bactéria é encontrada, sob a forma de esporo, na terra ou areia, espinhos e pequenos galhos de plantas, águas putrefatas, metais enferrujados e fezes humanas e de animais. A instalação da doença está relacionada com o contato da pele ou mucosa com uma solução contaminada por esporos e que apresente condições de anaero-

biose para possibilitar a germinação do esporo.

O tétano pode ser *neonatal* quando associado às condições não sépticas no parto e o tratamento inadequado do coto umbilical ou *acidental* relacionado à existência de uma ferida produzida por acidente, geralmente nos membros inferiores, sobretudo nos pés. O período de incubação pode variar de 24h a 30 dias, dependendo da cepa, do estado imunológico do paciente e do foco da infecção. Já o tempo de progressão, isto é, o período entre o surgimento dos primeiros sintomas e o espasmo tetânico varia entre 24 e 72h no tétano acidental e de 12 a 24h no tétano umbilical. O tratamento é específico, com a administração de soro antitetânico e antibióticos, e sintomático, com o uso de sedativos e músculo relaxadores.

A doença é consequência do contato do homem com o meio ambiente e está relacionada a diversos fatores de ordem social, econômica e educacional. A urbanização, a mecanização da agricultura, a melhoria do padrão de vida, a assistência higiênica ao parto e o tratamento adequado no coto umbilical mudaram a morbidade de doença. A profilaxia da doença corresponde primeiramente à imunização ativa (vacinação) dos indivíduos, além de procedimentos gerais inespecíficos que são úteis na prevenção de várias doenças como: 1) proteção dos membros inferiores por uso de calçados; 2) noções elementares de higiene; 3) cuidados médicos pós--acidente e 4) assistência obstétrica à gravidez e ao parto. A vigilância em saúde ambiental, nesse caso, atua diretamente na orientação da população.

Teníase

A teníase é uma parasitose intestinal causada pelos vermes trematódeos *Taenia solium* (tênia do porco) ou *Taenia saginata* (tênia do boi). São vermes achatados, com até doze metros de comprimento, cujo corpo é formado por uma "cabeça" (escólex), com estruturas para fixação à parede intestinal e um colo ligando o escólex às várias proglotes (para reprodução), que possuem tanto estruturas sexuais masculinas como femininas, logo são

132

animais hermafroditas. As tênias são popularmente conhecidas como solitárias, pois, geralmente, é encontrado apenas um verme adulto parasitando o intestino humano. O indivíduo parasitado, sendo criança apresenta atraso no desenvolvimento e no crescimento e se for adulto, baixa produtividade; pois uma quantidade importante dos nutrientes ingeridos pela pessoa é assimilada pelo verme. O verme adulto libera as últimas proglotes "grávidas" que saem juntamente com as fezes e, uma vez no ambiente podem ser ingeridas por porcos e gado bovino por meio de alimentos contaminados. No intestino dos porcos e dos bois, as larvas (cisticercos) atravessam a mucosa atingindo os vasos sanguíneos, distribuindo-se pelo organismo e alojando-se na musculatura estriada, língua, fígado, cérebro, etc. Porcos e bois com cisticercos apresentam a cisticercose ou "canjiquinha". O homem, quando come carne de porco ou de boi malcozida, ingere os cisticercos, que se desenvolvem em vermes adultos no seu intestino.

Algumas vezes, o homem pode apresentar a cisticercose, isso ocorre quando ingere alimentos contaminados com fezes contendo proglotes grávidas de tênia do porco. Existe tratamento, mas o melhor é evitar a ocorrência da teníase e da cisticercose. Para se evitar essas doenças parasitárias é importante que se tenha: 1) saneamento básico com tratamento de água e esgoto, evitando que os dejetos humanos cheguem ao ambiente e o contaminem, e assim sejam assimilados por animais ou absorvidos por vegetais; 2) educação sanitária da população, esclarecendo a importância da manipulação correta e cozimento adequado dos alimentos, bem como o desenvolvimento dos hábitos de higiene pessoal e 3) fiscalização de abatedouros, para controle da qualidade da carne a ser vendida. Um importante papel da vigilância em saúde ambiental se faz por meio da orientação da população, devendo atuar junto à vigilância sanitária na fiscalização de abatedouros.

Ancilostomose

A ancilostomíase, ancilostomose ou o popular amarelão, pode ser causada por dois tipos de vermes nematoides, o *Ancylostoma duodenale*, com predomínio na Europa, Ásia e Oriente e o *Necator americanus*, mais prevalente nas Américas. Ambos vivem fixados às vilosidades do intestino delgado, especialmente no duodeno, onde se alimentam de tecidos e de sangue, causando infecção intestinal e anemia. As fêmeas fecundadas depositam seus ovos na luz intestinal, sendo eliminados juntamente com as fezes. Ao atingirem o solo, se as condições de temperatura, umidade e oxigenação forem adequadas, as larvas rabditoides de primeiro estágio eclodem, alimentando-se de matéria orgânica em decomposição e bactérias presentes nas fezes durante cerca de dois a três dias, e então, sofrem uma muda passando ao segundo estágio e após alguns dias se transformam em larvas filarioides infectantes. As larvas filarioides penetram ativamente através da pele ou mucosa do hospedeiro, atingindo os pequenos vasos e passando à corrente circulatória. A partir daí chegam ao coração, pulmões, árvore brônquica, traqueia e tubo digestivo, até o intestino delgado, onde completam o ciclo e após seis a sete semanas começam a produzir ovos. Pode ocorrer infecção por via oral quando os ovos ou larvas são ingeridos junto com alimentos contaminados. O tratamento é feito com a administração de anti-helmínticos e a profilaxia obtida com saneamento básico e educação sanitária. É interessante ressaltar que Monteiro Lobato, por meio de seu personagem Jeca Tatu, retratou essa doença relacionando-a com as precárias condições sanitárias e de educação existentes no meio rural brasileiro. Infelizmente, ainda hoje, as condições sanitárias, muitas vezes, são inadequadas em muitas áreas rurais de alguns municípios brasileiros.

Estrongiloidíase

A estrongiloidíase é uma helmintose causada pelo nematielminte *Strongyloides stercoralis* que apresenta grande importância clínica devido a sua capacidade única de, em indivíduos imunodeprimidos, invadir tecidos extra-intestinais levando a quadros graves, potencialmente fatais. É uma espécie dimórfica, isto é, apresenta morfologia e fisiologia diferentes na forma parasitária e na forma de vida livre. A forma parasitária é constituída apenas por fêmeas partenogenéticas, que são capazes de gerarem ovos viáveis sem a ocorrência de fecundação, enquanto que na vida livre são encontrados tanto machos como fêmeas adultas. Ocorrem dois tipos de ciclo de vida; o homogônico ou direto, e o heterogônico ou indireto. No ciclo direto, as fêmeas partenogenéticas vivem nas porções altas do intestino delgado, "enterrradas" na mucosa onde depositam seus ovos. Os ovos são eliminados junto com as fezes, e no solo úmido se originam larvas rabditoides que se transformam em larvas filarioides infectantes. Essas larvas quando em contato com a pele ou mucosas do homem, penetram ativamente e atingem pequenos vasos, e pela circulação venosa são levadas ao coração direito. A partir do coração direito chegam às artérias pulmonares e aos capilares, penetrando nos alvéolos e atingindo a traqueia. São então levadas à nasofaringe por movimento ciliar e deglutidas, chegando ao duodeno, onde se transformam em fêmeas partenogenéticas e iniciam a oviposição. De modo geral, o ciclo direto, desde a penetração da larva até o início da oviposição dura cerca de duas semanas. No ciclo indireto ou heterogônico, as larvas rabditoides, eliminadas junto com as fezes sobre o solo úmido, sofrem quatro mudas, e após dois a cinco dias se transformam em machos ou fêmeas de vida livre. No ambiente ocorre a fecundação e as fêmeas fertilizadas colocam seus ovos sobre o solo, os quais originam larvas rabditoides que se transformam em larvas filarioides infectantes. Pode ocorrer também a autoinfestação dentro do próprio intestino, quando as larvas rabditoides se transformam em filarioides que penetram na mucosa intestinal e completam o ciclo pulmonar, ou ainda, as larvas filarioides resultantes de larvas rabditoides, presentes na região anal e perianal, penetram ativamente na pele e completam normalmente o ciclo. A autoinfestação pode explicar como o parasitismo por estrongiloides pode durar muitos anos. As manifestações clínicas da doença são bastante variáveis, dependendo do grau de infestação e do estado imunológico do paciente. O tratamento é feito à base de anti-helmínticos e as ações de vigilância em saúde ambiental podem ser realizadas com base em programas de saneamento básico e de educação sanitária. O uso de calçados evita a penetração da larva através da pele.

Ações de Vigilância em Saúde Ambiental em Doenças de Veiculação Hídrica

A qualidade da água e a saúde das populações estão intimamente relacionadas. Os dejetos gerados a partir das atividades domiciliares, comerciais e industriais necessitam ser coletados, transportados, tratados adequadamente e dispostos em locais próprios, de forma a não se tornarem uma ameaça ao meio ambiente e à saúde humana. A Figura 25.6 mostra uma situação real em córrego da cidade de São Paulo no ano de 2005, onde as ações descritas não foram adotadas. Nos países em desenvolvimento, a falta de um adequado sistema de coleta, de tratamento e de destino dos dejetos são importantes questões ambientais, sendo o problema acentuado nas regiões periféricas das áreas urbanas e nas áreas rurais, onde a população é composta, na maioria, por pessoas de baixa renda e pouco nível de escolaridade.

FIGURA 25.6 – Lixo inorgânico e lixo orgânico em ambiente aquático urbano, contribuindo para disseminação de doenças.

Outro aspecto de relevância se relaciona ao assentamento dos agrupamentos populacionais, sendo que o sistema de drenagem urbana se sobressai como um dos mais sensíveis dos problemas causados pela urbanização. A retenção da água na superfície do solo pode propiciar a proliferação de mosquitos responsáveis pela transmissão de várias doenças importantes. Além disso, a falta de um sistema de drenagem urbana apropriada pode trazer transtornos à população com inundações e alagamentos fazendo com que as águas a serem drenadas se misturem aos resíduos sólidos, esgotos sanitários e/ou fezes, possibilitando o surgimento de doenças como diarreias e leptospirose, entre outras.

Na zona rural, mais do que em cidades, várias são as possibilidades de fontes de abastecimento de água para consumo humano e animal como a água subterrânea obtida de aquíferos, fontes e poços (Figura 25.7), a água da chuva armazenada em açudes, barreiros e cisternas, a água superficial retirada de lagos, rios e córregos e, em algumas situações, a água do mar após a dessalinização. E, portanto, diferentes ações de vigilância em saúde ambiental devem ser adotadas para evitar doenças de veiculação hídrica.

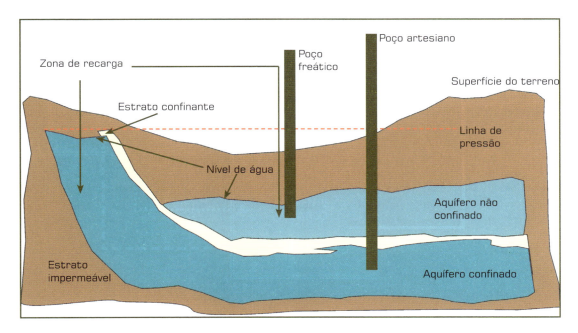

FIGURA 25.7 – A figura mostra, em função da linha piezométrica ou linha de pressão (linha pontilhada em vermelho), como se comportam os poços cavados pelo homem. No poço à direita (artesiano), a água sobe bem mais do que no do centro (freático), pois devido à presença de uma camada impermeável, está sob maior pressão hidrostática.

As ações de vigilância ambiental em doenças de veiculação hídrica envolvem, portanto, uma atuação no sentido de ampliar a rede de esgotamento sanitário, desde a coleta, tratamento e descarte final adequado. Também, passa pela educação sanitária da população, uma vez que, se os dejetos são dispostos de forma segura, os riscos de contaminação biológica da água tornam-se menores. Quanto à indústria e ao comércio, as ações de vigilância ambiental passam por uma fiscalização mais eficaz de modo a coibir o descarte de efluentes *in natura* no ambiente aquático.

Poliomielite

A poliomielite ou paralisia infantil é causada por um enterovírus pertencente à família

Picornaviridae, que apresenta elevada infectividade. O vírus é contraído por via oral e atinge a orofaringe e o tubo intestinal, onde inicia sua proliferação e, a partir daí, invade os tecidos linfáticos regionais e sistema reticuloendotelial. Em mais de 90% dos casos a infecção não é aparente, sem a presença de sintomas, em 5% ocorrem sintomas inespecíficos como febre, cefaleia, tosse, coriza e manifestações gastrointestinais e apenas uma pequena fração dos infectados desenvolve a forma paralítica da doença com sequelas de grau variado. A profilaxia é conseguida de modo eficaz por meio de vacinação, seja pela aplicação da vacina *Salk,* obtida de vírus inativados e administrada via intramuscular, ou pela aplicação da vacina *Sabin*, feita com vírus atenuados e administrada por via oral. O controle da doença é uma das histórias de sucesso da saúde pública. No Brasil, a partir de 1980, foram instituídos os dias nacionais de vacinação o que levou a uma diminuição abrupta do número de casos notificados de poliomielite, e desde 1990 não há isolamento do vírus. A vigilância em saúde ambiental deve atuar junto à vigilância epidemiológica, esclarecendo a população sobre a importância da imunização das crianças e divulgando os dias nacionais de vacinação, uma vez que existem vacinas eficazes e seguras.

Hepatite A

A hepatite A ou hepatite infecciosa é uma infecção aguda causada pelo VHA (vírus da hepatite A), da família *Picornaviridae*, cuja principal via de contágio é fecal-oral através da ingestão de água ou alimentos contaminados com fezes de indivíduos doentes, ou diretamente de uma pessoa à outra, sendo comum entre crianças que ainda não tenham aprendido noções de higiene, entre os que residem em mesmo domicílio ou parceiros sexuais de pessoas infectadas. A transmissão através de transfusões, uso compartilhado de seringas e agulhas contaminadas é pouco comum, ao contrário das infecções pelo HIV (vírus da AIDS) e pelo vírus da hepatite B. O ser humano é o único hospedeiro natural do vírus

da hepatite A e, uma vez infectado, torna-se imune permanentemente contra a doença. Dez dias depois de uma pessoa entrar em contato com o vírus, desenvolvendo ou não a manifestação da doença, passa a eliminá-lo nas fezes durante cerca de três semanas. O período de incubação pode variar entre quinze e cinquenta dias. O início dos sintomas é súbito, em geral com febre baixa, cansaço, mal-estar, perda do apetite, sensação de desconforto no abdome, náuseas e vômitos. Após alguns dias, pode surgir icterícia caracterizada pela cor amarelada da pele e dos olhos, as fezes podem então ficar amarelo-esbranquiçadas e a urina castanho-avermelhada. Em crianças, a icterícia desaparece entre oito e onze dias, e nos adultos em duas a quatro semanas. A evolução da doença em geral não ultrapassa dois meses. A recuperação é completa, o vírus é totalmente eliminado do organismo. Em adultos a doença pode ser mais grave do que em crianças, principalmente em pessoas com mais de quarenta anos. Em alguns casos, a doença pode evoluir para uma forma fulminante e fatal. A confirmação do diagnóstico é importante para a diferenciação com outros tipos de hepatite e para adoção de medidas que reduzam o risco de transmissão. A hepatite A não tem tratamento específico, as medidas terapêuticas recomendadas visam reduzir os incômodos causados pelos sintomas. A hepatite A é uma doença de distribuição mundial, estando o risco relacionado à infraestrutura de saneamento básico e o nível socioeconômico da população. Em regiões menos desenvolvidas, geralmente, as pessoas são expostas ao vírus da hepatite A em idade precoce e a maioria dos adultos, portanto, é imune à doença. Com a melhoria das condições sanitárias, a hepatite A deixou de ser frequente e, por esse motivo, grande parte da população adulta é suscetível à infecção. O Brasil tem risco elevado para a hepatite A, em razão de condições deficientes ou inexistentes de saneamento básico mesmo nos grandes centros urbanos. A profilaxia da hepatite A pode ser feita pela melhoria das condições de saneamento básico, educação sanitária e vacinação da população. A utilização de água clorada ou fervida, o consumo de alimentos cozidos preparados adequadamente, desenvolvimento dos hábitos de higiene como lavar as mãos com água e sabão antes das refeições e evitar o consumo de bebidas e qualquer tipo de alimento adquirido em locais com precárias condições de higiene são medidas eficazes na prevenção da doença.

Amebíase

Várias espécies de amebas podem ser encontradas no homem, sendo a *Entamoeba histolytica* de especial importância médica. Esse protista tem ampla distribuição geográfica, sendo mais frequente em populações de baixo nível socioeconômico, nas zonas tropicais e subtropicais. O indivíduo adquire os microrganismos por meio da ingestão dos cistos maduros presentes na água e alimentos contaminados. Os cistos passam pelo estômago, sem que sejam atacados pelo suco gástrico, e chegam ao intestino delgado onde ocorre o desencistamento seguido de divisões celulares que originam as formas trofozoítas que migram para o intestino grosso e o colonizam. Na maioria das vezes, os trofozoítos permanecem aderidos à mucosa alimentando-se de bactérias e de detritos orgânicos. Sob condições adversas podem se desprender da mucosa e sofrer encistamento, sendo os cistos eliminados com as fezes. Os trofozoítos também podem invadir a mucosa intestinal causando úlceras, dentro das quais se multiplicam, e passar a se alimentar de sangue. O tratamento é feito com a administração de amebicidas e as ações de vigilância em saúde ambiental envolvem o desenvolvimento de programas de saneamento básico e de educação sanitária da população.

Giardíase

A giardíase é uma infecção encontrada no mundo todo, principalmente em crianças até dez anos de idade, provavelmente devido à falta de hábitos de higiene nessa idade. Altas prevalências são encontradas em regiões tropicais e subtropicais e entre pessoas de baixo nível socioeconômico. A infecção é causada pelo protista flagelado *Giardia lambia*, organismo unicelular que necessita de apenas um hospedeiro para completar seu ciclo vital. Os parasitos são ingeridos sob a forma de cistos, ocorrendo o início do desincistamento no estômago e finalização no duodeno e jejuno, onde ocorre a colonização lesando a mucosa intestinal e dificultando a absorção de alguns nutrientes pelo hospedeiro. Muitas das infecções causadas por *Giardia lambia* são assintomáticas, embora em alguns pacientes possam se apresentar sob forma aguda, provocando diarreia do tipo aquosa, explosiva, de odor fétido, acompanhada de gases e dores abdominais. Essa fase aguda, geralmente, dura poucos dias e, então, os sintomas regridem cronificando a doença. Alguns indivíduos se tornam portadores assintomáticos, outros podem apresentar recorrência dos sintomas da fase aguda por breves períodos. A via normal de transmissão é a ingestão de cistos maduros presentes em águas superficiais contaminadas sem tratamento ou deficientemente tratadas, alimentos contaminados, principalmente verduras cruas e frutas mal lavadas, de pessoa a pessoa por meio de mãos contaminadas e atividade sexual entre homens homossexuais. O cisto pode resistir por até dois meses no meio externo se as condições de umidade e temperatura forem adequadas. É importante salientar que o cisto é resistente ao processo de cloração da água e que sobrevive durante muito tempo embaixo das unhas. Deve ser lembrado também que a giardíase é, muitas vezes, encontrada em ambientes coletivos como creches, internatos e enfermarias onde o contato entre as pessoas é frequente e as medidas de higiene difíceis de serem adotadas. Outro aspecto importante é o fato de que os manipuladores de alimentos podem ser importantes fontes de infecção. Portanto, a profilaxia dessa doença baseia-se na educação sanitária e saneamento básico. Isto é, conscientização da população, higiene pessoal, manipulação correta e proteção dos alimentos, capacitação profissional e, principalmente, tratamento adequado da água.

Criptosporidiose

A criptosporidiose é causada pelo protista esporozoário coccídio *Cryptosporidium spp*, parasita intracelular das células epiteliais dos tratos respiratório e digestivo. Diferente dos demais coccídios, o criptosporídio é monogenético, completando todo seu ciclo vital em um único hospedeiro. O microrganismo foi considerado comensal até 1955, e até 1982 não era tido como patógeno humano importante. Mas depois da comprovação de sua participação como agente etiológico em casos de diarreias graves em pacientes com AIDS, no início da década de oitenta, passou a ter reconhecida sua importância entérica em saúde pública. O parasito infecta as células do epitélio respiratório e do epitélio digestivo de animais e de seres humanos, podendo ser transmitido de animais para humanos, de humanos para animais e de humanos para humanos, sendo esta a forma mais importante de transmissão, responsável pelos surtos em escolas e hospitais e pela disseminação entre as pessoas no mesmo domicílio. A infecção ocorre pela ingestão de oocistos maduros presentes na água contaminada. Os oocistos ingeridos liberam, após a digestão de suas paredes, quatro trofozoítos que se instalam na borda das células epiteliais, onde passam a se multiplicar. A doença foi descrita em todos os continentes acometendo tanto indivíduos imunodeprimidos quanto imunocompetentes, sendo nesse caso mais comum em crianças até dois anos de idade. Após sete a dez dias do contágio podem surgir os primeiros sintomas, uma vez que muitas vezes a infecção é assintomática. Os sintomas típicos compreendem diarreia, que dura aproximadamente duas semanas, sendo que nos indivíduos imunocompetentes a infecção, geralmente, é autolimitada. Em indivíduos imunodeprimidos podem ocorrer diarreias severas e até comprometimento do trato biliar. Não há, até o momento, tratamento específico para a criptosporidiose. Um aspecto importante a ser lembrado é o fato de o protista sobreviver longos períodos de tempo em ambientes úmidos e frios e ser resistente à cloração e ozonização da água. Essas características fazem da água um importante foco de infecção. A vigilância ambiental pode atuar na profilaxia da doença orientando a população, mas, principalmente, no cadastro e controle das piscinas de uso coletivo, uma vez que, hoje, tem aumentado a frequência da população a esses locais de lazer, especialmente no verão.

Ascaridíase

Essa helmintose é causada pelo nematielminte *Ascaris lumbricoides* e está presente em quase todos os países do globo. Os vermes adultos, machos e fêmeas, habitam o intestino delgado alimentando-se dos nutrientes obtidos a partir da digestão dos alimentos ingeridos pelo hospedeiro. Como são animais relativamente grandes, medindo de 10 a 15cm de comprimento, e às vezes em número elevado, podem levar a quadros de desnutrição, especialmente em crianças. Os vermes irritam a parede do intestino e quando em número elevado podem causar obstrução intestinal (Figura 25.8). Além disso, eles podem ser encontrados em outros locais como no apêndice cecal, no canal colédoco, na boca e nas narinas quando a carga parasitária é grande ou sofre alguma ação irritativa. O homem adquire a doença ingerindo ovos presentes na água ou nos alimentos contaminados. No intestino delgado, os ovos eclodem liberando as larvas que atravessam a parede intestinal e caem nos vasos sanguíneos e linfáticos invadindo o fígado e depois o coração direito. Do coração direito migram para o pulmão rompendo os capilares e caindo nos alvéolos de onde sobem pela árvore brônquica e pela traqueia, atingindo a faringe e sendo, então, deglutidos. Passam pelo estômago, resistindo à ação do suco gástrico, e chegam ao intestino delgado onde se transformam em adultos jovens. Em cerca de sessenta dias após a infecção, os vermes atingem a maturidade sexual e os ovos podem ser encontrados nas fezes. O tratamento é feito com a administração de anti-helmínticos. Como nas doenças de veiculação hídrica descritas anteriormente, as ações de vigilância em saúde ambiental envolvem desenvolvimento de programas de saneamento básico e de educação sanitária da população.

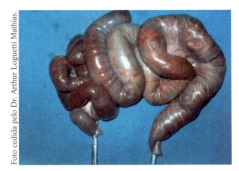

FIGURA 25.8 – Fotografia de intestino humano com vermes em seu interior. Notar as estrias esbranquiçadas que correspondem aos vermes presentes na luz intestinal.

Esquistossomose

A doença é causada pelo verme platielminto trematódeo *Schistosoma mansoni*, sendo a água o veículo de transmissão. A esquistossomose é caracterizada por uma fase aguda, que muitas vezes passa despercebida, e outra crônica, na qual podem aparecer as formas graves, comumente como hipertensão porta ou pulmonar. Das cinco espécies de esquistossomos, somente o *S. mansoni* existe nas Américas e acredita-se que tenha sido introduzido com o tráfico de escravos africanos. O verme é dioico, isto é, os sexos são separados, existindo um verme macho e um verme fêmea, sendo esta maior e mais delgada, e o macho, menor e portador de um sulco ventral, onde se aloja a fêmea, denominado *canal ginecóforo*.

Os esquistossômulos vivem no sistema porta intra-hepático, onde se fixam às paredes dos vasos por meio de ventosas e se alimentam de sangue. Na fase adulta, os vermes se acasalam e se dirigem ao sistema venoso do intestino no nível do reto e do sigmoide para a postura dos ovos, sendo que nas infecções mais graves se estende por todo o intestino delgado. É importante salientar que apenas uma fêmea pode colocar mais de um milhão de ovos por dia. Após a postura, os ovos passam por quatro estágios até a fase de amadurecimento, levando um dia para atingir o segundo estágio, dois dias para atingir o terceiro, mais dois dias para o quarto estágio e mais um dia para se tornar maduro. Nessa etapa, se o ovo não for eliminado para a luz intestinal, pode permanecer vivo durante doze dias. No interior do ovo eliminado com as fezes do hospedeiro, o miracídio (larva) pode permanecer vivo por vários dias, dependendo das condições de luz, temperatura ambiental e qualidade da água. Quando a água penetra no ovo ocorre uma transformação e o miracídio é liberado na água, onde permanece ativo durante várias horas até encontrar o molusco apropriado, do gênero *Biomphalaria spp*, comum em valas e remansos dos córregos não muito poluídos, e penetrar em seu organismo. O corpo do molusco irá se transformar em esporocisto primário ou materno em cerca de dois dias. No interior do esporocisto primário, as células germinativas se multiplicam e os esporocistos filhos ou secundários começam a aparecer a partir do quarto dia, migrando entre o 18º e o 20º dia para a glândula digestiva do molusco. Entre vinte e trinta dias, após a penetração do miracídio, os moluscos começam a eliminar as cercárias. Os caramujos podem reagir à infecção, muitos morrem, mas outros se curam espontaneamente. As cercárias eliminadas dos caramujos nadam e podem sobreviver de um a três dias. É interessante lembrar que as cercárias provenientes de um único caramujo são sempre do mesmo sexo, uma vez que são descendentes de um miracídio.

Quando as cercárias entram em contato com a pele ou mucosas de um indivíduo, elas se fixam, e com movimentos ativos e auxílio de substâncias líticas levam de dois a quinze minutos para penetrarem no corpo do organismo hospedeiro. No local da penetração das cercárias pode haver eritema (vermelhidão da pele devido à vasodilatação dos capilares), edema (acúmulo de líquido nos tecidos, vulgarmente conhecido como inchaço), pápula (pequena elevação sólida e limitada na pele) ou flictema (vesícula cheia de serosidade geralmente transparente que se acumula sob a epiderme, popular "bolha"), causando irritação localizada. Após a penetração, as cercárias se dirigem aos vasos linfáticos e sanguíneos. Um dia depois podem ser encontradas nos pulmões, e com nove dias os esquistossômulos, formas desenvolvidas a partir das cercárias, são vistos no fígado, alimentando-se de sangue. Em torno do 27° dia já apresentam a forma adulta e se acasalam, sendo que a postura dos ovos se inicia no 30° dia.

As lesões são derivadas tanto da agressão direta dos vermes como da resposta imune do hospedeiro ao parasito, aos seus ovos e aos produtos de excreção. A propagação da doença depende da presença do indivíduo infestado eliminando ovos nas fezes, da existência do hospedeiro intermediário e do contato de pessoas suscetíveis com água contendo cercárias. Como os caramujos podem resistir à dessecação por vários meses, há a possibilidade de serem transportados a grandes distâncias por mamíferos e aves, merecendo assim uma atenção especial no controle dessa doença. As ações de vigilância em saúde ambiental da doença se baseiam no desenvolvimento de programas de saneamento básico e de educação sanitária da população, bem como na adoção de procedimentos de controle das populações do caramujo.

Ações de Vigilância em Saúde Ambiental na Qualidade da Água para Consumo Humano

Os recursos hídricos constituem uma peça importante no desenvolvimento das ações da saúde e ambiente, uma vez que a água é necessária à vida, agropecuária e geração de energia, assim como devem estar relacionados com a veiculação de inúmeras enfermidades. Além disso, intervenções no campo do aproveitamento hidráulico como barragens, hidrovias, aduções e irrigação acarretam impactos ambientais e à saúde humana no aumento da incidência de algumas doenças. Uma gestão de recursos hídricos eficaz deve se basear em políticas e estratégias claras, além de mecanismos efetivos para proteger os corpos d'água da poluição e limitar os conflitos decorrentes de seu uso.

Diversas são as fontes de abastecimento de água, desde simples poços rasos até açudes de grande porte. No caso de poços rasos, onde a água provém do lençol freático, é importante a ação da vigilância ambiental no sentido de prevenir a possibilidade de contaminação por coliformes fecais, orientando qual a distância mínima que o poço deve estar da fossa seca e o tratamento periódico da água, para evitar a contaminação, utilizando uma espécie de filtro composto por hipoclorito de cálcio e areia lavada de rio. Em muitas regiões a água da chuva é a mais barata e disponível opção, nesse caso deve ser lembrado que, de modo geral, em áreas rurais, essa água é de ótima qualidade e pode ser consumida diretamente após uma simples cloração. Nos grandes centros metropolitanos, a qualidade da água da chuva pode estar comprometida devido à presença de poluentes atmosféricos. A captação da água da chuva pode ser feita por meio de açudes, barreiros, cisternas e cacimbas, ou até mesmo em recipientes menores, desde que utilizados para essa finalidade. Os maiores problemas da captação de água da chuva, especialmente em grandes volumes são: a) a grande perda de água por evaporação, especialmente se a superfície do coletor apresentar extensão significativa quando nesse caso pode corresponder a mais de $2m^3$/ano de perda; b) a contínua salinização relacionada principalmente à evaporação e c) o acesso de animais. Já as soluções individuais como o barreiro, que ocupa pequena área e não possui estruturas hidráulicas como nos grandes açudes, e a cacimba, menor ainda que o barreiro, que usa normalmente uma depressão nas rochas cristalinas garantindo melhor qualidade da água, não apresentam os problemas citados de forma tão acentuada.

O Sistema de Informação de Vigilância da Qualidade da Água para Consumo Humano (SISAGUA) é um programa nacional com o objetivo de coletar, registrar, transmitir e divulgar os dados gerados a partir das ações de rotina desenvolvidas em nível local municipal para vigilância e controle da qualidade da água para consumo humano. É importante lembrar que por consumo humano se entende a utilização para dessedentação, preparo de alimentos, lavagem do corpo, e outros usos cuja água entre em contato direto com o indivíduo.

O SISAGUA se divide em três módulos. O primeiro corresponde ao cadastro de todos os sistemas oficiais e regulares de abastecimento da água e das soluções alternativas, tanto coletivas quanto individuais. O controle, segundo módulo, alimenta o sistema com informações do monitoramento da qualidade da água nos sistemas oficiais e regulares de abastecimento e nas soluções alternativas coletivas e individuais. Nesse tópico é importante destacar a qualidade da coleta e análise das amostras, uma vez que coletas realizadas sem atender os procedimentos corretos a cada tipo de análise, física, química ou biológica e as metodologias analíticas inadequadas podem produzir resultados que não irão refletir a real qualidade da água. O credenciamento de laboratórios em órgãos regulamentadores como, por exemplo, o INMETRO, é uma alternativa que visa aumentar a credibilidade dos resultados apresentados. E o terceiro módulo, a vigilância, analisa os resultados das coletas realizadas em nível local municipal elaborando relatórios da qualidade da água para divulgação à população consumidora.

A avaliação da qualidade da água para consumo humano envolve o levantamento dos aspectos físicos e de mecanismos de detecção da possível presença de contaminantes, biológicos ou químicos, a partir de análises laboratoriais de amostras coletadas em campo, tanto no sistema oficial e regular de abastecimento quanto nas soluções alternativas utilizadas pela população. O cadastro do sistema fornecedor de água e das soluções alternativas e o estabelecimento da periodicidade das coletas e análises a serem realizadas são atribuições dos municípios com orientações tecnológicas dos níveis estaduais e do nível federal. Essas atividades devem ser realizadas para que haja um efetivo monitoramento da qualidade da água para consumo humano.

Uma vez cadastrados e monitorados os sistemas de fornecimento de água, os dados coletados, periodicamente, devem ser analisa-

dos e os resultados e conclusões enviadas ao nível central para avaliação em nível de Estado e de Federação. As informações centralizadas são essenciais para o efetivo estabelecimento de um programa nacional de controle da qualidade da água para consumo humano.

Ações de Vigilância em Saúde Ambiental na Qualidade do Ar nas Cidades e nas Áreas Rurais

Dos recursos naturais, no ar é mais difícil de perceber a poluição por estar no estado gasoso e ser incolor. Nem sempre os poluentes atmosféricos são facilmente observáveis. Pode-se afirmar que o ar está poluído quando a concentração de substâncias presente na atmosfera for nociva à saúde humana, aos materiais produzidos pelo homem, à fauna e à flora. Os processos de urbanização e industrialização das cidades são fatores importantes na qualidade do ar, uma vez que há maior liberação de gases e de material particulado na atmosfera, que é um meio propício à disseminação de agentes físicos, químicos e biológicos. Embora as cidades sejam relacionadas à atmosfera poluída, deve ser salientado que em muitas áreas rurais a poluição do ar é um problema de saúde pública. Enquanto nas cidades a poluição atmosférica se deve à presença de indústrias e o intenso tráfego de veículos automotores, nas áreas rurais está associada a queimadas, na maioria das vezes, irregulares para limpeza do solo ou outras finalidades agrícolas. Por exemplo, no interior do Estado de São Paulo, nas regiões de cana-de-açúcar, a queima da palha em determinadas épocas do ano, embora coibida legalmente, faz com que a poluição atmosférica chegue a níveis que comprometem a saúde da população. De modo geral, os períodos de maior evidência da poluição atmosférica são aqueles em que o ar está seco, o que resulta no aumento das manifestações de doenças relacionadas ao sistema respiratório.

A vigilância em saúde ambiental da qualidade do ar nas cidades e nas áreas rurais busca entender, minimizar e prevenir os agravos à saúde decorrente da poluição atmosférica, seja de fontes fixas como indústrias, seja de fontes móveis como os veículos automotores e também daquela originada a partir de queimadas. Para isso é necessário localizar os pontos onde a qualidade do ar é pior e procurar identificar as causas desse quadro. Também é importante o estabelecimento de rotinas nos serviços de saúde para identificação dos problemas relacionados à poluição atmosférica. O cruzamento das informações referentes às fontes poluidoras com os sintomas apresentados pelos pacientes é uma importante fonte de dados que não deve ser menosprezada, embora o estabelecimento de nexo causal nem sempre seja simples.

Na vigilância em saúde ambiental da qualidade do ar, primeiramente, a atuação da vigilância deve estar focada em áreas onde as populações estejam expostas a grandes fontes de emissões atmosféricas potencialmente poluidoras como as regiões metropolitanas, os centros industriais, as mineradoras e as áreas sob influência de queimadas e de incêndios florestais, estas duas específicas para áreas rurais; seguidas das áreas com fontes de emissões atmosféricas mais pontuais como comércio de alimentos que utilizam fornos à lenha, locais de armazenamento de combustíveis ou solventes voláteis, entre outros, no caso das áreas metropolitanas.

As ações de vigilância ambiental na qualidade do ar envolvem: 1) criação de normas e de procedimentos no setor ambiental e de saúde, visando promover a saúde da população frente aos agravos derivados da poluição atmosférica; 2) avaliação dos padrões de qualidade do ar, segundo padrões nacionais estabelecidos pelas resoluções federais ambientais; 3) diagnóstico da situação ambiental e de saúde local a partir do conhecimento do território e das atividades urbanas ou agrícolas estabelecidas; 4) identificação e seleção de indicadores ambientais atmosféricos e de saúde associados à qualidade do ar; 5) definição dos grupos-alvo para vigilância da qualidade do ar e 6) desenvolvimento de um programa de educação da população, que muitas vezes envolve

informações simples como, por exemplo, evitar a prática de esportes ao longo de avenidas movimentadas, em dias mais secos não praticar exercícios físicos das 11 às 15h, em ambientes com muitas pessoas estimular a ventilação natural, entre outras. A identificação e a seleção de bioindicadores ambientais quanto à poluição atmosférica já possuem alguns estudos promissores relacionados a vegetais de algumas espécies do gênero *Tradeschantia*, que apresenta alterações genéticas quando exposta a condições de poluição do ar. Ainda, é possível utilizar o estabelecimento e a proliferação de liquens como biomonitores de áreas poluídas por óxidos de enxofre e de nitrogênio, que são os principais responsáveis pela formação de chuva ácida e acidificação do ambiente. É importante destacar que um *organismo bioindicador* deve assimilar o poluente e fazer parte de uma cadeia alimentar conhecida, sendo possível verificar a ocorrência de magnificação trófica, ao passo que um *organismo biomonitor* é capaz de assimilar o poluente, mas não faz parte de uma cadeia trófica conhecida. A seleção de indicadores de saúde relacionados à poluição atmosférica nem sempre é tarefa fácil, pois muitas vezes os indivíduos afetados não são atendidos em unidades de saúde próximas às suas residências, ou aos locais de trabalho ou ainda aos seus locais de estudo onde, geralmente, permanecem a maior parte do dia. Assim, um determinado quadro clínico associado à má qualidade do ar nem sempre reflete a qualidade atmosférica do local onde o indivíduo foi atendido.

Postos de monitoramento da qualidade do ar colocados em pontos estratégicos de uma cidade visam obter um panorama geral da área urbana, mas não necessariamente as características específicas locais, em função do próprio comportamento da circulação atmosférica, sendo o ideal a realização de medições em pontos específicos selecionados a partir de indicadores de saúde estabelecidos previamente. Já nas áreas rurais, não se tem conhecimento de estações de medição de poluição atmosférica em locais onde há maior probabilidade de ocorrência de queimadas.

Programas para desestimular o uso de veículos automotores particulares nas grandes cidades têm sido destacados como forma de diminuir a emissão de poluentes a partir de fontes móveis para a atmosfera. Muito se tem discutido sobre a importância de ampliar o uso de transporte coletivo, especialmente sobre trilhos elétricos, a fim de minimizar a poluição atmosférica oriunda de fontes móveis. Outro mecanismo importante é a fiscalização dos veículos automotores seguindo a legislação vigente para limites de emissões, para garantir a minimização na liberação de material particulado e óxidos de nitrogênio e de enxofre para a atmosfera.

A realização de estudos e de pesquisas de interesse na área deve ser estimulada, visando identificar possíveis organismos indicadores e monitores para selecionar os mais indicados. Além disso, é essencial que haja estímulo a pesquisas que visem o desenvolvimento de tecnologias mais limpas e seguras ambientalmente quanto à emissão de poluentes atmosféricos. Também é importante que se proponham metodologias, nas áreas rurais, de aproveitamento do solo e dos restos de culturas anteriores que não seja a queimada.

Ações de Vigilância em Saúde Ambiental na Qualidade do Solo nas Cidades

A qualidade do solo envolve tanto aspectos biológicos quanto físicos e químicos, podendo este apresentar contaminação por diferentes agentes. Os contaminantes biológicos estão mais diretamente relacionados com a transmissão de algumas verminoses. Já a contaminação química é mais difícil de ser detectada, e suas consequências, nem sempre conhecidas, podem ser bastante severas. Uma área contaminada pode ser definida como um local ou terreno onde exista comprovadamente poluição ou contaminação causada pela introdução de quaisquer substâncias ou resíduos que tenham sido depositados, acumulados, transportados, armazenados, enterrados ou infiltrados no local, seja de forma planejada, seja de forma acidental. As substâncias contaminantes ou poluentes podem se encontrar na subsuperfície do solo ou de sedimentos, em rochas ou materiais usados para aterrar, bem como nas zonas não saturada e saturada do solo. Além disso, podem ser encontradas também nos pisos, paredes e outras estruturas das construções humanas.

Outro aspecto de importância é o fato de que alguns contaminantes podem ser transportados de seu local de origem para outros ambientes. Através de arraste sobre a superfície do solo (*"run off"*) e da lixiviação no perfil do solo podem ser transferidos e movimentarem-se nos sistemas aquáticos superficiais e subterrâneos, causando contaminação do ambiente aquático e atuarem sobre a biota, especialmente os organismos bentônicos, que devido ao seu lento (ou ausente) deslocamento apresentam maior contato com sedimento de leitos de rios e lagos contaminados com o composto. Os contaminantes também podem atingir áreas vizinhas por deriva resultante da volatilização e através da erosão e deslocamento de partículas do solo para outras áreas. Os vegetais, mas principalmente os animais também podem atuar no processo de transferência, pois ao se deslocarem no espaço físico transferem o composto para outras regiões, seja por meio do contato com a vegetação ou com presas contaminadas pelo ambiente. Dessa forma, atingindo locais, muitas vezes, distantes do foco original da contaminação.

As substâncias químicas contaminantes podem ainda sofrer alterações físicas ou químicas em função das condições ambientais e da atuação da biota e, dessa maneira, transformarem-se em substâncias com outras características e comportamento. Algumas vezes, os produtos de degradação de uma determinada substância podem ser mais tóxicos e persistentes do que aquela que lhe deu origem. Tanto o contaminante original como seus produtos de degradação química e biológica devem ser avaliados quanto ao comportamento no ambiente edáfico.

Na avaliação do comportamento de uma

substância em relação à degradação é importante salientar a necessidade do conhecimento de suas características físicas e químicas, assim como as condições ambientais e meteorológicas do ambiente no qual se encontra presente. Entre as características físicas e químicas de maior interesse da substância pode-se destacar o ponto de fusão, o ponto de ebulição, a constante de dissociação e a capacidade de adsorção/dessorção, a polaridade e a hidrossolubilidade, entre outras. O ponto de fusão da substância está relacionado com o potencial de espalhamento no ambiente, pois determina o seu estado físico. Substâncias com baixo ponto de fusão apresentam uma tendência maior de espalhamento pelo ambiente do que aquelas com ponto de fusão mais elevado. Assim, quanto mais liquefeita a substância, maior a tendência ao espalhamento pelo ambiente. O ponto de fusão apresenta relação direta com o ponto de ebulição, pois este relaciona-se com a pressão de vapor, isto é, com o grau de volatilização. Quanto mais baixo o ponto de fusão maior a volatilidade da substância e maior seu potencial de contaminação atmosférica e transporte para outras áreas. A constante de dissociação em água afeta processos de transferência da substância do ambiente aquático para o ar e para o solo, já a capacidade de adsorção e de dessorção da substância permite estimar a partição e a lixiviação no solo ou no sedimento, bem como a sua persistência no ambiente. Substâncias com taxa de adsorção superior à taxa de dessorção tendem a apresentar maior persistência ambiental. Em relação à polaridade e a hidrossolubilidade, quanto mais polar for a substância, maior será sua capacidade de ser distribuída através do ciclo hidrológico e ser mais facilmente dessorvida do solo, o que dificulta a volatilização a partir das águas superficiais. Por outro lado, substâncias lipossolúveis mostram uma tendência à bioacumulação e magnificação trófica.

As ações de vigilância ambiental na qualidade do solo nas cidades envolvem detecção de áreas com solo possivelmente contaminado, geralmente a partir de atividades industriais ou deposição inadequada de lixo, identificação e quantificação do contaminante no ambiente edáfico, avaliação do comportamento do contaminante e de seus produtos de degradação, elaboração de diretrizes para identificação de áreas com populações expostas a solo contaminado, desenvolvimento de metodologia de avaliação de risco à saúde humana, informação à sociedade sobre os riscos decorrentes da exposição humana ao solo contaminado e o desenvolvimento de pesquisas na área.

Ações de Vigilância em Saúde Ambiental em Desastres Naturais

A urbanização desordenada, o empobrecimento das populações urbana e rural, a degradação do meio ambiente causada pelo manejo inadequado dos recursos naturais e o baixo investimento em infraestrutura levam a mudanças ambientais que muitas vezes estão relacionadas direta ou indiretamente a desastres naturais. Não que esses fatores sejam a causa direta dos desastres, mas podem atuar sobre as características ambientais, perturbando-as a ponto de se tornarem mais suscetíveis às intempéries. O desmatamento aliado à exposição do solo nu em encostas facilita o deslizamento de terra. A extensa impermeabilização do solo e a deficiência na captação e no escoamento das águas da chuva incrementam as enchentes e alagamentos. Assim, de modo geral, as condições de risco que favorecem a ocorrência de desastres naturais em determinadas áreas são previsíveis e o seu reconhecimento prévio possibilita às comunidades se prepararem para evitar, minimizar ou enfrentar esses riscos, bem como facilitar o uso racional de recursos no setor saúde.

Os desastres naturais podem afetar a saúde humana sob vários aspectos. Podem danificar a infraestrutura local de saúde, congestionando os serviços locais de saúde e alterar a prestação de serviços de rotina e ações preventivas, provocando um número inesperado de mortes, ferimentos ou enfermidades. Podem também interferir com os sistemas de distribuição de água, dos serviços de limpeza urbana e de esgotamento sanitário, favorecendo a proliferação de vetores, além de causar escassez de alimentos com graves consequências nutricionais, provocando deslocamentos espontâneos da população em busca de melhores condições, aumentando o risco da dissipação de doenças transmissíveis. Esse quadro aliado ao risco do desastre em si pode comprometer o comportamento psicológico e social da população afetada.

As ações de vigilância em desastres naturais envolvem: 1) elaboração de mapas de risco à saúde humana relacionados aos desastres naturais; 2) atribuição à real prioridade do licenciamento ambiental de empreendimentos que geram impactos na infraestrutura urbana; 3) definição de normas e limites de tolerância para os diferentes impactos à saúde humana; 4) elaboração de planos de contingência; 5) organização dos serviços de saúde para a atuação em emergências e desastres; 6) estabelecimento de sistema de comunicação de alerta antecipado para o monitoramento das ameaças e 7) o desenvolvimento de programas de capacitação e educação em gestão de risco para funcionários públicos, de empresas de segurança e líderes comunitários. Os desastres naturais podem não ser impedidos, mas suas consequências ambientais e à saúde humana podem ser minimizadas.

Ações de Vigilância em Saúde Ambiental na Contaminação por Substâncias Químicas nas Cidades

Esse é um campo bastante amplo e que envolve conhecimento de diferentes áreas, uma vez que a todo o momento o ambiente e a população estão expostos a substâncias químicas diversas. Portanto, as ações de vigilância têm como preocupações básicas normalizar e acompanhar a produção, a comercialização, o uso, o armazenamento, o transporte, o manuseio e o descarte de substâncias químicas presentes nos materiais e resíduos domésticos, comerciais e industriais. Entre a gama de substâncias químicas às quais as populações estão expostas, o Ministério da Saúde elegeu como prioritárias, pela sua periculosidade, o asbesto, o benzeno, o mercúrio, o chumbo e os agrotóxicos.

Embora os efeitos do asbesto ou amianto sobre a saúde humana sejam conhecidos há muito tempo, as evidências clínicas e epidemiológicas remontam ao início do século XX. Asbesto é o nome de um grupo de seis materiais fibrosos, cinco do grupo dos anfibólios (amosita, crocidolita, antofilita, actinolita e tremolita) e um do grupo das serpentinas (crisotila) que ocorrem naturalmente no ambiente e são utilizados em uma ampla variedade de produtos, principalmente na construção civil e materiais têxteis termorresistentes. Estão implicados na ocorrência de câncer e outras doenças como, por exemplo, a asbestose. O risco de desenvolvimento dessas doenças apresenta relação direta com o tempo de exposição e com a concentração do composto. As fibras de asbesto geralmente não se degradam em outros compostos, não se volatilizam nem se dissolvem na água, mas fragmentos pequenos podem entrar na atmosfera e na água pela erosão dos depósitos naturais e pelo desgaste dos produtos manufaturados e, assim, as fibras de pequeno diâmetro podem ser inaladas. Em muitos países o uso do asbesto foi proibido. As fibras inaladas depositam-se no parênquima pulmonar levando a uma difusa fibrose alveolar, causando redução no volume pulmonar que interfere com as trocas gasosas. A asbestose pode ser prevenida primariamente pela efetiva supressão de poeira nos trabalhos com exposição ambiental. Não há terapia específica para a asbestose, sendo o tratamento sintomático.

Em relação ao benzeno, assim como o tolueno (metilbenzeno) e o xileno (dimetilbenzeno) são hidrocarbonetos aromáticos obtidos a partir dos alcanos de petróleo, que apresenta baixa polaridade e grau de toxicidade variável. A intoxicação aguda por benzeno causa cefaleia, euforia, náusea, vômito, arritmia ventricular, paralisias e convulsões, enquanto que a exposição crônica está relacionada com o desenvolvimento de anemia plástica e leucemia.

É um contaminante ambiental potencial a partir de postos de combustíveis e dos motores à explosão, principalmente que utilizem derivados de petróleo.

Quanto ao mercúrio, usado durante muito tempo sem os cuidados necessários, foi se acumulando no ambiente e hoje é uma preocupação em algumas regiões, pois possui efeito acumulativo. Os compostos de mercúrio provenientes de estabelecimentos industriais são parcialmente transformados em dimetil-mercúrio (CH_3-Hg-CH_3), que é lipossolúvel, acumulando-se nas gorduras, entrando na cadeia alimentar e sofrendo biomagnificação. Os efeitos da intoxicação aguda são gastroenterite severa, salivação, dor abdominal, vômito, cólica, nefrose, anúria e uremia; e nas intoxicações crônicas, gengivite, distúrbios mentais e alterações neurológicas.

Outra preocupação, o chumbo, usado durante muito tempo em tubulações, utensílios de cozinha, gasolina para aumentar a octanagem, tintas e baterias é importante causa de intoxicação cujos sintomas aumentam com o aumento de sua concentração no organismo. Em crianças pequenas os sintomas usualmente são abruptos, caracterizados por vômitos, alterações na consciência, ataques e coma. Em crianças maiores, expostas por longo tempo, pode haver retardo no desenvolvimento mental, quadro de comportamento agressivo, ataques e anemia hipocrômica-microcítica. Nos adultos há cefaleia, vago desconforto abdominal, vômitos, anorexia, constipação e mudanças na personalidade.

Os agrotóxicos e os desinfestantes compreendem uma grande diversidade de substâncias químicas que apresentam comportamento ambiental e graus de toxicidade bastante variáveis, não sendo, portanto, possível, discuti-los de uma forma simplificada. De modo geral, o que preocupa quanto a essas substâncias é o seu tempo de persistência ambiental, seu poder de bioacumulação e a formação de produtos de degradação, que muitas vezes podem ser mais tóxicos do que o composto de origem. Uma preocupação crescente com o uso dessas substâncias reside no fato das pessoas acreditarem que o uso de agrotóxicos ou de desinfestantes irá eliminar totalmente a praga, e esquecer que na realidade se isso fosse possível, com cerca de 60 anos utilizando esses compostos biocidas organossintéticos já não existiria mais nenhuma praga a ser combatida. Outra grande preocupação está no fato das pessoas acreditarem que o poder de intoxicação de um inseticida, de um raticida ou de qualquer outro composto biocida, seja apenas para o organismo-alvo, e não se atentarem de que os compostos com atividade biocida são, em grau variável, tóxico para todos os organismos.

As ações de vigilância ambiental na contaminação por substâncias químicas nas cidades envolvem o estabelecimento de normas, a orientação do setor produtivo e da população, a fiscalização do cumprimento da legislação e o tratamento dos instrumentos punitivos. Para isso é essencial que seja conhecido o comportamento da substância no ambiente como seu tempo de permanência, capacidade de arraste superficial e lixiviação, grau de volatilização, etc. e as possíveis vias de exposição. Além disso, é de especial importância o cadastro e o estabelecimento do perfil de morbidade de grupos prioritários como trabalhadores e populações que residem no entorno de áreas industriais e agrícolas e seu monitoramento.

Além das substâncias elencadas pelo Ministério da Saúde, outras podem ser selecionadas em função das características locais. Os estados e municípios podem priorizar produtos ou substâncias de acordo com os impactos ambientais naquele momento.

Nas ações de vigilância, quanto à contaminação ambiental por substâncias químicas e possível exposição da população, é interessante que os municípios ou estados elaborem programas específicos para os contaminantes em questão. Mas embora os programas devam ser específicos aos contaminantes, sua estrutura geral é bastante similar. Esses programas devem ser estruturados de forma a se obter um cadastro das empresas potencialmente poluidoras, as casas que comercializam produtos potencialmente tóxicos e as instituições públicas e empresas privadas que os utilizam no ambiente, bem como dos locais passíveis de receberem essas aplicações. Também deve ser contemplado um roteiro para inspeção dos locais cadastrados e definidos critérios para priorização de áreas de risco com base nas características estruturais da edificação e do entorno, metodologia de trabalho e grupos químicos, ingredientes ativos e formulações utilizadas. O programa também deve propor formas de abordagem para orientação dos responsáveis pelas empresas e instituições e capacitação para o pessoal envolvido diretamente no manuseio dos insumos, sempre segundo uma visão participativa. Um ponto de destaque refere-se à orientação da população quanto aos riscos e aos cuidados na manipulação de determinados produtos potencialmente tóxicos. Outros tópicos que devem ser abordados referem-se ao monitoramento da saúde do trabalhador, ambiente urbano e ambiente rural; e à proposição de mecanismos de integração intra e intersetorial, bem como procedimentos de atendimento a denúncias e de divulgação do programa. Para viabilizar a implementação do programa, esse deve apresentar um cronograma de implantação e uma projeção dos recursos necessários.

Ações de Vigilância em Saúde Ambiental em Acidentes com Produtos Perigosos

A vigilância ambiental em acidentes com produtos perigosos tem grande importância no controle sobre os riscos que envolvem o transporte e a instalação para armazenamento de substâncias potencialmente perigosas como explosivos, gases comprimidos, líquidos e sólidos inflamáveis, substâncias oxidantes, substâncias tóxicas, substâncias radiativas e substâncias corrosivas, visando evitar acidentes que causem danos ao meio ambiente e à saúde humana, além de prejuízos materiais.

As ações de vigilância nesse sentido envolvem a caracterização dos produtos químicos e biológicos sobre vários aspectos e das respectivas quantidades, a identificação dos riscos

e das possíveis consequências causadas por eventuais acidentes envolvendo as atividades e os produtos identificados, o desenvolvimento de metodologias de trabalho, a avaliação dos riscos decorrentes de acidentes com produtos perigosos, a identificação dos impactos que esses acidentes podem acarretar ao ambiente e à saúde da população e a elaboração de um instrumento de registro/notificação relativo aos acidentes com produtos perigosos. Além disso, é essencial o estabelecimento de um sistema para atendimento a acidentes, que deve contar com especialistas de diferentes áreas, disponibilidade de materiais e equipamentos de segurança e proteção individual, acionamento rápido e eficaz dos diversos órgãos envolvidos, elaboração de roteiros operacionais e de treinamentos de todos os envolvidos.

No atendimento a acidentes com produtos perigosos devem ser adotados os seguintes procedimentos básicos: 1) aproximar-se cuidadosamente do local onde ocorreu o acidente, uma vez que não se sabe ainda que tipo e quantidade de produto liberado; 2) manter-se de costas para o vento evitando a possível inalação direta de vapores; 3) evitar qualquer tipo de contato com o produto; 4) procurar identificar e quantificar o produto e 5) isolar o local evitando o acesso de pessoas estranhas. Após adotar os procedimentos básicos, deve passar às etapas de atendimento emergencial referentes à identificação exata do local, data e horário do acidente, bem como a caracterização ambiental e antrópica da região, avaliando a situação e as medidas de controle a serem adotadas. Feito isso, o próximo passo é o estabelecimento das ações de rescaldo, isto é, o tratamento e disposição dos resíduos, restauração das áreas afetadas, monitoramento ambiental e avaliação da operação visando analisar eventuais falhas e aperfeiçoar o sistema de atendimento.

De modo geral, as ações de combate a vazamentos de substâncias químicas irão depender das características e quantidade da substância e do cenário de ocorrência, mas podem ser generalizadas. Primeiramente, deve-se isolar a área, no caso de solo, ou suspender o uso da água, em seguida aplicar procedimentos para conter a dispersão da substância e remoção ou neutralização e, então, monitorar o ambiente até a recuperação.

Ações de Vigilância em Saúde Ambiental nos Efeitos dos Fatores Físicos

Os seres vivos estão expostos diariamente a diversos fatores físicos ambientais, sendo as diferentes formas de radiação o que mais chama a atenção, uma vez que a sociedade moderna depende de diversas fontes de energia para sua sustentação. Exposição à radiação solar, especialmente hoje com a redução da camada de ozônio, é um assunto amplamente discutido, que tem estimulado a indústria a desenvolver produtos eficazes na proteção da pele e sensibilizado a população quanto ao uso desses produtos. Além do uso de protetores solares, as pessoas têm diminuído a exposição ao sol a fim de se bronzear, o que era comum e estimulado até alguns anos atrás.

Outras fontes de exposição à radiação eletromagnética, como a energia elétrica e as telecomunicações, sugerem a possibilidade da ocorrência de efeitos nocivos à saúde das populações expostas a esses campos, em especial os efeitos cumulativos em longo prazo. Os efeitos da exposição, de curto ou longo prazo, às radiações eletromagnéticas estão relacionados tanto a intensidade do campo quanto a duração da exposição. Os efeitos de curto prazo, que são a maioria, são mais conhecidos e a partir deles são estabelecidos os indicadores de emissão e seus limites máximos de exposição. Já os efeitos de longo prazo ainda não são amplamente conhecidos e nem sempre comprovados cientificamente, embora causem grande preocupação. Nesse sentido as ações de vigilância ambiental devem se basear no *Princípio da Precaução* para proteção das populações expostas. Por esse princípio não se deve produzir intervenções no meio ambiente que tenham potencial de causar dano grave ou irreversível à falta de uma certeza absoluta de que as mesmas não serão prejudiciais à saúde humana e ao meio ambiente.

De uma forma geral, as ações de vigilância ambiental nos efeitos dos fatores físicos podem ser resumidas como: 1) monitoramento das áreas de risco à exposição a campos eletromagnéticos em relação à dinâmica populacional; 2) elaboração de indicadores e de valores determinantes quanto ao limite máximo seguro de emissões à luz dos conhecimentos atuais; 3) criação de mecanismos de notificação da posição territorial das fontes de emissão e seu perfil emissor, para localização e mapeamento dos pontos de monitoramento e de controle; 4) determinação da função espacial de proximidade segura das fontes de emissão e 5) delimitação da presença humana nas diferentes faixas de referência para áreas de risco, segundo gênero, idade, tempo de permanência no local, condição clínico-sanitária e outras características relevantes.

Ações de Vigilância em Saúde Ambiental nas Condições Saudáveis do Ambiente de Trabalho

Um local de trabalho saudável, hoje, é considerado um recurso básico para o desenvolvimento social, econômico e pessoal, bem como importante na promoção da saúde dos funcionários. Para isso é imprescindível a participação de todos os envolvidos possibilitando monitorar, melhorar e manter a saúde e o bem-estar dos trabalhadores. Anteriormente, uma visão simplista da saúde do trabalhador envolvia apenas a realização periódica de exames médicos, mas hoje essa visão se ampliou. A saúde do trabalhador envolve, não somente exames médicos, mas toda uma estrutura que visa a valorização do funcionário, desde o espaço físico do local de trabalho até o aperfeiçoamento do profissional e sua participação nas decisões que envolvam capacitação de funcionários quanto aos riscos ambientais e à saúde, monitoramento da saúde por meio da realização de exames médicos periódicos, estímulo ao potencial profissional dos funcionários, melhora na qualificação do profissional e desenvolvimento da autovalorização dos funcionários.

Manter um ambiente de trabalho agradável envolve desde condições físicas e espaciais adequadas do local até a liberdade de comunicação e a interação entre os funcionários. O local de trabalho deve oferecer as facilidades e as ferramentas necessárias ao desempenho da função e promover o bem-estar físico dos funcionários. Devem ser considerados aspectos como claridade, organização, nível de ruído e ergonomia. A análise ergonômica procura compreender o funcionamento do local de trabalho, conversando com vários interlocutores e analisando documentos, permitindo melhor avaliação das dificuldades a serem enfrentadas, das margens de manobra para transformações e formulação de hipóteses, que possibilitará escolher as situações de trabalho a serem analisadas em detalhes. Para isso é essencial: 1) contato com trabalhadores envolvidos; 2) compreensão do processo técnico produtivo; 3) observação das estratégias adotadas; 4) constrangimentos das situações de trabalho e consequências para a saúde do trabalhador e para a produção; 5) pré-diagnóstico; 6) estabelecimento de um plano de observação para verificar e demonstrar suas hipóteses e 7) registro das observações e formulação de um diagnóstico. A atividade real dos funcionários possibilita compreender as dificuldades encontradas em um determinado local e identificar os pontos que devem ser objeto das transformações dessas situações de trabalho.

Também é importante manter um ambiente interno agradável e motivador, onde todos os funcionários possam contribuir e dar ideias, e ainda criar oportunidades de discussão de situações que ocorrem no dia a dia e que afetam direta ou indiretamente a vida dos funcionários, permitindo a eles manifestarem insatisfações e problemas que certamente estarão afetando a produtividade do time.

Outro aspecto relevante é a motivação do profissional manifestada nas tarefas realizadas diariamente no trabalho. Motivação sem dúvida se relaciona ao salário, mas não depende necessariamente somente dele; prêmios, participação em cursos e palestras, pós-graduação e viagens são algumas outras formas de valorizar o profissional e motivá-lo. Embora haja várias maneiras de motivar o funcionário como citado, o fator de maior importância é o próprio trabalho, que deve permitir ao funcionário aprender, usar autonomia, decidir, responsabilizar-se e aplicar o que se sabe no seu dia a dia. Um pré-requisito para que isso seja bem sucedido é o conhecimento das capacitações dos profissionais e a colocação dos mesmos nas atividades que melhor podem tirar proveito de suas habilidades. Ter que realizar uma tarefa para a qual não esteja capacitado pode gerar desmotivação do funcionário. Recompensas, palavras de incentivo e reconhecimentos públicos exercem influente papel na autoestima do funcionário.

O desenvolvimento profissional dos funcionários deve ser visto como um investimento na competitividade da empresa, sendo importante a elaboração de um plano de desenvolvimento para cada profissional que considere as necessidades da empresa e do funcionário, bem como as habilidades individuais.

Tanto a empresa quanto os funcionários devem ser avaliados continuamente para a detecção de possíveis falhas e correções, mas é importante ressaltar que essas avaliações devem ter metas bem definidas e conhecidas por toda a equipe, tanto individuais como coletivas, incluindo objetivos estratégicos para a companhia e de desenvolvimento pessoal como os discutidos acima.

Basicamente um ambiente de trabalho saudável e a saúde do trabalhador devem envolver a identificação dos riscos aos quais os trabalhadores estão expostos, elaboração de protocolos para normalização dos procedimentos adotados, realização de exames médicos periódicos com estabelecimento de locais de referência para exames subsidiários, valorização do trabalhador por meio de capacitações, discussões, premiações dinâmicas para sensibilização, envolvimento dos gestores, análise dos resultados e apresentação de propostas.

Indicadores de Vigilância em Saúde Ambiental

O primeiro passo no estabelecimento de indicadores de vigilância em saúde ambiental é a avaliação do meio ambiente com todas suas interações presentes e a avaliação da saúde da população humana presente nesse ambiente.

Avaliação ambiental se trata de uma ampla atividade analítica, pois para analisar o meio ambiente como um todo é necessário compreendê-lo e mensurá-lo segundo as relações mantidas entre seus elementos físicos, químicos, biológicos, econômicos, sociais, tecnológicos e culturais, uma vez que os ecossistemas apresentam comportamento holístico. Dessa maneira, é fundamental o entendimento temporal e espacial do cenário presente, de modo a possibilitar a avaliação entre situações concretas e potencialmente diversas, porém comparáveis. Uma avaliação bem feita deve ser capaz de projetar o cenário do futuro do ecossistema da região sob estudo. Para que esse objetivo seja atingido faz-se necessário uma equipe de profissionais multidisciplinar, de modo que cada especialista possa oferecer ao grupo os fatores e as relações condicionantes da transformação ambiental a ser avaliada.

Uma vez estabelecidos os princípios e metodologias para a adequada avaliação ambiental, deve-se procurar avaliar a qualidade de vida da população. A qualidade ambiental e a qualidade de vida estão intimamente relacionadas e expressam as condições físicas, químicas, biológicas, sociais, tecnológicas, culturais e políticas resultantes das interações entre os mecanismos de adaptação do ecossistema e sua capacidade de suporte a agressões exógenas.

A vigilância em saúde ambiental tem importância fundamental no estabelecimento de indicadores a partir de avaliação das qualidades ambientais e de saúde da população. Diversos papéis têm sido atribuídos à vigilância em saúde ambiental, muitos relacionados diretamente à saúde da população. A vigilância em saúde ambiental deve monitorar as condições ambientais e de saúde da população, estabelecendo ações descentralizadas de acordo com as características e as prioridades locais. Para isso deve utilizar indicadores que possibilitem relacionar as condições ambientais com as condições de saúde da população, além de analisar as necessidades e exigências para o estabelecimento da qualidade ambiental e de saúde nos vários setores do desenvolvimento como agropecuária, urbanização, sistemas de transportes, atividades comerciais e industriais e condições de moradia. Também é papel da vigilância em saúde ambiental formular políticas em parceria com setores relacionados, sejam públicos, privados ou do terceiro setor a partir de pesquisas que tenham por objetivo a melhor compreensão, avaliação e gerenciamento de riscos ambientais.

Os indicadores de vigilância em saúde ambiental são variáveis específicas a cada fator ambiental e de saúde que permitam a aferição das oscilações de comportamento ou de funcionalidade de um determinado fator. São valores que refletem a relação do nexo entre a qualidade ambiental e a saúde da população, que fornecem informações úteis aos gestores e demais usuários e são baseados em estudos científicos adequados à realidade de cada local. Portanto, servem para orientar a prática apresentando evidências para o diagnóstico ambiental e de saúde, bem como fornecer instrumentos ao sistema de informação de vigilância. Ao estimar as oscilações de um indicador de vigilância em saúde ambiental, fica estabelecida a própria medida da intensidade de um impacto no meio ambiente e/ou na saúde da população.

Todo e qualquer indicador de vigilância em saúde ambiental deve apresentar algumas características. Ele deve ser de aplicabilidade geral, isto é, não estar relacionado a uma questão específica; basear-se em uma associação conhecida entre ambiente e saúde; relacionar-se a condições ambientais e/ou de saúde passíveis de controle e serem sensíveis a mudanças. Também deve ser cientificamente sólido, imparcial e representativo das condições de interesse, confiável em termos de ciência, resistente e não vulnerável a pequenas mudanças. Além disso, deve ser facilmente aplicável pelo usuário e estar disponível a uma relação custo-benefício favorável.

Parte IV

ALGUNS ASPECTOS A SEREM ABORDADOS EM ESTUDOS RELACIONADOS À VIGILÂNCIA EM SAÚDE AMBIENTAL

Atividades Transformadoras de um Ecossistema

A *Vigilância em Saúde Ambiental* se preocupa com o estado estrutural e funcional do ecossistema atual, bem como a influência das ações antrópicas sobre o mesmo, procurando prever as possíveis alterações futuras no ambiente e suas consequências para a manutenção das condições ambientais. Assim, o conhecimento da influência da implantação de uma determinada atividade em um ecossistema, seja ele urbano ou rural, é essencial para se tentar prever em curto, médio e longo prazo suas consequências e minimizar, dessa forma, os impactos causados. O primeiro passo é determinar a atividade transformadora, em seguida o tipo e a magnitude da influência nas áreas de abrangência, e então prognosticar o comportamento futuro do sistema em questão.

Atividades transformadoras de um ecossistema podem ser definidas como quaisquer processos, relacionados ou não com a atividade humana, que sejam capazes de modificar um sistema ecológico em qualquer um dos seus níveis, isto é, devem causar adversidades ambientais representadas por rupturas nas relações sistêmicas existentes ou geração de benefícios ambientais fortalecendo a capacidade de adaptação e de manutenção da homeostase do ecossistema. Para ser considerada uma atividade transformadora deve haver uma intervenção ambiental envolvendo a introdução de pelo menos um fator indutor de modificação da estrutura ou das relações estabelecidas que levem a uma alteração ambiental física ou funcional da área de influência direta ou indireta da atividade em questão. Essa transformação na estrutura e/ou na funcionalidade pré-existentes de um ou mais fatores ambientais em decorrência de pelo menos uma alteração ambiental estabelece um novo equilíbrio decorrente das novas características presentes. A Figura 27.1 representa esquematicamente a ação de atividades transformadoras em ecossistemas. É interessante notar que todos os empreendimentos humanos são considerados atividades transformadoras, uma vez que há uso de recursos naturais como insumos produtivos e construtivos, mas nem toda atividade transformadora pode ser considerada um empreendimento, pois atividades que degradam o meio, isto é, afetam de modo negativo os serviços dos ecossistemas, não são ambientalmente definidas como produtivas. Lembrando que os chamados *serviços de ecossistemas* são aqueles que podem ser definidos como condições e processos que mantêm as condições de suporte para a vida no planeta como, por exemplo, insumos de matérias-primas, energia e interações abióticas e bióticas. Entre os serviços de ecossistema estão a regulação da atmosfera e do clima, a purificação e retenção da água doce, a formação e o enriquecimento do solo, a reciclagem dos nutrientes, a decomposição dos rejeitos, a polinização das plantas e a produção de biomassa.

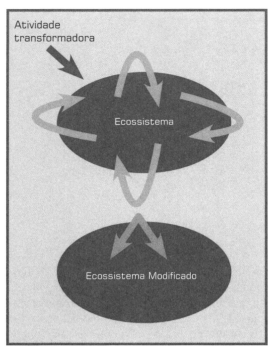

FIGURA 27.1 – Atividade transformadora atuando sobre a estrutura física e/ou funcional do ecossistema levando a novos fenômenos ambientais, os quais podem determinar alterações positivas ou negativas no ecossistema.

As novas características ambientais decorrentes da implantação de atividades transformadoras variam em função: 1) da magnitude do impacto; 2) da distribuição geoeconômica que compõe a área de estudo; 3) do número de compartimentos ambientais sobre os quais atua diretamente; 4) da quantidade de relações que mantém com outros eventos ambientais; 5) da capacidade de acumulação em decorrência da continuidade das ações; 6) do desenvolvimento de sinergismos entre dois ou mais fenômenos ambientais; 7) do tempo de duração sobre os fatores ambientais nos quais atua; 8) da probabilidade de ser neutralizado naturalmente pelo retorno à estrutura ou ao funcionamento anterior à ação do fenômeno; 9) do tempo decorrido entre a atuação do fenômeno ambiental e a manifestação de seus efeitos sobre o ecossistema e 10) da importância global do fenômeno ambiental frente suas áreas de influência. Os fenômenos que influenciam as novas características ambientais devem ser avaliados em face das variações ocorridas no ecossistema comparando-se o cenário ambiental atual com os possíveis cenários ambientais futuros, tanto tendencial como de sucessão.

O cenário ambiental atual nada mais é do que o quadro ambiental diagnosticado na área de estudo, levando-se em consideração o conhecimento disponível da estrutura física e funcional do ecossistema no momento da realização do estudo, bem como todas as relações e eventos relacionados (Figura 27.2). Já o cenário ambiental tendencial se refere ao prognóstico da situação atual, sem que seja considerada a implantação de atividades transformadoras, levando-se em consideração as possíveis transformações da região em decorrência de mecanismos naturais, mesmo que estejam relacionados às atividades humanas (Figura 27.2). E, no cenário ambiental de sucessão, o cenário ambiental atual é projetado a partir das transformações naturais acrescidas daquelas relacionadas à implantação de uma atividade transformadora no ecossistema (Figura 27.2). Tanto no prognóstico do cenário tendencial como no cenário de sucessão deve ser levada em consideração a totalidade da área de influência da atividade transformadora em questão.

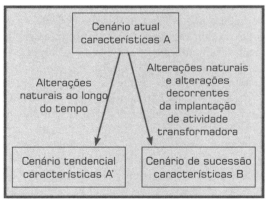

FIGURA 27.2 – O cenário atual traduz as características ecológicas no momento do estudo. O cenário tendencial procura mostrar como estará o ecossistema a partir da influência das alterações naturais que ocorrem ao longo do tempo e o cenário de sucessão representa as possibilidades ambientais a partir da somatória das alterações naturais e daquelas decorrentes da implantação da atividade transformadora.

O conhecimento atual do ecossistema, as atividades transformadoras a serem implantadas, seus tipos e magnitudes dos impactos e as projeções ambientais futuras são insumos básicos para iniciar uma avaliação ambiental e, a partir daí, propor mecanismos de interferência quando necessário. Para isso, o primeiro passo é a realização de uma avaliação ambiental.

Avaliação Ambiental

A qualidade ambiental e de vida expressam as condições para que os fatores ambientais, isto é, todo e qualquer fator constituinte de um ecossistema, possam manter as relações necessárias à dinâmica do ecossistema e desenvolver novas estruturas relacionais quando houver necessidade. A avaliação do grau da qualidade ambiental é obtida a partir de indicadores que possibilitam a aferição das oscilações de comportamento e/ou da funcionalidade de um determinado fator ambiental.

Para que uma avaliação ambiental seja eficazmente realizada se faz necessária a participação de uma equipe multi e interdisciplinar em virtude da diversidade de características e especializações envolvidas em qualquer ecossistema. Além disso, é imprescindível que conceitos básicos referentes ao estudo dos ecossistemas sejam de conhecimento do grupo, independentemente da formação dos profissionais envolvidos.

A avaliação ambiental envolve primeiramente o diagnóstico ambiental atual identificando os quadros físico, biótico e antrópico da região em questão, bem como as relações abióticas e bióticas presentes e a velocidade dos ciclos biogeoquímicos envolvidos. Essa caracterização ambiental inicial é a base a partir da qual serão projetadas as alterações que possam ocorrer no ecossistema.

Em uma avaliação ambiental se parte do estudo das condições atuais do ecossistema para, posteriormente, ser possível a realização de prognósticos nas condições futuras do local. O estudo geralmente inicia com a delimitação do espaço físico a ser avaliado, lembrando que, muitas vezes, são avaliadas partes de um ecossistema maior. Por exemplo, pode ser definida uma área específica dentro de uma cidade, ou um pedaço de mangue que faz parte de um ambiente maior. Delimitada a área, procede-se sua caracterização quanto aos aspectos físicos como relevo, tipo de solo, presença e classificação dos corpos d'água e aspectos atmosféricos, entre outros. Segue à caracterização da biota e das interações presentes e, então, da atividade antrópica no local.

A avaliação ambiental geralmente é apresentada sob forma de estudos referentes aos diferentes aspectos abordados como subsídio para obtenção de licença ou para minimizar impactos ambientais e possíveis exposições humanas. Podem ser citados como exemplos de estudos originados de uma avaliação ambiental: Auditoria Ambiental, Relatório Ambiental, Relatório de Controle Ambiental, Relatório Ambiental Preliminar, Plano de Controle Ambiental, Plano de Recuperação de Áreas Degradadas, Estudo de Viabilidade Ambiental, Análise Preliminar de Riscos, Avaliação Ambiental Estratégica, Estudo de Impacto Ambiental e seu respectivo Relatório de Impacto Ambiental e Anuência Prévia Ambiental, entre outros.

Caracterização do Meio Físico

A caracterização do meio físico envolve basicamente os fatores referentes aos compartimentos solo, água e ar dos ecossistemas, mas de acordo com o tipo de atividade transformadora a ser implantada podem ser levantados aspectos mais detalhados de cada um desses compartimentos. Em linhas gerais, procura-se identificar o relevo e as características geológicas, o clima e condições meteorológicas, os recursos hídricos, a qualidade do ar, o nível de ruído a presença de possíveis áreas contaminadas.

A identificação do tipo de relevo e as características geológicas e geomorfológicas possibilitam maior segurança na implantação de um determinado tipo de empreendimento. A instalação de empreendimentos em terrenos geomorfologicamente instáveis deve ser precedida de maiores cuidados de modo à evitar acidentes. O conhecimento do clima local e das condições meterológicas com apresentação dos parâmetros de ventos, precipitação, temperatura e umidade relativa do ar, com levantamento de séries históricas, possibilitam adotar medidas preventivas em casos de enchentes e de fenômenos atmosféricos como a inversão térmica. Outro aspecto físico importante e relacionado a enchentes refere-se aos recursos hídricos com a apresentação das bacias hidrográficas e seu comportamento hidrológico e da rede de drenagem superficial.

A apresentação das principais fontes de poluição atmosférica é um aspecto importante na análise da qualidade do ar da região. Assim como o levantamento dos índices de ruído, sua distribuição espacial e horária, comparando com a legislação e graus de incomodidade às atividades humanas, são fatores que devem ser levados em consideração na implementação de uma atividade transformadora em determinada região. Atualmente, com a crescente ocupação da terra por indústrias e atividades agropecuárias, o risco de contaminação do solo e da água deve ser considerado. Para isso é importante realizar o levantamento e mapeamento de áreas com potencial de contaminação, de áreas suspeitas de contaminação e áreas confirmadamente contaminadas nos locais que poderão ser afetados pela implantação de empreendimentos, segundo diretrizes dos órgãos ambientais competentes.

Caracterização da Biota

A caracterização da biota presente no local pode ser feita a partir do levantamento de bancos de dados disponíveis em órgãos públicos, universidades e institutos de pesquisa, identificando a presença de espécies exóticas, de espécies nativas em risco de extinção, bem como as espécies silvestres e aquelas já domesticadas ou em processo de domesticação. De modo geral, a pesquisa em bancos de dados possibilita uma avaliação qualitativa, não sendo possível precisar a quantidade de espécimes presentes.

Outra forma de caracterizar a biota é a partir de levantamento de campo, com coleta de espécimes para identificação e quantificação. A quantificação dos espécimes presentes pode ser feita por diferentes metodologias dependendo do organismo de interesse. Organismos de grande porte, sésseis ou de pequena mobilidade, que geralmente estão presentes em menor quantidade, podem ser contados individualmente. Já para a maioria das espécies, o levantamento quantitativo é realizado por amostragem de locais delimitados aleatoriamente, ou por técnicas de captura, marcação e recaptura. Naturalmente, a quantidade de organismos por si só não fornece muita informação, o dado é importante dentro de um contexto espacial, isto é, interessa a quantidade de indivíduos por espaço físico. A densidade possibilita uma visão de como se encontra a espécie e um prognóstico mais consistente em longo prazo.

O levantamento de campo possibilita, ainda, o conhecimento da distribuição espacial da espécie, fator importante quando se faz alguma intervenção no meio. Espécies com padrão de distribuição espacial do tipo agregado estão mais sujeitas aos impactos locais do que espécies com distribuição mais uniforme no espaço estudado. Esse dado tem implicação direta tanto na preservação de espécies quanto no controle de espécies sinantrópicas indesejáveis.

Outra informação importante é o conhecimento do crescimento real e da curva de crescimento das espécies. Para estabelecimento do crescimento real é necessário o estudo biológico para definição do potencial biótico da espécie e dos fatores de resistência ambiental que atuam sobre a espécie. Espécies com alto potencial biótico e poucos fatores de resistência tendem a apresentar elevada taxa de crescimento com risco de tornarem-se pragas econômicas ou sanitárias. O conhecimento dos fatores de resistência de uma espécie possibilita a atuação no sentido de manipular sua taxa de crescimento. Incrementando-se os fatores de resistência, a tendência é uma diminuição na taxa de crescimento e de modo inverso o enfraquecimento dos mesmos tende a colaborar com o aumento do número de indivíduos.

Também é importante o conhecimento da curva de crescimento da espécie, pois possibilita saber o estágio da vida em que há maior risco de morte. Como espécies com curva de crescimento côncava tendem a produzir muitos jovens com alta taxa de mortalidade nessa fase, intervenções na época reprodutiva têm maior probabilidade de afetar drasticamente a espécie. O entendimento do crescimento real e da curva de crescimento envolve o conhecimento da biologia da espécie e do seu nicho ecológico, dados esses que podem ser obtidos em livros texto e artigos de periódicos para as espécies mais estudadas; e também em institutos de pesquisa e universidades para as espécies menos conhecidas.

A caracterização, tanto qualitativa como quantitativa, da biota presente possibilita a realização de intervenções com maior segurança ambiental, com adoção de medidas que estimulem ou inibam o crescimento de espécies de interesse.

Interações Presentes

Na avaliação ambiental devem ser levantados os fatores abióticos e bióticos preponderantes no meio, uma vez que interferem diretamente na ocupação do espaço pela espécie e sua viabilidade. Dependendo do local avaliado diferentes fatores abióticos devem ser destacados. Em ambientes terrestres áridos, a taxa

de pluviosidade, a incidência de luz e a temperatura merecem destaque especial, uma vez que a água é essencial à manutenção da vida e em ambientes mais quentes, a taxa de evapotranspiração é mais elevada. Já em ambientes aquáticos, o grau de turbidez da água, o pH e o nível de oxigênio presentes devem ser avaliados por estarem diretamente relacionados à produtividade do sistema e sua manutenção. As informações referentes aos fatores ecológicos abióticos podem ser obtidas em atlas ambientais e em bancos de dados de órgãos oficiais como do Instituto Brasileiro de Geografia e Estatística (IBGE), universidades e institutos de pesquisa, bem como em livros texto e artigos de periódicos. As condições climáticas são especialmente importantes tanto em ambientes rurais como em ambientes urbanos, no primeiro caso, em função da época de plantio e de colheita, e no caso de cidades, devido ao risco de enchentes, ocorrência de inversão térmica, entre outros aspectos.

Os fatores bióticos, que correspondem às principais relações presentes, devem ser cuidadosamente avaliados, uma vez que, muitas vezes, podem ser usados no controle de espécies sinantrópicas indesejáveis e de algumas espécies relacionadas à transmissão de doenças. Nos ambientes rurais, tanto relações de predatismo como de parasitismo podem ser utilizadas no controle de pragas agrícolas, desde que seja feita uma cuidadosa avaliação do meio. Já nas cidades, a introdução de predadores exige maior cuidado e ampla discussão com a população, pois, na maior parte das vezes, é inviável orientar um munícipe para que mantenha várias espécies em sua residência, para que assim o nível populacional das mesmas se mantenha sob controle; e existe pequena possibilidade de que alguma aumente em grande quantidade e se torne praga. Mas o uso de parasitas é um procedimento mais viável, embora também exija cuidado e tenha custo elevado. Em muitas regiões do Brasil, inclusive em São Paulo, boa parte do controle de larvas do mosquito *Culex spp* no Rio Pinheiros é obtido com a aplicação do "inseticida" biológico *Bacillus sphaericus*, cuja eficácia está ligada à produção de uma endotoxina que causa destruição do epitélio do intestino médio após ingestão pelas larvas dos insetos. De forma inversa, o conhecimento dos fatores ecológicos bióticos pode ser utilizado para estimular o crescimento e o desenvolvimento de espécies. A plantação de espécimes vegetais, principalmente em áreas urbanas, deve ser antecedida de um estudo cuidadoso tanto das condições físicas e químicas do local, como também da presença de predadores e de parasitas daquela espécie. Um exemplo dessa falta de estudo antes do plantio em larga escala é o caso dos eucaliptos em São Paulo. Por ser uma espécie exótica acaba por afastar a avifauna nativa do local, uma vez que esses animais não utilizam esses vegetais em sua alimentação. Outro exemplo é a colocação de *Ficus spp* como forma de arborização das cidades. Essas plantas desenvolvem grandes raízes que comprometem a integridade das calçadas. O levantamento dos fatores ecológicos bióticos está diretamente relacionado ao conhecimento da biologia e do nicho ecológico das espécies presentes no ambiente de estudo.

Também é importante o conhecimento das interações energéticas e de circulação de materiais no ecossistema, uma vez que estão relacionadas diretamente com o uso de recursos e geração de resíduos. O levantamento do fluxo energético passa primeiramente pela determinação da principal forma de energia disponível para uso no ecossistema, uma vez que as diferentes formas de energia variam no potencial de trabalho. Por exemplo, o petróleo, uma forma altamente concentrada de energia, apresenta um potencial de trabalho maior em relação à luz solar, a qual por sua vez é superior ao calor de baixa temperatura que se encontra em forma ainda mais dispersa. Pode-se medir a qualidade de energia pela quantidade de um tipo de energia necessária para desenvolver outro tipo como numa cadeia alimentar ou em processos que levam à geração de eletricidade. Como foi comentado na Seção "Noções Gerais de Ecologia", à medida que a quantidade declina numa cadeia, a qualidade da energia realmente convertida, após a dissipação térmica, na nova forma aumenta a cada passagem,

isto é, quando se degrada a quantidade eleva-se a qualidade energética. Pode-se avaliar a qualidade de energia a partir da quantidade de calorias de luz solar que precisa ser dissipada para produzir caloria de qualidade mais elevada como, por exemplo, matéria orgânica. Nos ambientes rurais a taxa de insolação é importante na produtividade do sistema em todas as suas etapas. O preparo da terra, a semeadura e a colheita são processos que estão diretamente relacionados com o fotoperiodismo. Já nos ambientes urbanos, o uso de derivados de petróleo, eletricidade e gás natural são formas de energia que devem ser avaliadas, visando aumentar a eficiência e minimizar os problemas de poluição ambiental. É importante levar em consideração a qualidade e a quantidade energética e maximizar o consumo energético humano.

Outro aspecto a ser avaliado é o processamento da reciclagem de materiais, uma vez que está relacionada com a reutilização dos nutrientes, mas que pode implicar em problemas de alteração e de contaminação ambiental. Nos ambientes rurais existem tecnologias agrícolas que possibilitam a preservação do solo ao mesmo tempo em que estimulam o desenvolvimento da microbiota edáfica, como é o caso do *plantio direto* (Figura 28.1), onde não se remove os remanescentes da cultura anterior, mantendo dessa forma a cobertura do solo e preservando suas condições físicas e químicas. Nos ambientes urbanos, a reciclagem de materiais tem suas dificuldades, especialmente nas grandes cidades onde existe carência de espaço para deposição de lixo doméstico, em grande parte de origem orgânica. O estabelecimento de usinas de compostagem em áreas urbanas é dificultado em função do odor produzido durante o processo de degradação da matéria orgânica. As pessoas acham importante a compostagem da matéria orgânica, mas não querem um empreendimento desse tipo próximo a suas residências. Além disso, há o problema dos resíduos industriais e da construção civil, os quais são depositados no solo comprometendo sua qualidade e a viabilidade da biota edáfica. Portanto, a abordagem desse tópico tem aspectos diferentes nos ambientes urbanos e rurais.

FIGURA 28.1 – Plantio direto. Observar a presença de cobertura vegetal (palhada) sobre o solo.

Nas cidades, deve ser dada especial atenção ao método escolhido para descarte dos resíduos. O método mais adequado, em termos de uso e ocupação do solo e seguro em termos de riscos de contaminação ambiental trata-se da incineração, embora muito se discuta sobre os riscos de contaminação atmosférica por dioxinas e furanos que podem ser gerados durante a queima. Mas como essa metodologia é relativamente cara, nos locais onde o custo da terra ainda é baixo, a opção, geralmente é por aterros controlados e aterros sanitários, embora muitas vezes o que se observa é a presença de lixões a céu aberto.

Lixões a céu aberto (Figura 28.2) não são indicados em hipótese alguma, pois além de não existir procedimento para minimizar os riscos de contaminação do solo e da água subterrânea e superficial, existe a exposição de pessoas a condições insalubres e o favorecimento à proliferação de animais sinantrópicos indesejáveis, muitos relacionados a diversas patogenias humanas. Por outro lado, os aterros controlados já apresentam algumas características que possibilitam minimizar riscos de contaminação ambiental e de exposição humana, embora, impermeabilização do solo, escape de gases e recolhimento de chorume, características necessárias aos aterros sanitários (Figura 28.3), nem sempre estejam presentes. A implantação de um aterro sanitário envolve o conhecimento: 1) da declividade do terreno, terrenos planos são mais indicados do que os inclinados; 2) da presença de córregos e zonas de proteção ambiental nas imediações procurando minimizar os impactos nessas áreas; 3) do tipo de solo, uma vez que solos mais argilosos são mais indicados do que solos arenosos, pois apresentam menor porosidade, logo menor risco de contaminação da água subterrânea, 4) do nível de profundidade do lençol freático, pois quanto mais profundo menor o risco de contaminação da água subterrânea e 5) da ocupação antrópica da área, uma vez que em áreas com grande adensamento populacional a implantação de um empreendimento desse tipo fica comprometida. Nessas avaliações são usadas cartas geológicas e geográficas, coleta de amostras de solo para análise laboratorial quanto às suas características físicas e químicas e determinação da profundidade do lençol por meio de sondagens.

FIGURA 28.2 – Fotografias de lixão a céu aberto mostrando as condições insalubres do local e a presença de pessoas recolhendo e armazenando material retirado do lixo.

163

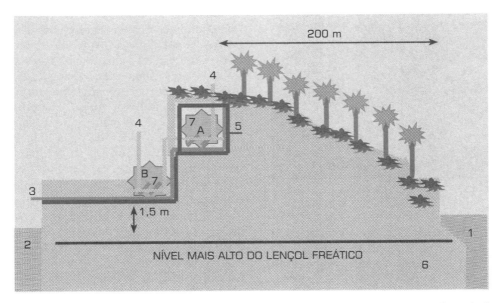

FIGURA 28.2 – Esquema aterro sanitário, destacando: 1. curso d'água, 2. estação de tratamento, 3. dreno de chorume, 4.coleta de gases, 5. manta de impermeabilização, 6. solo argiloso e 7. lixo. A: setor concluído, B: setor em execução.

Na avaliação das interações presentes, podem ser abordados outros aspectos de acordo com as características do ecossistema e o interesse local. Por exemplo, em um ambiente aquático poluído é interessante avaliar quantitativamente a série de nitrogênio para definição da proximidade do local de despejo dos dejetos, pois amostras de água com predominância de nitrogênio orgânico e de amônia revelam a proximidade do foco de poluição. A instalação de um cemitério requer informações das interações entre o coeficiente de permeabilidade do solo, o escoamento do aquífero freático, áreas de recarga, rede de fluxo e tempos de trânsito, caracterizando os componentes do balanço hídrico do solo, escoamento superficial e infiltração.

Uso Antrópico

O levantamento do uso da área pelo homem envolve o conhecimento do histórico de ocupação da área. Quanto maiores os períodos de tempo considerados mais informações serão disponibilizadas. O primeiro tópico a ser abordado refere-se ao uso e ocupação do solo, isto é, a obtenção de informações que possibilitem conhecer a maneira como a área foi ocupada, seja legalmente ou sem amparo legal. Nesse levantamento se deve procurar conhecer como se desenvolveu o mercado imobiliário, a estrutura viária e de transporte e os elementos estruturais. O mercado imobiliário, em função do custo da terra no local, dá uma ideia de como e porque houve o estabelecimento de determinados tipos de construções e não de outras, o que possibilita direcionamento para uma ocupação, principalmente, por indústrias, serviços ou residências. Ocupações industriais da área devem ser detalhadamente estudadas, uma vez que muitas indústrias usam insumos e geram resíduos tóxicos, os quais podem vir a contaminar o ambiente e, consequentemente, afetar a saúde da população. Uma vez tendo diretrizes a partir do mercado imobiliário, segue-se ao estabelecimento dos elementos estruturadores da região, isto é, procura se definir o tipo de indústria, de comércio ou de serviços que predominaram no local. Quanto aos elementos estruturadores da região se deve lembrar de proceder ao levantamento das estruturas relacionadas com a infraestrutura social como galerias de águas pluviais, de esgoto, de gás, entre outras. A estrutura viária e de transporte está diretamente relacionada com a movimentação da população, portanto, é um fator de especial interesse no conhecimento da dinâmica populacional da região.

O levantamento do uso e ocupação do solo facilita o entendimento da dinâmica socioeconômica da região. Nessa fase se procura entender como se deu a evolução da população e dos domicílios. A migração foi mais ou menos intensa; a ocupação predominante é por indivíduos de baixa renda; qual o nível de escolaridade da maioria das pessoas do local? Essas e outras questões podem ser respondidas nessa etapa. Da mesma maneira, o conhecimento das principais atividades econômicas e dos empregos disponíveis no local, bem como a infraestrutura social e urbana possibilitam o melhor entendimento do que aconteceu, está acontecendo ou virá a acontecer no local.

Ainda relacionado ao uso antrópico, é importante destacar as áreas ou os locais com importância histórica, uma vez que envolvem a manutenção da cultura das populações que ocuparam a região. Museus, igrejas, antigas escolas e fábricas, parques e estações de meios de transporte usualmente têm grande relevância para o conhecimento da história da região, pois as construções humanas, geralmente, refletem a época e as prioridades do período em que foram erguidas e utilizadas pela população. Além disso, essas construções servem de referência para as populações futuras do local.

Prognóstico: Evolução Natural

A avaliação ambiental atual possibilita a realização de projeções futuras para o ecossistema seguindo seu curso natural. Para o prognóstico podem ser utilizados modelos matemáticos com base nos dados atuais coletados e projetados para o futuro. Deve-se lembrar que toda e qualquer espécie modifica o ambiente, assim seria ingenuidade acreditar que apenas a espécie humana é responsável pela degradação ambiental, ou seja, pelo aumento da entropia

no ecossistema. Portanto, nessa avaliação deve ser levado em consideração o conhecimento da ecossistêmica ambiental, seja da biologia das espécies presentes, sejam as características físicas e químicas do ambiente e, naturalmente, o uso antrópico da região. Para isso são necessárias as informações citadas anteriormente no tópico *avaliação ambiental*, tanto referente à caracterização da biota como à identificação das interações presentes.

O prognóstico da evolução natural de um determinado ecossistema é essencial para que se possa utilizar como parâmetro de comparação do mesmo ambiente quando esse está sujeito a interferências antrópicas. Muitas vezes, os *Estudos de Impacto Ambiental* (EIA) buscam mostrar como seria o ambiente no futuro, com as intervenções humanas propostas, usando como base de comparação a evolução natural do meio sem a ocorrência das interferências antrópicas. É claro que o prognóstico, a partir da evolução natural, é um levantamento estatístico, ou seja, destaca a maior probabilidade de ocorrência de determinados fenômenos físicos, químicos e biológicos sob as condições ambientais atuais, embora deva ser destacado que podem ocorrer mudanças drásticas em curto espaço de tempo e que, portanto, irão interferir no prognóstico da evolução natural do sistema.

Portanto, quanto maior a quantidade de informações das diferentes áreas do conhecimento, mais próximo de uma situação real os resultados parecem apontar, daí a importância de uma equipe multidisciplinar trabalhando a questão. Muitos estudos fracassam por enfatizarem apenas alguns aspectos como, por exemplo, darem grande importância ao fator energético e minimizarem o peso dos fatores bióticos, isto é, das relações entre os seres vivos. Isso é, infelizmente, comum em situações que envolvem alterações no meio urbano derivadas de atividades antrópicas.

No meio rural, a evolução natural do sistema se aproxima muito fortemente da evolução do sistema com interferência humana, uma vez que se aceita a atividade agrícola como um processo *"semi-natural"*, onde a manutenção da produtividade está diretamente relacionada à atividade humana. Dessa maneira, a evolução dos *agroecossistemas* (ou *agrossistemas*), isto é, dos sistemas agrícolas representados por fazendas e sítios, nos quais se consideram os cultivares, a criação de animais, a biota presente e as interações físicas, químicas e biológicas do local, são vistas, na maior parte das vezes, como processos resultantes da interferência humana no ambiente. De qualquer modo, valem as mesmas diretrizes usadas para prognosticar a evolução natural em sistemas urbanos, guardando suas peculiaridades. Nos agroecossistemas é importante levantar o histórico de utilização do solo, inclusive sobre a aplicação de fertilizantes e de agrotóxicos, no caso de sistemas de cultivo convencional ou de criação de animais. Além disso, é importante saber se o local abrigou, em algum momento, culturas alternativas ou criações de animais exóticos. Essas informações possibilitam suspeitar uma possível contaminação da área por substâncias químicas.

Prognóstico: Evolução com Interferência Humana

Após a avaliação ambiental se procede ao estudo da atividade transformadora a ser introduzida, cujos fenômenos ambientais possam produzir intervenções e alterações ambientais, e à possibilidade de projeções futuras para as áreas de influência. Nesse sentido devem ser levados em consideração: 1) a potencialidade do ambiente, ou seja, o conjunto de fatores ambientais que podem ser beneficiados com a implantação de uma atividade transformadora favorecendo a qualidade ambiental e 2) a vulnerabilidade ambiental, que de modo inverso, detectará a possibilidade de atuação negativa sobre os fatores expostos.

Estabelecidas a potencialidade e a vulnerabilidade do sistema, o passo seguinte é determinar as áreas de influência (AI) da atividade transformadora, que nada mais é do que o conjunto de áreas que serão expostas aos impactos diretos ou indiretos decorrentes da implantação da atividade transformadora. A área de influência (Figura 28.4) compreende as áreas: diretamente afetada, de influência direta e de influência indireta. A área de intervenção ou área diretamente afetada (ADA) corresponde ao local onde será introduzida a atividade transformadora, recebendo, portanto, os impactos diretos decorrentes da nova atividade. A área de influência direta (AID) se refere ao conjunto de áreas que podem sofrer impactos diretos, decorrentes da implantação de uma atividade transformadora, embora não abrigue a atividade no local. E a área de influência indireta (AII), geralmente, compreende os limites geográficos com a AID que estão sujeitos aos impactos secundários relacionados à implantação da atividade transformadora. Os limites das áreas de influência direta e de influência indireta nem sempre são claros, estando sujeitos a variações em função do tipo de local, onde será implantada a atividade, e da própria atividade, além de interpretações por parte do grupo que está elaborando a avaliação ambiental. É importante destacar que os diferentes aspectos do meio físico, biótico e antrópico não apresentam necessariamente as mesmas áreas de influência, isto é, pode ser considerada uma área de influência para o aspecto ar diferente do aspecto geológico.

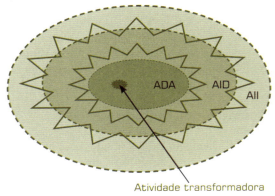

FIGURA 28.4 – Atividade transformadora instalada na área diretamente afetada (ADA) e, portanto, sujeita a todos os impactos, positivos e negativos, incidentes. Impactos, positivos ou negativos, na área limítrofe com a ADA, denominada área de influência direta (AID). E, possíveis impactos localizados na área mais afastada do local de implantação da atividade transformadora, chamada área de influência indireta (AII).

Os conceitos: área diretamente afetada, área de influência direta e área de influência indireta, embora sejam mais usualmente referidos aos ambientes urbanos quando sujeitos às intervenções ambientais, devem ser também avaliados quanto às interferências antrópicas no meio rural. Por exemplo, os insumos químicos usados em uma determinada cultura podem atingir áreas de seu entorno afetando negativa ou positivamente a região (Figura 28.5). Fertilizantes aplicados no ambiente e carreados para outros locais têm como aspecto positivo favorecer o crescimento e o desenvolvimento de várias espécies vegetais, mas ao mesmo tempo podem levar à eutrofização de ambientes aquáticos, comprometendo a vida em médio e longo prazo nesse meio.

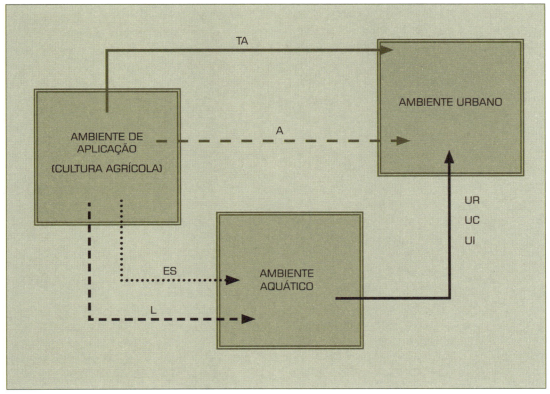

FIGURA 28.5 – Atividade Possíveis transferências de um impacto ambiental rural para áreas do entorno. Contaminante atingindo ambientes aquáticos por escoamento superficial (ES) e lixiviação (L) e a água contaminanda utilizada pelos habitantes de uma cidade próxima (uso resudencial-UR, uso comercial-UC e uso industrial-UI). Correntes aéreas, chuvas e animais transportando o contaminante pela atmosfera (TA). Uso de produtos, como vegetais, carne e derivados (A) contaminados consumidos pelos indivíduos.

Avaliação de Risco à Saúde Humana

A avaliação de risco compreende todo estudo que procura entender e quantificar os perigos existentes em qualquer atividade, e estabelecer tanto quantitativamente quanto qualitativamente os riscos à saúde humana, relacionados ao empreendimento ou atividade em questão. Uma avaliação de risco é um mecanismo que provê a população com informações sobre as implicações na saúde pública em um local específico, bem como faz recomendações sobre ações que podem ser adotadas para proteger a saúde das pessoas. Dessa maneira, as atividades, desde uma "simples" derrubada de dez árvores para construção de um campo de futebol de várzea até a implantação de grandes indústrias, que exigem, normalmente, grandes áreas, consumidoras de recursos naturais e geradoras de resíduos, podem ser avaliadas quanto ao risco à saúde humana decorrente da implantação e do desenvolvimento do empreendimento. Hoje, ainda, a avaliação de risco à saúde humana é usada para grandes empreendimentos geradores de impactos significativos ao meio, em parte pelo seu elevado custo, mas principalmente pela possibilidade das alterações ambientais interferirem direta ou indiretamente na saúde da população. Mas a tendência é a utilização dessa metodologia cada vez mais frequentemente, em empreendimentos de todas as dimensões, de modo a possibilitar um entendimento prévio de uma condição futura e, assim, minimizar os impactos negativos ao meio ambiente e às pessoas.

Basicamente, a avaliação de risco à saúde humana faz uma análise dos dados ambientais e das populações potencialmente expostas em uma determinada região. O primeiro passo na elaboração de uma avaliação de risco é a definição do projeto a ser desenvolvido, como em qualquer trabalho de pesquisa. No projeto deve constar introdução, objetivos, metodologia, resultados esperados e propostas a serem implementadas. Na introdução devem ser identificadas as partes envolvidas, a razão para o desenvolvimento do estudo, a localização da área e a identificação dos aspectos ambientais gerais, possibilitando a definição clara e sucinta dos objetivos gerais e específicos a serem alcançados com o estudo. A metodologia pode variar em alguns aspectos em função do local, tipo de empreendimento ou contaminação presente na área e nas populações afetadas, mas em linhas gerais deve abranger como será feito o histórico ambiental detalhado e qual o modelo conceitual que será utilizado. Após a definição do projeto, cada item é apresentado em mais detalhes.

Primeiramente, descreve-se o local, definindo-se os limites internos e externos da área, suas características geológicas e geográficas, condições climáticas e composição hidrológica. Definido o local de estudo, procede-se a um levantamento demográfico da região, procurando estabelecer a presença de populações residentes, sua distribuição etária e socioeconômica. Também é importante obter informações sobre o uso e a ocupação do solo, considerando o passado, presente e futuro da região. Isso possibilita o reconhecimento de áreas residenciais, industriais, recreativas, áreas mais relacionadas à produção de alimentos, escolas, estações de transporte coletivo, entre outras. Visitas ao local auxiliam na melhor caracterização atual, no levantamento das condições de acessibilidade e na obtenção de informações sobre as preocupações da comunidade com a sua saúde. Essa caracterização deve ser feita tanto para a área diretamente afetada como para as áreas de influência. A partir das informações obtidas deve-se destacar como serão avaliados os resultados e, se for o caso, as metas de remediação da área que poderão ser adotadas.

Com o desenvolvimento do trabalho, os resultados esperados dão lugar aos resultados obtidos que possibilitam o estabelecimento das conclusões e das recomendações para o local.

Áreas Rurais e Urbanas com Contaminação de Origem Antrópica

Investigação: preliminar, confirmatória e detalhada

Os principais objetivos da avaliação de risco à saúde humana são a identificação e a quantificação dos riscos decorrentes de alterações ambientais. A implantação de uma atividade transformadora em uma área deve ser precedida de uma avaliação prévia, visando detectar os possíveis riscos à saúde humana existentes naquele ambiente. Especial atenção tem sido dada à mudança de uso de uma área, especialmente em ambientes urbanos, mais sujeitos a contaminação química em decorrência da presença de atividade industrial, embora áreas rurais que abrigaram culturas por longos períodos, também devam ser avaliadas em função da aplicação de agrotóxicos e outros insumos químicos relacionados à proteção vegetal e ao aumento da produtividade.

A Figura 29.1 mostra esquematicamente os passos iniciais na avaliação de uma determinada área para que seja segura sua mudança de uso. Os mesmos são descritos com mais detalhes a seguir.

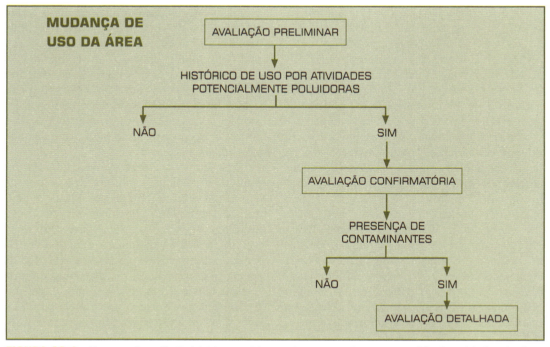

FIGURA 29.1 – Esquema da avaliação inicial necessária para áreas que terão seu uso modificado, minimizando, dessa forma, o risco de exposição humana a possíveis locais contaminados.

O primeiro passo na investigação de uma área para sua posterior utilização é baseado em uma *investigação preliminar* que busca levantar o histórico do uso do local. Esse levantamento pode ser feito a partir de base de dados de secretarias municipais e pesquisa de campo com entrevistas a moradores do local e do entorno e munícipes em geral. Muitas vezes, o levantamento de campo é a principal ferramenta, uma vez que existem falhas na documentação relacionada ao uso e ocupação do solo, especialmente quando se trata de longos períodos de tempo. A avaliação preliminar pretende ser uma diretriz quanto à necessidade ou não de outros estudos para a área. Regiões que abrigaram indústrias químicas, indústrias têxteis, mineradoras, postos de combustíveis são fortes candidatas a apresentarem algum grau de contaminação.

Uma vez levantado o histórico de uso da área pela avaliação preliminar e constatando a possibilidade da presença de algum tipo de contaminação deve ser dado prosseguimento à avaliação ambiental. Nessa etapa, denominada *investigação confirmatória*, cujo objetivo é a confirmação ou não da presença de contaminação em uma área suspeita, há necessidade de determinar o tipo de contaminante presente nos diferentes compartimentos do ecossistema. A avaliação preliminar já fornece orientação quanto ao possível grupo do contaminante uma vez que levanta quais e quando foram as atividades que ocuparam o local. Na avaliação confirmatória as metodologias de coleta e de análise do meio, bem como sua periodicidade, são estabelecidas. A seleção dos pontos de coleta pode ser direcionada, sistematizada ou aleatoriamente estratificada, dependendo do conhecimento da área obtido na etapa de avaliação anterior. As amostras coletadas são encaminhadas para análise qualitativa objetivando determinar a presença ou não dos possíveis contaminantes no local. Nessa etapa, também, são levantados e estabelecidos os laboratórios onde serão realizadas as análises.

Havendo a confirmação da presença do contaminante em algum compartimento do ecossistema, procede-se à *investigação deta-lhada*, para quantificação da substância ou das substâncias presentes, bem como avaliação do seu comportamento no meio. Esses dados irão subsidiar as informações relacionadas ao deslocamento da substância dentro de um determinado compartimento e entre os diferentes compartimentos do ecossistema. Também serão base para avaliação ecotoxicológica, tanto em termos de riscos de contaminação e intoxicação humana e de animais, quanto aos possíveis meios de degradação física, química ou biológica. O conhecimento do tipo de substância, seu comportamento no meio e sua concentração possibilitam dar continuidade ao estudo, utilizando essas informações para determinação das possíveis rotas de exposição humana e de animais. O destino das diferentes substâncias no ambiente depende de fatores como: propriedades físicas e químicas do composto, quantidade aplicada, frequência e modo de sua aplicação; bem como das características abióticas e bióticas do meio e das condições climáticas. Em função dos fatores citados e suas interações, cada substância apresenta comportamento próprio em determinado ambiente. O tempo de permanência no solo onde a substância é aplicada, ou encontrada, estabelece sua persistência no ambiente, podendo determinar alterações no ambiente edáfico. Essa persistência depende da extensão dos processos de remoção físicos e biológicos, relacionados com a própria estrutura química da molécula, a forma e quantidade das aplicações do composto e as condições edáficas, tais como conteúdos de argila e matéria orgânica, dinâmica de adsorção/dessorção das partículas de solo, disponibilidade de oxigênio, temperatura, umidade, pH, entre outras. De modo geral, as principais características e parâmetros a serem avaliados sobre os contaminantes referem-se à capacidade de dispersão em ambientes aquáticos, avaliada a partir de seu grau de viscosidade em líquidos, da tensão superficial de soluções aquosas, do coeficiente de partição entre o carbono orgânico e a água, do coeficiente de partição entre o solo/sedimento e a água, do coeficiente de partição entre octanol e água, do grau de hidrossolubilidade e do coeficiente de difusão na água. Para avaliação da probabilidade de contaminação atmosférica se avalia a pressão de vapor, bem como a curva de pressão de vapor e o coeficiente de difusão no ar. A determinação do potencial de bioacumulação da substância pode ser obtida pelo coeficiente de partição entre octanol e água e após estudos, ou levantamento na literatura, do fator de bioconcentração. O conhecimento da densidade específica da substância é importante, pois está relacionada com sua distribuição relativa dentro e entre os compartimentos de ar, água e solo, além de ser um fator determinante na decantação de líquidos e sólidos insolúveis em água. Também é importante o conhecimento da meia vida da substância no ambiente. Nessa fase de avaliação também são levantadas as características físicas, químicas e biológicas dos compartimentos envolvidos, suas dimensões e volumes afetados.

Seja nas áreas rurais com suspeita de contaminação de origem antrópica ou nas áreas urbanas com suspeita de contaminação de origem antrópica os procedimentos são basicamente os mesmos. Na sequência de eventos segue-se: 1) caracterização ambiental; 2) avaliação preliminar, isto é, o levantamento das atividades; 3) avaliação confirmatória, identificação e comportamento das substâncias no meio e; 4) avaliação detalhada que compreende a determinação das concentrações contaminante presentes nos diferentes comportamentos, bem como seu comportamento ambiental e sua avaliação toxicológica. A partir daí, torna-se necessário proceder ao mapeamento da população e definir as possíveis rotas de exposição. Com essas informações a caracterização e a quantificação dos riscos e, posteriormente, seu gerenciamento são passíveis de serem realizados.

Avaliação da exposição

A avaliação da exposição compreende estimativas de intensidade, frequência, duração e rotas de exposição humana, seja ela passada, atual ou futura, a um determinado contaminante ambiental. Torna-se necessário o entendimento dos mecanismos de vazamento e transporte da substância em questão no meio, da identificação das populações expostas, da identificação das rotas de exposição e da avaliação das concentrações nos principais pontos de exposição. Em linhas gerais, a Figura 29.2 esquematiza a avaliação de exposição de uma população a um contaminante ambiental.

Os mecanismos de vazamento e de trans-

FIGURA 29.2 – O evento de exposição ocorre quando o receptor (R), que pode ser uma população, um habitat ou um ecossistema, entra em contato direto ou indireto com o contaminante. Depende da presença de pontos de exposição (PE), isto é, local onde o contaminante tem probabilidade de afetar o receptor, com suas respectivas rotas de exposição (RE), elos de ligação entre o ponto de exposição e o receptor e das vias de ingresso (VI), ou seja, locais do receptor onde exista a possibilidade de entrada do contaminante. A fonte de contaminação pode ser primária (FP) se corresponde à área onde ocorreu ou onde está ocorrendo a contaminação, ou secundária (FS) se uma parte do meio físico, seja solo, água ou ar, atua como transferência do contaminante para outra parte do meio físico.

porte no meio ambiente, na maioria das vezes, são obtidos a partir de informações sobre o comportamento da substância no meio e o tipo de meio em que se encontra.

As rotas de exposição compreendem os possíveis caminhos que a substância contaminante pode seguir desde a fonte emissora até a população receptora. Essas rotas são constituídas de elos de ligação entre as emissões que ocorreram, estão ocorrendo ou ocorrerão no ambiente e a população local que poderá vir a estabelecer contato com o contaminante ou, de alguma forma ser exposta a ele. Portanto, o primeiro passo no estabelecimento das rotas de exposição é o levantamento e a análise de dados sobre o ambiente e sobre as populações potencialmente expostas dentro e fora da área de interesse, e a seguir o estabelecimento das características associadas ao processo de exposição toxicológica.

A avaliação das possíveis rotas de exposição está baseada: 1) na fonte e mecanismos da contaminação; 2) nas características dos diferentes compartimentos ambientais onde se encontra a substância contaminante; 3) nos compartimentos que podem vir a ser contaminados secundariamente; 4) na determinação dos pontos de exposição; 5) na avaliação das principais vias de ingresso ou de exposição humana, dérmica, oral ou inalatória e; 6) na definição das populações potencialmente expostas. Para que uma rota de exposição possa ser completa, o estudo deve contemplar os seis itens citados acima. Se um dos itens estiver ausente, por exemplo, não existirem pontos de exposição, ou a substância se encontra adsorvida a tal ponto ao substrato que não ocorra seu deslocamento, pode-se dizer que a rota de exposição foi eliminada. Algumas vezes, as informações obtidas não permitem eliminar ou excluir um ou mais dos itens citados acima, nesse caso as rotas de exposição são potenciais.

Salienta-se que para cada possível rota de exposição devem ser relacionadas as vias de ingresso e os pontos de exposição. O levantamento das rotas de exposição permite determinar se as populações estiveram, estão ou estarão em contato com os contaminantes existentes na área.

A determinação da fonte e o estabelecimento dos mecanismos de contaminação são obtidos, geralmente, a partir do levantamento do histórico de ocupação da área e procura estabelecer a origem e os tipos de contaminantes dos ambientais.

Também devem ser estabelecidas as características dos diferentes compartimentos ambientais onde se encontra a substância contaminante, uma vez que estão diretamente relacionadas com os mecanismos de transporte e, consequentemente, com o deslocamento da substância no ambiente, como também com as transformações físicas, químicas ou biológicas passíveis de ocorrência e, portanto, o grau de persistência ambiental. Basicamente devem ser feitas avaliações sobre a direção predominante do vento, clima e sua variação segundo o ciclo hidrológico, a vegetação, sobre a hidrogeologia com a caracterização dos cursos d'água superficiais e do sistema aquífero regional, bem como a presença de poços de abastecimento e sobre a caracterização dos tipos de solo e dos tipos litológicos predominantes associados à geologia da região. Esses aspectos da região devem ser levantados em um raio determinado previamente em função das dimensões da área e do grau de contaminação.

O estabelecimento dos compartimentos que podem ser contaminados secundariamente é importante, pois dessa forma se evita ou previne a contaminação de outros compartimentos do ecossistema. Por exemplo, o conhecimento da possibilidade de contaminação da água subterrânea a partir de solo contaminado possibilita a adoção de medidas que, pelo menos, evitem o consumo de água de poços, rasos ou profundos, da região.

A determinação dos pontos de exposição, isto é, os locais da área onde se encontram as maiores concentrações do contaminante, ou as condições mais favoráveis ao seu escape ou ainda a maior possibilidade de contato com a população, devem ser claramente estabelecidos, uma vez que, nesses locais existe uma maior probabilidade da população entrar em contato com o contaminante. Além disso, esses pontos fornecem informações importantes para a caracterização e a quantificação dos riscos. Esses pontos são estabelecidos a partir do levantamento feito na investigação preliminar e das análises das amostras de material coletado no local.

As vias de ingresso ou de exposição humana compreendem os meios pelos quais o contaminante entra no organismo e, de modo geral, incluem a via dérmica e a via oral inalatória ou digestória. O contato dérmico pode se dar com o contaminante presente na água, no solo, no ar, em alimentos ou em outros meios, e possibilitar a absorção da substância pela via dérmica. Contaminantes em forma de vapores presentes no ar, em partículas de solo em suspensão e aerossóis ou gases liberados de ambientes aquáticos podem ser inalados pelo indivíduo, penetrando dessa maneira em seu corpo. Ainda, o contaminante pode ser ingerido juntamente com a ingestão de água subterrânea, água superficial, solo ou alimentos contaminados. Nos estudos, todas as vias de exposição são relevantes e devem ser consideradas, mesmo aquelas que são pouco frequentes. Nesse caso, deve ser salientado que se a via de exposição em questão apresenta baixa probabilidade de ocorrência merece ser reavaliada em estudos subsequentes. Se o local contaminado não puder ser acessado pela população, seja pela presença de barreiras físicas ou de controles institucionais, naturalmente, o contato do indivíduo com o contaminante deixa de existir e, portanto, não há via de exposição. Uma vez determinadas as vias de exposição, a duração e a frequência devem ser estabelecidas.

As populações potencialmente expostas devem ser identificadas através de informações sobre o uso e a ocupação do solo, o posicionamento dos indivíduos receptores em relação às fontes e às plumas de contaminação, a densidade e a frequência de uso da área, a presença de hospitais, creches, escolas e outras subpopulações sensíveis e, também, a existência de estruturas subterrâneas como galerias de águas pluviais, esgoto, telefonia, e outras. Nesse levantamento também deve constar o período que as populações permaneceram expostas aos principais pontos de exposição, o tipo de ambiente interno (*in door*) e externo, em que ocorreu ou ocorre a exposição, bem

como o nível de acesso das populações às fontes e plumas de contaminação. Naturalmente, um elemento essencial é a caracterização específica das populações potencialmente expostas quanto aos fatores demográficos presentes.

Avaliação da toxicidade

Nessa etapa é definida a toxicidade de cada substância envolvida e os seus efeitos adversos à saúde relacionados à exposição. A análise da toxicidade de uma determinada substância envolve a compilação e a interpretação das evidências de ocorrência de efeitos adversos à saúde humana. Primeiramente, busca-se identificar o perigo toxicológico, isto é, avaliar se a exposição a uma substância pode aumentar a incidência de um efeito adverso à saúde e se esse efeito pode ocorrer em seres humanos, a partir de dados científicos obtidos por meio de levantamento de dados secundários, fontes de dados toxicológicos, estudos epidemiológicos, estudos clínicos e experimentos em animais. Algumas fontes de dados toxicológicos disponíveis são: *Integrated Risk Information System, Health Effects Assessment Summary Tables, Agency for Toxic Substances and Disease Registry* e *Environmental Criteria and Assessment Office-Environmental Protection Agency*.

Os estudos epidemiológicos propiciam estabelecer uma relação causal entre a substância e os efeitos adversos à saúde humana. De maneira semelhante, os estudos clínicos contribuem para o estabelecimento de relações causais.

Os experimentos em animais, procedimento contestável por alguns estudiosos, visam estabelecer medidas e normas relativas à toxicidade considerando-se a farmacologia da substância, seu comportamento no ambiente, o tipo de dano à saúde e os dados de exposição e eficácia da ação. Para isso avaliam-se a toxicidade aguda, toxicidade crônica, neurotoxicidade, efeitos carcinogênicos, efeitos mutagênicos, efeitos teratogênicos, irritação e corrosão ocular e cutânea. Nesses testes são utilizados como parâmetros biológicos o peso, a duração da vida, o consumo diário de água e de alimentação sólida, a temperatura corporal, o ritmo respiratório, os batimentos cardíacos e a pressão sanguínea, o peso ao nascer, o tempo de gestação, o número e a viabilidade dos filhotes, o ciclo estral, o volume sanguíneo, a porcentagem de hemácias e de hemoglobina, o coagulograma e as alterações comportamentais e reprodutivas.

A toxicidade aguda é avaliada a partir da exposição de animais a diferentes doses do composto em estudo. Utilizam-se quatro doses, sendo que a dose inferior não deve provocar a morte, e a superior deve provocar 100% de mortalidade. Após catorze dias de exposição, verifica-se o índice de mortalidade e estabelece-se a quantidade necessária do composto em miligrama por quilo de peso corpóreo para provocar a morte de 50% dos animais expostos.

Para avaliação da toxicidade crônica administra-se diariamente aos animais teste, dose que não produza mais que 10% de mortalidade quando aplicada uma vez. A análise é feita durante quatro semanas (curto prazo), período de tempo não superior a 10% da meia-vida do animal utilizado (médio prazo) ou por doze meses (longo prazo). Após o tempo de exposição estabelecido, todos os animais são mortos e seus tecidos e órgãos são submetidos a análises histológicas.

Nos testes de neurotoxicidade, devido à grande complexidade do sistema nervoso, é sempre necessária a utilização de diferentes espécies animais, sempre de ambos os sexos, diferentes doses e duração de exposição. São avaliadas alterações quantitativas e qualitativas nos níveis homeostáticos de neurotransmissores, morfológicas nos componentes essenciais do sistema nervoso e comportamental do indivíduo.

A avaliação da possibilidade de induzir o desenvolvimento de tumores (efeitos oncogênicos) é realizada em laboratório através da administração de duas doses do toxicante em duas espécies de animais com grupos de pelo menos cinquenta. As vias de administração devem ser similares às condições de exposição humana. Os animais são acompanhados por no mínimo setenta e oito semanas após a administração do composto, e então mortos e ne-

cropsiados. Os fragmentos com lesões visíveis são analisados histologicamente. Além disso, estudos epidemiológicos com seres humanos, quando possíveis, são de extrema utilidade.

Mutagenicidade pode ser avaliada a partir de estudos com microrganismos, como, por exemplo, o teste da mutação gênica reversa com *Salmonella typhimurium* através de ensaio de AMES, que se baseia na reversão do fenótipo histidina negativo em histidina positivo. Podem também ser realizados testes de conversão gênica mitótica e de mutação reversa com *Saccharomyces cerevisae*. No primeiro caso avalia-se ocorrência de mutações em cepas heterozigóticas dependentes do aminoácido triptofano, e no segundo caso, utilizam-se cepas homozigóticas dependentes do aminoácido isoleucina. Nos testes citados com microrganismos é interessante destacar que as cepas utilizadas são colocadas em contato com o composto em várias concentrações com e sem sistema de ativação, que corresponde a uma fração microssomal de fígado de rato, para indicar se a substância é mutagênica em sua forma original ou se necessita ser metabolizada ou ativada para se tornar mutagênica. Mas os ensaios com animais de laboratório, especialmente mamíferos, oferecem maiores vantagens, pois podem reproduzir as condições de exposição humana. Entre os ensaios com animais podem ser citados: 1) o teste com linfócitos de sangue periférico que avalia a capacidade do composto em produzir aberrações cromossômicas após exposição ao agente; 2) o teste com metáfases de medula óssea, o qual utiliza animais vivos expostos ao composto para detectar se o mesmo possui efeito clastogênico, isto é, se consegue induzir a quebra cromossômica produzindo aberrações estruturais; 3) o teste do micronúcleo realizado *in vivo*, detecta substâncias clastogênicas ou que interferem na formação do fuso mitótico, alterando a distribuição equitativa dos cromossomos durante a divisão celular. Nesse teste os animais são expostos ao composto e seus eritrócitos policromáticos, retirados da medula óssea, são analisados quanto à presença de micronúcleos, isto é, de fragmentos cromossômicos acêntricos ou que se atrasaram em relação aos demais na migração para o fuso. Quando os eritroblastos expelem seu núcleo e se transformam em eritrócitos, os micronúcleos permanecem no citoplasma e são facilmente visíveis ao microscópio e 4) o teste do letal dominante, que avalia o potencial mutagênico do composto ao tecido germinativo de um mamífero. De qualquer modo, esses testes avaliam basicamente alterações provocadas no DNA do organismo exposto.

Os efeitos teratogênicos, isto é, aqueles relacionados com danos ocorridos durante o desenvolvimento embrionário produzindo más-formações congênitas, de uma substância são avaliados através de métodos experimentais em pelo menos duas espécies de animais de laboratório. O processo é bastante complexo e envolve três fases distintas. A primeira fase visa avaliar o potencial do composto sobre a fertilidade e desempenho reprodutivo. Na segunda fase são verificadas mortalidade e alterações na prole de fêmeas expostas durante a gestação. E na terceira fase se avaliam os efeitos do toxicante sobre o desenvolvimento peri e pós-natal, a partir da exposição à substância durante o último terço da gestação até o desmame.

Nos testes de irritação e corrosão ocular e cutânea aplica-se o composto no saco conjuntival ou pele do animal e observa-se a ocorrência de lesões após intervalos de tempo determinados. No caso da avaliação ocular, um dos olhos funciona como controle enquanto que o outro recebe o composto.

Dando continuidade ao estudo de toxicidade, procura se estabelecer quais os fatores que podem ter influência nos efeitos adversos à saúde decorrentes de exposição a um contaminante. Por exemplo, deve-se levantar como se processa a distribuição da substância contaminante no organismo, quais são os principais órgãos-alvo, a toxicocinética da substância, a ativação enzimática que pode aumentar ou diminuir a toxicidade da substância, a possibilidade de efeito cumulativo ao longo da cadeia

alimentar, os efeitos imediatos e os tardios, os efeitos reversíveis e os irreversíveis, os efeitos locais ou sistêmicos, as reações de hipersensibilidade e alérgicas e outros.

Outro tópico importante a ser levantado nessa fase é a estimativa da exposição. Para isso utilizam-se dados obtidos a partir da duração, da frequência e da flutuação da exposição, bem como da biodisponibilidade da substância. A duração da exposição determina o risco crescente que tem uma determinada população exposta em função do tempo de sua presença no local. A frequência de exposição se refere ao período de tempo em que o indivíduo se expõe ao contaminante em relação ao período de tempo de uma possível exposição. Por exemplo, em sete dias da semana o indivíduo se expõe ao contaminante durante cinco dias. Para avaliação da flutuação da exposição considera-se a exposição contínua ou intermitente ao contaminante.

De modo geral, a análise de toxicidade da substância pode ser dividida em duas etapas. A primeira correspondendo à identificação dos efeitos adversos à saúde humana, determinando o tipo e a magnitude desse efeito. E a segunda, relacionada com a determinação da dose-resposta, isto é, com as avaliações quantitativas da toxicidade, estabelecendo relações entre a dose do contaminante que foi administrada ou recebida com a incidência dos efeitos adversos à saúde em uma dada população exposta.

Caracterização e quantificação dos riscos

A caracterização e a quantificação dos riscos integram as informações obtidas nas etapas anteriores (Figura 29.3). Comparam-se as concentrações do contaminante, medidas nos principais pontos de exposição, e as concentrações estimadas por meio de modelos de transporte de massa com os dados toxicológicos específicos da substância de interesse.

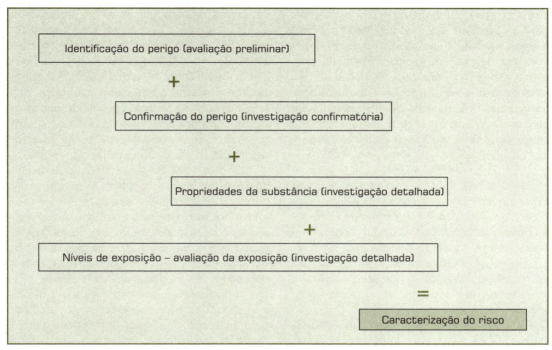

FIGURA 29.3 – Esquema mostrando as etapas necessárias à caracterização, e posterior quantificação, dos riscos em uma *análise de riscos à saúde humana*.

Nessa etapa são determinadas as implicações da área para a saúde pública e identificadas as ações necessárias para mitigar ou prevenir os efeitos adversos à saúde da população. Com a interação e a interpretação dos dados obtidos anteriormente se identifica o nível de perigo que representa uma determinada área: 1) perigo urgente para a saúde pública; 2) perigo para a saúde pública; 3) perigo indeterminado para a saúde pública; 4) perigo não aparente para a saúde pública e 5) sem perigo para a saúde pública.

A etapa de caracterização do risco possibilita o início da etapa seguinte que corresponde ao *gerenciamento de risco*, quando se deverá decidir se as fases subsequentes irão priorizar a eliminação ou a minimização do risco à saúde humana. É importante calcular separadamente o risco carcinogênico e o risco não-carcinogênico da substância.

Acidentes Ambientais

Os acidentes ambientais podem ser separados em duas categorias, aqueles que são consequência direta de desastres naturais e os relacionados a desastres tecnológicos. De qualquer forma, os acidentes ambientais são eventos mais ou menos inesperados que afetam, direta ou indiretamente, a saúde da população, além de causarem impactos, mais ou menos graves, ao meio ambiente. De modo geral, os desastres naturais são de prevenção mais difícil do que os desastres tecnológicos, uma vez que esses últimos estão diretamente relacionados a falhas técnicas ou funcionais de atividades humanas.

Desastres naturais

Como foi comentada anteriormente, a

prevenção da ocorrência de desastres naturais nem sempre é simples, pois enchentes, deslizamentos, incêndio e outros não necessariamente ocorrem com periodicidade regular, razão pela qual os investimentos têm sido no sentido de aprimorar os sistemas de atendimento de emergência a essas situações. Embora sejam de difícil prevenção, alguns parâmetros são importantes para minimizar os riscos envolvidos nesses acidentes.

O primeiro aspecto a ser abordado é a avaliação ambiental, especialmente a geologia, o clima e a hidrologia da região. O uso e a ocupação do solo em encostas, próximo a córregos e em outras áreas mais instáveis apresentam maior probabilidade de deslizamento de terra e de enchentes. Após a avaliação ambiental das áreas, procede-se à identificação dos riscos e ao mapeamento das populações potencialmente expostas.

Tratando-se de acidentes envolvendo desastres naturais, o levantamento dos sistemas de transporte é essencial para remoção rápida da população do local atingido, bem como a identificação dos sistemas de emergência como bombeiros, polícia militar, unidades de saúde e outras, para o rápido atendimento às pessoas afetadas.

O conhecimento do ambiente, a identificação dos riscos e o mapeamento da população possibilitam a implantação de medidas para redução na exposição das pessoas aos acidentes relacionados a desastres naturais.

Desastres tecnológicos

Diferentemente dos desastres naturais, os acidentes de origem tecnológica podem, na maior parte dos casos, ser prevenidos, uma vez que decorrem de falhas em equipamentos, em processos ou humanas. Dessa forma, para a prevenção desse tipo de acidente podem ser utilizados os conceitos básicos de *gerenciamento de risco.* O gerenciamento de risco pode ser definido como a formulação e a implantação de medidas e procedimentos, técnicos e administrativos, para prevenir ou minimizar os riscos de uma determinada atividade ou empreendimento potencialmente perigoso e reduzir as consequências em caso de acidente.

As ações voltadas para a prevenção de acidentes tecnológicos envolvem o investimento em infraestrutura adequada, a melhoria tecnológica do processo produtivo, implantação de sistemas de segurança e a capacitação periódica dos funcionários. Por sua vez, as medidas que podem ser adotadas para redução nas consequências em caso de acidentes se referem à diminuição da quantidade estocada ou manipulada de substâncias perigosas, medidas para contenção em casos de vazamentos, eliminação de locais de confinamento de gases e explosões, sistemas de prevenção e combate a incêndios, medidas de proteção da população exposta e implantação de plano de contingência e plano de emergência. Um gerenciamento de risco, portanto, envolve a adoção de um *Plano de Gerenciamento de Risco*, que contemple os aspectos de prevenção de acidentes e redução nas consequências ambientais e à saúde humana.

Assim como nos acidentes com desastres naturais, é importante a avaliação ambiental, o mapeamento da população, o levantamento dos sistemas de transporte da região e a identificação dos sistemas de emergência. Além disso, o levantamento das atividades existentes na região deve ser feito para verificar a possibilidade de sinergismo ou antagonismos entre os insumos utilizados e resíduos gerados das mesmas.

Atendimento a Acidentes Envolvendo Produtos Perigosos

A ocorrência de acidentes envolvendo produtos perigosos é um dos grandes problemas nas vias públicas das cidades e nas estradas, uma vez que essas substâncias podem ter efeito adverso imediato sobre a saúde humana e o meio ambiente, bem como problemas em longo prazo em função da contaminação dos meios atingidos. Vazamentos de tanques ou tubulações, tombamentos de carretas e descarte proposital encontram-se entre as principais formas de liberação de produtos perigosos no ambiente. Nesses acidentes, alguns procedimentos básicos devem ser adotados para minimizar o risco de exposição dos indivíduos ao produto. Ao aproximar-se do local, manter-se de costas para o vento, evitar contato com o produto e isolar o local ao acesso de pessoas estranhas. Procurar algum tipo de documentação ou rotulagem que identifique o produto derramado. Esses procedimentos básicos devem ser utilizados sempre que houver possibilidade de exposição dos indivíduos a substâncias potencialmente perigosas.

Para o adequado atendimento emergencial a acidentes com produtos perigosos se torna necessária a adoção de medidas de forma rápida e organizada com o objetivo de diminuir a possível exposição de pessoas e animais e evitar-se o pânico entre os envolvidos. Primeiramente, deve-se lembrar que muitas vezes a pessoa que informa sobre o acidente é leiga no assunto e nem sempre tem conhecimento dos perigos que podem estar envolvidos. Dessa forma, as equipes que recebem a chamada sobre a ocorrência do acidente devem seguir alguns procedimentos definidos para que todas as informações necessárias sejam transmitidas claramente. É importante saber: 1) o local exato da ocorrência, de forma a prever rotas de acesso rápido ao local; 2) o porte do vazamento, para que sejam acionados os meios de transporte adequados à retirada do material e de seus resíduos; 3) o horário da ocorrência, o que indica o tempo de exposição da substância às condições ambientais e meteorológicas; 4) sempre que possível identificação do produto, por meio dos rótulos das embalagens, das fichas de segurança, etc, essa informação possibilita definir rapidamente algumas linhas de ação; 5) se órgãos de saúde, ou outros, já foram acionados ou estão presentes no local; 6) se há vítimas, o que possibilita acionar unidades de saúde próximas ao local do acidente e 7) a ocorrência de incêndios ou explosões, acionando os órgãos competentes e isolando rapidamente a área próxima. Para que essas informações sejam obtidas é necessário um programa de comunicação claro e objetivo, bem como a capacitação das pessoas envolvidas.

A situação do local afetado deve ser avaliada para identificar o tipo de problema a ser resolvido visando adoção dos procedimentos para o controle da situação. Para isso procede-se à caracterização dos riscos potenciais ou efetivos, identificando as substâncias e levantando as características físicas, químicas e toxicológicas, o que possibilita a definição dos equipamentos de proteção individual (EPI) a serem utilizados. Em linhas gerais, as ações para derrame de produtos no solo correspondem ao isolamento da área, à contenção do produto pelo mecanismo mais adequado ao mesmo. No caso de liberação de vapores é usada aplicação de espuma mecânica; no caso de ventos fortes ou chuva fazer a proteção do material com lona plástica compatível com o produto, recolhimento do produto, remoção dos resíduos e neutralização da área atingida. Quanto às ações a serem adotadas para derrame de produtos em corpos d'água pode-se destacar a suspensão do uso da água pela população, avaliação da espessura da lâmina de água no local de derramamento, drenagem ou dragagem da bacia de contenção, controle da vazão do produto, levantamento da extensão do aquífero atingido e monitoramento da qualidade da água até a recuperação do aquífero, controlando sua vazão. E por último, as ações que podem ser adotadas para vazamento de gases: estancar o vazamento, isolar a área, abater vapores com neblina d'água, monitorar a região e os níveis de concentração do gás, desligar ou isolar fontes de ignição, identificar locais de possível confinamento, realizar transbordo do produto para outros reservatórios com a adoção dos requisitos mínimos para a segurança humana e ambiental. Também devem ser avaliadas as principais características da região como densidades populacionais, presença de corpos d´água, tipo e disposição vias públicas, e outros aspectos de relevância.

Uma vez adotados os procedimentos emergenciais e definida a situação do local do acidente procede-se à elaboração das medidas de controle a serem adotadas. Como exemplos dessas medidas podem ser citados: evacuação das pessoas, contenção do produto vazado, abatimento de vapores, neutralização e/ou remoção do produto e tipo de monitoramento ambiental além de estabelecer quais serão as atividades a serem desenvolvidas para o restabelecimento das condições normais das áreas afetadas pelo vazamento. De acordo com o tipo de substância, determinado tratamento e forma de disposição dos resíduos podem ser mais ou menos indicado. É importante que seja elaborado relatório dos trabalhos de campo desenvolvidos, com a finalidade de avaliar a operação visando o aperfeiçoamento do sistema de atendimento.

Alguns Procedimentos de Segurança no Controle de Vetores

O controle de vetores, animais envolvidos na transmissão de doenças, e de pragas urbanas pode ser feito utilizando diferentes metodologias ao mesmo tempo ou separadamente. Os vetores e pragas urbanas podem ser controlados mecanicamente, por meio de catação, captura em armadilhas, etc., especialmente quando se trata de uma área pequena e o índice de infestação é baixo. Em áreas maiores e com índices de infestação mais elevados, recomenda-se o manejo do ambiente para retirada das condições de abrigo e de alimentação das espécies. Esse manejo compreende a remoção de entulhos, limpeza de terrenos, disposição adequada do lixo, educação sanitária da população, entre outros. Mas muitas vezes, a opção do controle de vetores e de pragas urbanas acaba sendo a aplicação de produtos biocidas, que de uma forma ou de outra, com maior ou menor toxicidade, são perigosos ao homem, aos animais e ao ambiente de maneira geral. É esse controle químico que tem especial interesse em termos de exposição do aplicador, da população e do ambiente.

Assim, quando se trata da aplicação de produtos biocidas, como primeira ou segunda opção, para o controle de vetores e pragas urbanas, deve-se ter em mente alguns aspectos de especial importância que não podem deixar de ser observado. Embora os insumos químicos, inseticidas, raticidas, moluscicidas, etc, sejam basicamente os mesmos, tanto na área rural como nas cidades, é comum o uso de termos diferentes para identificar os dois tipos de "produtos". Agrotóxicos se referem aos produtos biocidas destinados ao uso em áreas agrícolas; e desinfestantes são utilizados nas cidades, especialmente em desinsetizações localizadas e em campanhas de saúde pública. A segurança em relação a estes será discutida adiante, uma vez que em relação ao uso de agrotóxicos em áreas rurais há material especializado disponível.

É importante destacar qual o grupo químico do desinfestante que está sendo utilizando, bem como sua formulação e as condições de aplicação. Sabe-se que boa parte de produtos biocidas pertencentes ao grupo químico organoclorados já teve seu uso banido no Brasil, por apresentarem alta persistência ambiental. Também se sabe que os compostos organosfosforados, embora de modo geral menos persistentes do que os organoclorados, apresentam alta toxicidade aguda a mamíferos, inclusive ao homem e, que os compostos piretroides possuem menor potencial tóxico e, geralmente, baixa persistência ambiental, embora costumem ser mais alergênicos. Além do grupo químico, também é importante o conhecimento da formulação em que se apresenta o ingrediente ativo, pois a mesma está relacionada com o comportamento químico e toxicológico do composto. Outro fator importante a ser levado em consideração está relacionado à forma como foi feita a aquisição dos produtos, sejam os biocidas, os equipamentos de aplicação ou os equipamentos de proteção individual, pois a existência de um mecanismo capaz de avaliar a qualidade dos insumos adquiridos aumenta consideravelmente a segurança no controle químico de vetores.

As aplicações de desinfestantes inseticidas,

rodenticidas ou outros somente devem ser realizadas após uma vistoria prévia do local e constatação da infestação. Devem ser determinadas as principais espécies infestantes e seus locais de abrigo de modo a selecionar adequadamente o grupo químico, o ingrediente ativo, a formulação e a metodologia de aplicação. Os trabalhadores envolvidos no preparo, na aplicação de produtos e na limpeza dos equipamentos devem utilizar os equipamentos de proteção individual adequados e seguir as recomendações do fabricante. Os tipos e o uso dos equipamentos de proteção individual nas atividades de controle de vetores devem ser avaliados cuidadosamente. Deve-se avaliar o EPI necessário em função do tipo de operação e da formulação dos produtos utilizados, como exemplificado na Tabela 31.1.

Tabela 31.1. Equipamentos de proteção individual que devem ser usados nas atividades relacionadas com o controle químico de vetores

Atividade	Visor ou óculos	Máscara com filtro mecânico	Máscara com filtro químico	Máscara com filtro combinado	Protetor auricular plug/concha	Roupa de trabalho: calça/camisa de manga longa	Uniforme hidrorrepelente completo	Luva impermeável	Avental impermeável	Botina	Bota impermeável
Desinsetização com pulverizador manual	X			X		X	X	X	X	X	
Nebulização e *fog* (equipamento mecânico)	X			X	X	X	X	X	X		X
Tratamento focal (com formulação granulada)						X		X		X	
Tratamento focal (com formulação gel)						X		X		X	
Aplicação de rodenticidas (peletizado e parafinado)						X		X		X	
Aplicação de rodenticidas (pó de contato)	X					X		X		X	
Transporte e armazenamento				*X		X	*X	X	X	X	
Preparação da calda	X			X		X	X	X	X		X
Limpeza de máquinas	X	X		X	X	X	X	X	X		X
Lavagem de roupas contaminadas e EPIs	X	X				X		X	X		X

* Deve estar disponível para caso de acidente.

Visando o aumento na segurança ambiental e a minimização da exposição humana aos insumos usados no controle químico de vetores, deve-se adequar a estrutura da unidade prestadora desse tipo de serviço. Para isso o primeiro passo é verificar a localização da unidade, se está obedecendo às normas de uso e ocupação do solo vigente na Prefeitura, se o local não está sujeito à inundação e se é possível manter pessoas estranhas ao serviço afastadas assim como populações com maior probabilidade de exposição como creches, escolas e unidades de saúde. Outro aspecto importante a considerar é a estrutura física da unidade. Essa deve comportar: 1) uma área administrativa com banheiros, refeitório, vestiários, escritórios, etc.; 2) depósito para armazenamento dos insumos; 3) local de manipulação, como preparo da calda para aplicação, manutenção de equipamentos, etc.; 4) local para sistema de desativação de resíduos de produtos que por ventura possam existir no caso da ocorrência de acidentes; 5) um abrigo externo para resíduos e; 6) uma lavanderia. Ainda é importante a observação da distância entre a parte administrativa e os demais locais, de modo à evitar uma possível exposição de funcionários do escritório. O depósito dos insumos deve seguir as normas básicas de segurança como, por exemplo: 1) possuir duas entradas, extintores de incêndio com manutenção de acordo com as normas vigentes, brigada de incêndio e sistema de contenção de resíduos para casos de acidentes; 2) ser de alvenaria, com paredes e piso impermeáveis e resistentes, sem drenagem aberta para rede pluvial; 3) ter altura que possibilite a ventilação adequada, preferencialmente natural; 4) ter iluminação suficiente para a realização das atividades locais; 5) ter todas as fontes de ignição internas blindadas; 6) ter chuveiro e lava-olhos para emergência; 7) possuir equipamento de proteção contra descargas elétricas atmosféricas - para-raio; 8) ter via de acesso com no mínimo 1,20m de largura e rota para fuga em caso de acidentes; 9) possuir sistema de contenção de produtos em caso de acidentes e; 10) possuir, em local de fácil visualização, placa de identificação do local com uso de simbologia apropriada, segundo a norma técnica ABNT NBR nº 7.500.

É recomendável que na unidade haja espaço adequado para o sistema de desativação de resíduos gerados, em caso da ocorrência de acidentes, obedecendo às leis de uso e ocupação do solo vigente no município. Os tanques e/ou outros recipientes para desativação dos ingredientes ativos devem ser de material resistente e o efluente gerado deverá atender aos parâmetros da legislação vigente para ser descartado. Como os serviços de controle de vetores e pragas urbanas são geradores de resíduos químicos, eles devem ser cadastrados no órgão responsável pela limpeza urbana do município e possuir local adequado para retirada dos resíduos químicos sólidos. Para facilitar o acesso à operação de coleta e diminuir os riscos de acidentes, esse local deve estar localizado no andar térreo, construído em alvenaria, trancado, dotado de aberturas teladas para ventilação, revestido internamente com material liso, resistente, lavável, impermeável e de cor branca, ter porta com abertura para fora, com proteção inferior dificultando o acesso de animais sinantrópicos. É importante que esteja identificado com placa e com símbolo de identificação de "substâncias tóxicas". A unidade que atua no controle químico de vetores deve, também, possuir área para lavanderia dos equipamentos usados durante o procedimento de aplicação de biocidas com sala dotada de piso e paredes impermeáveis, arejada e iluminada. O descarte da água resultante da lavagem de EPI, de equipamentos de aplicação e de embalagens vazias deve obedecer à legislação vigente, além de ser analisada previamente ao descarte quanto à presença de possíveis contaminantes ambientais.

A edificação para pessoal deve ter vestiários com instalações sanitárias, um chuveiro para cada dez trabalhadores e um armário duplo, dotado de dois compartimentos independentes, sendo um para a roupa de uso pessoal e outro para o uniforme de trabalho, para cada funcionário, de forma que a vestimenta possivelmente contaminada não entre em contato com a roupa limpa.

Outros aspectos a serem observados são as condições de armazenamento dos produtos e o gerenciamento do depósito. Os produtos rodenticidas e inseticidas devem ser armazenados separadamente e em suas embalagens originais. Os estoques dentro de cada sala devem ser separados por grupos químicos, sendo que as formulações líquidas devem ficar embaixo e as sólidas em cima, identificados e dispostos de forma a favorecer sua utilização pelo período de validade, organizando os produtos que apresentam prazos mais próximos na frente, sobre suporte para evitar o contato direto com o piso, e com a tampa para cima e rótulo visível. Os produtos em embalagens danificadas não devem ser utilizados, devendo ser devolvidos ao fabricante. Somente pessoas autorizadas deverão ter acesso ao depósito dos produtos biocidas. O depósito deverá estar sob a supervisão de um técnico com nível superior qualificado e habilitado para manipulação de agrotóxicos ou de desinfestantes. Para facilitar a rastreabilidade dos produtos utilizados, os depósitos devem possuir: 1) *Livro de registro de produto* constando: número interno definido no ato da entrada, nome comercial, classe funcional (inseticida, raticida, herbicida, etc.), princípio ativo, formulação, fabricante, número do lote, data de fabricação, validade, classe toxicológica e data de entrada e; 2) *Livro de consumo* (controle de estoque) constando: número interno, nome comercial, classe funcional, estoque inicial, data e quantidade utilizadas, nome e assinatura de quem retirou e utilizou o produto. Os livros completos devem ser arquivados por pelo menos cinco anos. Todos os procedimentos de preparo de soluções, técnicas de aplicação, utilização, manutenção de equipamentos, uso de equipamentos de proteção individual e cuidados imediatos em caso de acidente devem estar descritos e disponíveis na forma de Procedimento Operacional Padrão (POP). O local deve ser sinalizado, de acordo com as normas vigentes, quanto à presença de compostos tóxicos. A boa prática preconiza que amostras representativas dos produtos agrotóxicos e de desinfestantes sejam submetidas a análises físico-químicas e bioló-

gicas por instituições credenciadas sempre que houver dúvida quanto à descrição do produto contida na ficha técnica e as características apresentadas pelo mesmo. Todos os produtos que estiverem foras dos padrões devem ser devolvidos à empresa fornecedora.

Os trabalhadores envolvidos, direta ou indiretamente, na atividade devem receber capacitações periódicas a fim de minimizar os riscos da ocorrência de acidentes com produtos perigosos. Esses cursos devem estar registrados em livro, com data, tipo de treinamento, local onde foi realizado, nome do funcionário e responsável pelo treinamento. Cursos periódicos, além de minimizar os riscos de acidentes, valorizam o profissional.

O preparo da calda de aplicação e descarte de resíduos devem obedecer a critérios básicos na manipulação de produtos perigosos. Antes de abrir uma embalagem, deve ser feita leitura das informações e recomendações do rótulo, da bula ou folheto, efetuar o cálculo correto do volume da calda a ser aplicada em campo para evitar sobras, verificar e utilizar todos os EPI necessários e adequados à tarefa. É importante ter sempre uniforme de algodão, teflonado e hidrorrepelente e avental extra para caso de acidentes e não beber, comer ou fumar durante o manuseio, preparo ou aplicação de agrotóxicos e de desinfestantes ou nos locais onde recentemente foi realizada a aplicação. Não se deve tocar qualquer parte da pele com luvas contaminadas e não permitir que pessoas alheias ao serviço e animais permaneçam no local. O descarte das águas resultantes da lavagem dos equipamentos de proteção individual (EPI) e dos maquinários deve obedecer à legislação vigente no município. O descarte de embalagens vazias deve obedecer às diretrizes das normas vigentes, atentando à realização da tríplice lavagem das mesmas, quando necessário.

O uso correto e a manutenção adequada e periódica devem constar de programa de treinamento e ser acompanhados por supervisão especializada; e os EPI adquiridos devem possuir certificado de aprovação (CA) expedido pelo Ministério do Trabalho. Os EPI devem ser inspecionados pelo usuário antes de ser usado, para verificação de danos. Os equipamentos de proteção individual danificados devem ser segregados em saco plástico branco para resíduo, para retirada e destino final pelo órgão competente.

As empresas que atuam nessa área são obrigadas a elaborar e implementar o Programa de Prevenção de Riscos Ambientais (PPRA), visando a preservação da saúde e integridade dos trabalhadores, através da antecipação, reconhecimento, avaliação e consequente controle da ocorrência de riscos ambientais existentes ou que venham a existir no ambiente de trabalho, tendo em consideração a proteção do meio ambiente e dos recursos naturais. Devem também organizar e manter em funcionamento uma Comissão Interna de Prevenção de Acidentes (CIPA) tendo como objetivo a prevenção de acidentes e doenças decorrentes do trabalho, de modo a tornar compatível permanentemente o trabalho com a preservação da vida e a promoção da saúde do trabalhador.

Os agrotóxicos e os desinfestantes estão entre os mais importantes fatores de risco para a saúde dos trabalhadores e para o meio ambiente. Algumas formulações são misturas de ingredientes ativos, o que contribui para o aparecimento de quadros clínicos mistos, dificultando o diagnóstico das intoxicações e a identificação do produto. As formulações podem conter concentrações variadas de solventes orgânicos, muitos dos quais derivados do petróleo, utilizados como veículo, contribuindo para sua toxicidade. Os agrotóxicos e os desinfestantes podem provocar alterações dérmicas, imunológicas, hormonais, hematológicas, pulmonares, hepáticas, neurológicas, cardiovasculares, más-formações fetais, processos tumorais e efeitos na reprodução, entre outros. Assim, os trabalhadores envolvidos nessa atividade devem ter acompanhamento da exposição ocupacional por meio de realização de exames médicos periódicos.

Para prevenir e controlar possíveis intoxicações agudas, subagudas, crônicas, reações alérgicas ou efeitos de longo prazo, decorrentes da exposição laboral a uma baixa concentração dos contaminantes durante longos períodos, deverá realizar controle dos indicadores biológicos necessários para monitorar a exposição aos agentes químicos utilizados, mantendo o registro adequado para controle dos resultados dos indicadores biológicos e dos exames subsidiários utilizados para monitorar a exposição aos agentes químicos manuseados. Os exames complementares realizados devem estar fundamentados: 1) nas características físico-químicas e toxicológicas dos ingredientes ativos e diluentes dos agrotóxicos e dos desinfestantes utilizados pelos trabalhadores; 2) na frequência e na intensidade com que esses produtos são manipulados e; 3) na dosagem da acetilcolinesterase eritrocitária, utilizada como indicador biológico para exposição a inseticidas organofosforados e carbamatos, como instrumento auxiliar, não substituindo a avaliação clínica. Quando não existir indicador biológico específico deverão ser avaliadas as funções hepática, renal, hematológica, hormonal e neurológica.

Monitoramento da Qualidade da Água para Consumo Humano

Nas cidades, a carência de sistema de saneamento básico adequado e a ausência de locais estruturados para indústrias são fatores que favorecem a contaminação ambiental, especialmente dos ambientes aquáticos, por resíduos biológicos e químicos. Já nas áreas rurais, o uso de fertilizantes e de agrotóxicos pode comprometer a água superficial, pela aplicação direta dos insumos ou pelo seu escoamento superficial. Também pode haver comprometimento da água subterrânea, principalmente, por meio da lixiviação dos contaminantes presentes no solo. A contaminação biológica possibilita que muitas doenças infecciosas importantes como, por exemplo, a hepatite A e a cólera, que têm como veículo principal de transmissão a água, sejam disseminadas pela ingestão de água contaminada por dejetos humanos e animais. Resíduos de substâncias químicas constituem um grande problema de saúde pública, pois muitas vezes, os efeitos adversos à saúde causados por esses compostos dependem de bioacumulação relacionada à exposição por longo tempo, além de nem sempre serem conhecidos. Assim, a vigilância em saúde ambiental tem como um de seus pontos de abordagem o monitoramento da qualidade da água disponível para o consumo humano, visando minimizar os riscos de exposição da população humana.

O monitoramento da qualidade da água para consumo humano envolve basicamente a coleta periódica de amostras de água e sua análise física, química e biológica, bem como a orientação da população quanto aos cuidados com o ambiente. Para que isso seja possível é importante a elaboração de um programa de coleta de amostras periódica e de monitoramento da qualidade da água nos municípios. Nesse programa, primeiramente deve constar uma metodologia para proceder ao levantamento do histórico da região procurando delimitar os possíveis tipos de contaminantes presentes e seus principais pontos de descarte. Também deve ser feito um cadastro de todos os sistemas de abastecimento de água, tanto oficiais como, por exemplo, a SABESP no Estado de São Paulo, como das soluções alternativas (poços rasos e profundos, etc), coletivas e individuais, possibilitando a formação de um banco de dados.

Atualmente, a Portaria n° 518, de 25 de março de 2004, que se encontra em revisão, do Ministério da Saúde, estabelece os procedimentos e responsabilidades relativos ao controle e vigilância da qualidade da água para consumo humano, bem como o seu padrão de potabilidade. Na Tabela 32.1 são apresentados alguns parâmetros de potabilidade estabelecidos por essa Portaria.

Substância	Unidade	VMP
Alaclor	$\mu g\ L^{-1}$	20,00
Aldrin e dieldrin	$\mu g\ L^{-1}$	0,030
Alumínio	$mg\ L^{-1}$	0,200
Benzeno	$\mu g\ L^{-1}$	5,000
Cádmio	$mg\ L^{-1}$	0,005
Chumbo	$mg\ L^{-1}$	0,010
Cloreto de vinila	$\mu g\ L^{-1}$	5,000
Cloro livre	$mg\ L^{-1}$	5,000
DDT (e isômeros)	$\mu g\ L^{-1}$	2,000
Ferro	$mg\ L^{-1}$	0,300
Manganês	$mg\ L^{-1}$	0,100
Microsistinas (cianotoxinas)	$\mu g\ L^{-1}$	1,000
Permetrina	$\mu g\ L^{-1}$	20,00
Propanil	$\mu g\ L^{-1}$	20,00
Simazina	$\mu g\ L^{-1}$	2,000
Tolueno	$mg\ L^{-1}$	0,170
Trifluralina	$\mu g\ L^{-1}$	20,00
Xileno	$\mu g\ L^{-1}$	0,300
Zinco	$\mu g\ L^{-1}$	5,000

Tabela 32.1 – Alguns parâmetros estabelecidos pela Portaria no 518, de 25 de março de 2004, do Ministério da Saúde, sobre o padrão de potabilidade para substâncias químicas que representam risco à saúde.

Com essas informações iniciais, histórico da região e cadastro, é possível estabelecer um cronograma para a realização das coletas de amostras de água e análises que serão feitas. Os resultados das análises alimentam o banco de dados permitindo uma visão da evolução da qualidade da água ao longo do tempo.

Outro aspecto importante e que não deve ser negligenciado é o desenvolvimento de estratégias de comunicação para o envolvimento da população. Essa não deve apenas ser informada sobre os resultados obtidos, mas envolvida na problemática da contaminação ambiental decorrente de atividades antrópicas para que seja uma aliada no controle da qualidade do ambiente. A promoção de debates, a elaboração de cartilhas são alguns exemplos de formas de comunicação com a população, mas é importante que se tenha clara qual a população a ser atingida e o conhecimento de suas especificidades. Não tem sentido o investimento em cartilhas e panfletos informativos se a população é constituída por muitos indivíduos que não sabem ler.

Licenciamento Ambiental

O Licenciamento Ambiental é um dos instrumentos da Política Nacional do Meio Ambiente, emitido pelo órgão ambiental competente, para licenciar previamente à aprovação do projeto, a localização, a instalação, a ampliação e a operação de empreendimentos considerados efetiva ou potencialmente capazes de causar degradação ambiental. O órgão ambiental competente analisa os impactos causados pelo empreendimento levando em consideração, para emissão ou não da licença ambiental: 1) a fragilidade e a relevância ambiental da região de implantação do empreendimento; 2) o porte e o potencial de degradação ambiental decorrente da implantação e da operação do empreendimento; 3) a repercussão social e econômica do empreendimento e; 4) as legislações Federal, Estadual e Municipal específicas.

Sendo favorável ao licenciamento ambiental, o órgão ambiental estabelece as condições, restrições e medidas de controle que deverão ser obedecidas pelo empreendedor. A licença emitida pelo órgão ambiental pode ser prévia, concedida na fase preliminar do planejamento do empreendimento para aprovação da viabilidade ambiental de sua localização. A finalidade da Licença Prévia é estabelecer condições para que o empreendedor possa prosseguir com a elaboração do projeto. Uma vez obtida a Licença Prévia, antes de iniciar a instalação da atividade, o empreendedor deve solicitar a Licença de Instalação e para começar a funcionar deve ter a Licença de Operação, que somente é emitida após o efetivo cumprimento das exigências que constarem nas licenças anteriores. Por outro lado, o órgão ambiental pode negar o licenciamento quando a análise dos estudos ambientais ou as manifestações da população demonstrarem que os impactos são ambientalmente inaceitáveis e os benefícios à sociedade serão maiores se não for realizado o empreendimento.

A análise dos possíveis impactos ambientais e à saúde, decorrentes da implantação e do funcionamento de um determinado empreendimento, para emissão de licença ambiental pode ser feita a partir da elaboração de estudos ambientais. Basicamente, os estudos ambientais são compostos de duas etapas: a primeira corresponde a uma fase de previsão dos possíveis impactos esperados antes que ocorra o empreendimento. Nessa etapa é feita a caracterização da atividade ou empreendimento e diagnóstico ambiental, onde o mesmo será implantado. Na etapa seguinte se procura medir, interpretar e minimizar os impactos decorrentes da construção do empreendimento e aqueles que podem ocorrer após sua finalização. Corresponde à fase de avaliação dos impactos ambientais ou avaliação de risco e a apresentação de medidas mitigadoras, medidas compensatórias e mecanismos de monitoramento.

Como já comentado existem vários tipos de estudos ambientais (Auditoria Ambiental, Relatório Ambiental, Relatório de Controle Ambiental, Relatório Ambiental Preliminar, Plano de Controle Ambiental, Plano de Recuperação de Áreas Degradadas, Estudo de Viabilidade Ambiental, Análise Preliminar de Riscos, Avaliação Ambiental Estratégica, Estudo de Impacto Ambiental e seu respectivo Relatório de Impacto Ambiental e Anuência Prévia Ambiental, entre outros) que se caracterizam por serem mais ou menos abrangentes, ou com algum tipo de especificidade como, por exemplo, a recuperação de áreas degradadas pro mineradoras, ou ainda por lidarem com substâncias potencialmente tóxicas como no caso das avaliações de risco.

O tipo de estudo mais frequentemente comentado é o Estudo de Impacto Ambiental e seu respectivo Relatório de Impacto Ambiental (EIA/RIMA), mas como citado acima existem outros estudos mais simplificados e outros mais direcionados a um determinado tipo de atividade. De modo geral, os estudos ambientais apresentam a seguinte estrutura básica:

Estudo Ambiental

Apresentação
Lista de Figuras
Lista de Tabelas
1. Introdução
2. Antecedentes e Justificativas
3. Objetivos
4. Metodologia
5. Caracterização do Empreendimento
6. Legislação Ambiental
7. Legislações de Incidentes
8. Estudo de Alternativas Locacionais e Tecnológicas
9. Planos Governamentais Colocalizados
10. Diagnóstico Ambiental
   10.1. Definição das Áreas de Influência
   10.2. Diagnóstico da Área Diretamente Afetada (ADA)
   10.3. Diagnóstico da Área de Influência Direta (AID)
   10.4. Diagnóstico da Área de Influência Indireta (AII)
11. Identificação e Avaliação dos Impactos Ambientais
12. Plano de Ação Ambiental
   12.1. Programa de Gestão Ambiental do Empreendimento
   12.2. Programa de Controle Ambiental
   12.3. Programa de Articulação Institucional
   12.4. Programa de Interação e Comunicação Social
   12.5. Programa de Monitoramento Ambiental
13. Conclusões
14. Bibliografia Consultada

A introdução tem por objetivo apresentar a importância da implantação do empreendimento em questão e situá-lo no espaço e no tempo, dando uma ideia geral para o leitor do assunto que será abordado ao longo do estudo. Um tópico especialmente importante nas grandes cidades é o levantamento dos antecedentes e justificativas, apresentando as informações sobre possíveis atividades pretéritas desenvolvidas na área do empreendimento e a prospecção arqueológica da área do empreendimento em função da presença de possíveis contaminantes ou de edificações ou artefatos originados de usos anteriores do espaço.

O objetivo do estudo e a metodologia utilizada devem ser claros de modo a possibilitar ao leitor o entendimento dos temas apresentados. O empreendimento deve ser caracterizado quanto à localização com as coordenadas geográficas e seus limites de confrontações, à atividade que será desenvolvida e às etapas de construção com os projetos pertinentes e de operação, inclusive com o cronograma inicialmente previsto. Deve ser apresentada uma estimativa do número de funcionários e os equipamentos que serão utilizados. Nessa etapa é importante já apontar a existência de unidades de conservação, se essas existirem nas áreas de influência do empreendimento, bem como atividades ou empreendimentos associados ou decorrentes da implantação e da operação do empreendimento em questão.

O levantamento e a apresentação da legislação ambiental e das legislações incidentes mostram a compatibilidade do empreendimento, em qualquer de suas fases. Devem ser verificadas legislações no âmbito municipal, estadual e federal, em especial, a de proteção à vegetação, Código Sanitário, Código de Obras e Edificações, Uso e Ocupação do Solo, movimento de terra, pólo gerador de tráfego, assim como normas técnicas aplicáveis.

Um tópico importante é a apresentação de estudos de alternativas locacionais e tecnológicas, uma vez que os analistas do estudo ambiental devem poder avaliar se a localização do empreendimento e a tecnologia empregada nas atividades propostas no estudo são realmente as mais adequadas ambientalmente. Nesse sentido, também é essencial que sejam apresentados os planos governamentais co-localizados com levantamento dos projetos propostos e planejados, pelos três âmbitos de governo, para a área de intervenção e avaliação de suas compatibilidades com o projeto em estudo, identificando os efeitos sinérgicos e antagônicos que possam existir.

No diagnóstico ambiental, primeiramente devem ser estabelecidos os limites das áreas de influência (área diretamente afetada-ADA, área de influência direta-AID e área de influência indireta-AII), com apresentação de justificativa para os limites estabelecidos. As Áreas de Influência devem contemplar a incidência dos impactos, acompanhadas de mapeamento. Devem ser apresentadas descrições e análises dos fatores ambientais e das suas interações, caracterizando a situação ambiental das áreas de influência, antes da implantação do empreendimento. Quando relevante, devem ser apresentadas informações cartográficas com a área de influência, em escala compatível com o nível de detalhamento dos fatores ambientais estudados.

Uma vez feito o diagnóstico ambiental parte-se para a identificação e avaliação dos impactos ambientais. Nessa etapa devem ser apresentados e identificados os principais impactos ambientais decorrentes das ações previstas durante as fases de implantação, de operação e de encerramento do empreendimento, se for o caso. Os impactos deverão ser avaliados nas áreas definidas para cada um dos fatores estudados, considerando impactos: 1) diretos e indiretos; 2) positivos e negativos; 3) temporários, permanentes e cíclicos; 4) imediatos, a

médio e longo prazos; 5) reversíveis e irreversíveis e; 6) locais, regionais e estratégicos.

Após a identificação e a avaliação dos impactos ambientais são apresentadas as medidas mitigadoras e compensatórias que devem ser explicitadas para as fases de implantação, operação, e se for o caso, de encerramento do empreendimento. Essas medidas devem ser classificadas como preventivas ou corretivas, estarem relacionadas ao fator ambiental a que se destina e ter estabelecido o prazo de permanência de sua aplicação.

Os estudos ambientais devem apresentar um tópico, geralmente denominado *Plano de Ação Ambiental*, no qual se contempla os programas ambientais e de saúde propostos. Nesse plano é importante que existam programas para a gestão e controle ambiental do empreendimento em sua fase de implantação e de operação, programas que orientem a articulação entre os diferentes setores institucionais e privados envolvidos e programas que visem à orientação da população afetada, e que permitam a essa população manifestar seus anseios frente à implantação do empreendimento. Dentro desse tópico ainda é essencial que sejam apresentados programas de monitoramento dos impactos ambientais decorrentes da implantação e da operação do empreendimento. Esses programas devem conter: 1) indicação e justificativa dos parâmetros selecionados para a avaliação dos impactos sobre cada um dos fatores ambientais considerados; 2) indicação e justificativa da rede de amostragem dos locais de monitoramento; 3) indicação e justificativa dos métodos de coleta, periodicidade e análise de amostras e; 4) indicação e justificativa dos métodos a serem empregados no processamento das informações obtidas na análise das amostras.

Todo estudo ambiental tem como meta levantar os impactos ambientais à saúde, decorrentes da implantação e da operação de um determinado empreendimento; apresentar as medidas mitigadoras ou compensatórias e, então, a partir das análises realizadas concluir quanto à viabilidade do empreendimento. Após a realização do estudo, a equipe técnica pode chegar a conclusão que o empreendimento, nos moldes em que foi concebido, não é ambientalmente viável. Lembrando que o ambientalmente viável pode se referir tanto a aspectos físicos ou bióticos do ecossistema como à saúde da população potencialmente exposta.

A avaliação de impacto ambiental é considerada mundialmente como importante instrumento de gestão e proteção ambiental, pois possibilita a adoção de ações preventivas que visam à sustentabilidade ambiental, seguindo o estabelecido pela Agenda 21. Embora se conheçam exemplos bem sucedidos de sua implementação, ainda faltam informações para que se obtenha a eficácia desejada.

Um dos aspectos que merece atenção é a dificuldade da efetiva implantação das medidas de mitigação dos impactos ambientais exigidas no licenciamento e o acompanhamento do automonitoramento ambiental que deve ser realizado pelo empreendedor.

LITERATURA SUGERIDA

Literatura Sugerida

Livros e Artigos em Periódicos

1. Abrahams PW. Soils: their implications to human health. Sci Total Environ 2002;291:1-32.
2. ATSDR – Agency for Toxic Substances and Disease Registry US. Departament of Healthe and Human Services. Public Health Service. Agency for toxica Substances an Diseases Registry. Division of Toxicology [homepage na Internet]. Toxicological Profile for Lead. Atlanta, GA., june 1990 [citado 20 Fev 2007]. Disponível em: htpp://www.atsdr.cdc.gov'toxiprofiles/tp-88/17.
3. Brasil – Ministério do Meio Ambiente. Gestão dos Recursos Naturais. Instituto Brasileiro do Meio Ambiente e dos Recursos Naturais Renováveis, Consórcio TC/BR – Funatura. Brasília: Edições IBAMA; 2000.
4. Brasil – Ministério da Saúde, Secretaria de Vigilância em Saúde, Coordenação de Vigilância em Saúde Ambiental. Subsídios para Construção da Política Nacional de Saúde Ambiental. Brasília: Ministério da Saúde; 2005.
5. Beers MH, Berkow R. The Merck manual of Diagnosis and Therapy. 17th ed. USA: Published by Merck Research Laboratories; 1999.
6. Cavalheiro F. Urbanização e alterações ambientais. In: Tauk-Tornisielo SM, Gobbini N, Fowler HG. Análise ambiental: uma visão multidisciplinar. 2nd ed. São Paulo: UNESP; 1991. p. 114-33.
7. Curi N, Larach JO, Kampf N, Moniz AC, Fontes LE. Vocabulário de ciência do solo. Campinas: Sociedade Brasileira de Ciência do Solo; 1993.
8. EPA - Environmental Protection Agency [EPA/600/8-89/043]. Office of health and environmental assessment. Exposure factors handbook. Washington (DC): EPA; 1990.
9. Fernandes HM, Veiga LH. Procedimentos integrados de risco e gerenciamento ambiental. In: Brilhante OM, Caldas EL, editors. Gestão e avaliação de risco em Saúde Ambiental. Rio de Janeiro: Editora Fiocriz; 1999.
10. Frando Netto G, Carneiro FF [homepage na Internet]. Vigilância ambiental em saúde no Brasil [citado 27 Out 2006]. Disponível em: http://portal.saude.gov.br/portal/arquivos/pdf/indicadores
11. Frighetto RT, Valarini PJ. Indicadores biológicos e bioquímicos da qualidade do solo. Manual Técnico. Jaguariúna: Embrapa Meio Ambiente; 2000.
12. Garcia EG. Segurança e saúde no trabalho rural: a questão dos agrotóxicos. São Paulo: FUNDACENTRO; 2001.
13. Guerin F, Laville A, Daniellou F, Duraffourg J, Kerguelen A. Compreender o trabalho para transformá-lo – a prática da ergonomia. São Paulo: Editora Edgard Blucher Ltda; 2001.
14. Hacon SS. Avaliação e gestão do risco ecotoxicológico à saúde humana. In: Azevedo FA, Chasin AA. As bases toxicológicas da ecotoxicologia. São Carlos:

Rima Editora; 2004.

15. Leinz V, Amaral SE. Geologia geral. 11st ed. São Paulo: Companhia Editora Nacional; 1989.

16. Luz AB. O urbano-rural. Salvador: Conj & Planej; 2003.

17. Moreira FM, Siqueira JO. Microbiologia e bioquímica do solo. Lavras: Editora Universidade Federal de Lavras; 2002.

18. Neves DP. Parasitologia humana. 8th ed. São Paulo: Atheneu; 1991.

19. Odum EP. Ecologia. Rio de Janeiro: Guanabara; 1983.

20. Pedrozo MF, Barbosa EM, Corseuil HX, Schneider MR, Linhares MM. Ecotoxicologia e avaliação de risco do petróleo. Série Cadernos de Referência Ambiental. Salvador: CRA; 2002.

21. Rocha FG, Pizzolatti RL. Cidade: espaço de descontinuidades. Estudos Geográficos 2005;3(2):46-53.

22. Russel JB. Química geral. São Paulo: Editora McGraw Hill; 1982.

23. Salgado-Labouriau ML. História geológica da Terra. São Paulo: Edgard Blücher Ltda; 1994.

24. Sanchez F. A reinvenção das cidades na virada de século: agentes, estratégias e escalas de ação política. Rev Sociol Polit 2001;16:31-49.

25. Sanchez LE. Avaliação de impacto ambiental – conceitos e métodos. São Paulo: Editora Oficina de Textos; 2006.

26. Schwenk LM, Cruz CB. Processos espaciais: descentralização da área central e da cidade e a segregação da favela e da cidade. Acta Sci Human Soc 2005;27(2):181-8.

27. Seiffer NF. O desafio da pesquisa ambiental. Cad Cien Tecnol 1998;15(3):103-22.

28. Silva LF. Solos tropicais. Aspectos pedológicos, ecológicos e de manejo. São Paulo: Terra Brasilis Editora Ltda; 1995.

29. Tambelini AT, Câmara VM. A temática saúde e ambiente no processo de desenvolvimento do campo da saúde coletiva: aspectos históricos, conceituais e metodológicos. Rev Cien Saude Col 1998;3(2):47-59.

30. Tauk SM. Análise ambiental: uma visão multidisciplinar. São Paulo: Editora UNESP; 1991.

31. Tommasi LR. Estudo de impacto ambiental. São Paulo: Brasil e Terragraph Artes e Informática; 1994.

32. Veronesi R, Focaccia R. Tratado de infectologia [volumes 1 e 2]. 2nd ed. São Paulo: Editora Atheneu; 2004.

33. Walker SD. The ecological method in the study of environmental health. II. Methodologic issues and feasibility. Environ Health Perspect 1991;94:67-73.

34. Wilson E. O futuro da vida. Rio de Janeiro: Editora Campus; 2002.

Diplomas Legais

35. Brasil – Presidência da República, Casa Civil, Sub-chefia para Assuntos Jurídicos. Constituição da República Federativa do Brasil, de 1988. Brasília: Presidência da República; 1988.

36. Brasil – Ministério do Trabalho. Portaria nº 3.067, de 12 de abril de 1988. Aprova as Normas Regulamentadoras Rurais – NRR. Lei Federal nº 6.514, de 22 de dezembro de 1977. Brasília: Ministério do Trabalho; 1977.

37. Brasil – Ministério do Trabalho. Aprova as Normas Regulamentadoras – NR: NR 05 - Comissão Interna de Prevenção de Acidentes. NR 06 - Equipamento de Proteção Individual. NR 07 - Elaboração de Programa de Controle Médico de Saúde Ocupacional. NR 31 - Segurança e Saúde nos Trabalhos em espaços Confinados. Portaria nº 3.214, de 08 de junho de 1978. Brasília: Ministério do Trabalho; 1978.

38. Brasil – Legislação Federal. Lei Federal nº 7.802, de 11 de julho de 1989. Dispõe sobre a pesquisa, experimentação, a produção, a embalagem e rotulagem, o transporte, o armazenamento, a comercialização, a propaganda comercial, a utilização, a importação, a exportação, o destino final dos resíduos e embalagens,

o registro, a classificação, o controle, a inspeção e a fiscalização de agrotóxicos, seus componentes e afins, e dá outras providências. Brasília: Legislação Federal; 1989.

39. Brasil – Ministério do Meio Ambiente. CONAMA. Resolução 001, de 23 de janeiro de 1986. Dispõe sobre procedimentos relativos a Estudo de Impacto Ambiental. Brasília: Ministério do Meio Ambiente; 1986.

40. Brasil – Legislação Federal. Lei Federal 8.080, de 19 de setembro de 1990, dispõe sobre as condições para a promoção, proteção e recuperação da saúde, a organização e o funcionamento dos serviços correspondentes e dá outras providências. Brasília: Legislação Federal; 1990.

41. Brasil – Legislação Federal. Lei Federal nº 9.974, de 06 de junho de 2000 – Altera a Lei Federal nº 7082, de 11 de julho de 1989. Brasília: Legislação Federal; 2000.

42. Brasil – Legislação Federal. Decreto nº 4.074, de 04/01/2002 - Regulamenta a Lei no 7.802, de 11 de julho de 1989. Brasília: Legislação Federal; 2002.

43. Brasil – Ministério do Meio Ambiente. CONAMA. Resolução 237, de 19 de dezembro de 1997. Estabelece procedimento administrativo pelo qual o órgão ambiental competente licencia a localização, ampliação e operação de empreendimentos e atividades utilizadoras de recursos ambientais ou que causem degradação ambiental. Brasília: Ministério do Meio Ambiente; 1997.

44. Brasil – Legislação Federal. Lei Federal 10.683, de 28 de maio de 2003, dispõe sobre a organização da Presidência da República, e dá outras providências. Brasília: Legislação Federal; 2003.

45. Brasil – Ministério dos Transportes. Resolução nº 420, de 12 de fevereiro de 2004 da ANTT, Agência nacional de Transportes Terrestres. Aprova as instruções complementares ao regulamento do transporte terrestre de produtos perigosos.

Brasília: Ministério dos Transportes; 2004.

46. Brasil – Ministério da Saúde. ANVISA Resolução da Diretoria Colegiada, RDC 306, de 07 de dezembro de 2004 – Dispõe sobre o Regulamento Técnico para gerenciamento de resíduos de serviços de saúde. Brasília: Ministério da Saúde; 2004.

47. Brasil – Ministério do Meio Ambiente. CONAMA. Resolução 357, 17 de março de 2005. Classificação dos corpos de água e diretrizes ambientais para seu enquadramento, estabelecimento das condições e padrões de lançamento de efluentes. Brasília: Ministério do Meio Ambiente; 2005.

48. Brasil – Ministério do Meio Ambiente. CONAMA. Resolução 358, 29 de abril de 2005. Tratamento e disposição final dos resíduos dos serviços de saúde. Brasília: Ministério do Meio Ambiente; 2005.

49. Brasil – Ministério do Meio Ambiente. CONAMA. Resolução 378, de 19 de outubro de 2006. Define os empreendimentos potencialmente causadores de impacto ambiental nacional ou regional para fins do disposto no inciso III, § 1o, art. 19 da Lei no 4.771, de 15 de setembro de 1965, e dá outras providências. Brasília: Ministério do Meio Ambiente; 2006.

50. Brasil – Ministério do Meio Ambiente. CONAMA. Resolução 382, de 26 de dezembro de 2006. Estabelece os limites máximos de emissão de poluentes atmosféricos para fontes fixas. Brasília: Ministério do Meio Ambiente; 2006.

51. Brasil – Ministério do Meio Ambiente. CONAMA. Resolução 425, de 25 de maio de 2010. Dispõe sobre critérios para a caracterização de atividades e empreendimentos agropecuários sustentáveis do agricultor familiar, empreendedor rural familiar, e dos povos e comunidades tradicionais como de interesse social para fins de produção, intervenção e recuperação de Áreas de Preservação Permanente e outras de uso limitado. Brasília: Ministério do Meio ambiente; 2010.

Normas Técnicas

52. ABNT. NBR 13968:1997 – Embalagens rígidas vazias de agrotóxicos - procedimentos de lavagem. Rio de Janeiro: Associação Brasileira de Normas Técnicas; 1997.

53. ABNT. NBR 14.725:2001 – Ficha de informações de segurança de produtos químicos – FISPQ. Rio de Janeiro: Associação Brasileira de Normas Técnicas; 2001.

54. ABNT. NBR 9.843:2004 – Agrotóxicos e afins – Armazenamento, movimentação e gerenciamento em armazéns, depósitos e laboratórios. Rio de Janeiro: Associação Brasileira de Normas Técnicas; 2004.

55. ABNT. NBR 7500:2005 – Identificação para o transporte, manuseio, movimentação e armazenamento de produtos. Rio de Janeiro: Associação Brasileira de Normas Técnicas; 2005.

56. ABNT. NBR 7.503:2005 – Ficha de emergência e envelope para o transporte terrestre de produtos perigosos – Características, dimensões e preenchimento. Rio de Janeiro: Associação Brasileira de Normas Técnicas; 2005.

57. ABNT. NBR 9.735:2005 – Conjunto de equipamentos para emergências no transporte terrestre de produtos perigosos. Rio de Janeiro: Associação Brasileira de Normas Técnicas; 2005.

58. ABNT. NBR 14.619:2005 – Transporte terrestre de produtos perigosos – Incompatibilidade Química. Rio de Janeiro: Associação Brasileira de Normas Técnicas; 2005.

59. Brasil – Ministério da Saúde. Norma Operacional Básica do Sistema Único de Saúde/NOB SUS 96. Brasília: Ministério da Saúde; 1997.

60. Brasil – CETESB. Secretaria do Meio Ambiente de São Paulo. Manual de Orientação para a Elaboração de Estudos de Análise de Riscos. São Paulo: CETESB; 2003.

ÍNDICE REMISSIVO

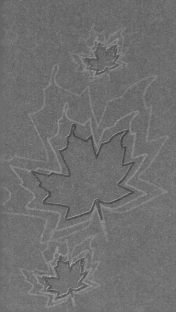

Índice Remissivo

A
adenovírus, 124
adiabático, 28
Aedes aegypti, 118
agente etiológico, 119, 126, 131
agentes vetores, 117
agricultura
- alternativa, 63
- biodinâmica, 62
- familiar, 57-58
- moderna, 55
- nasseriana, 63
- natural, 62
- orgânica, 62
- patronal, 57
- patronal capitalista, 57
- sustentável, 62
- tradicional, 55
agroecologia, 63
agroecossistemas (ver agrossistemas)
agrossistemas, 69
agrotóxicos, 69
água, 28
albedo, 28
ambiente
- de entrada, 5
- de saída, 5
amensal, 41
amensalismo, 41
amonificação, 17
anaerobiose, 93
Ancylostoma duodenale, 133
anemocoria, 91
animais sinantrópicos, 113-116
aquífero cárstico
- fraturado ou fissurado, 32

- poroso, 32
área
- de influência direta, 155
- de influência indireta, 155
- diretamente afetada, 166
áreas de influência, 156, 166
asbesto, 145
Ascaris lumbricoides, 138
assintomática, 119, 130, 137
assoreamento, 15
atividades transformadoras, 155-157
autotrófico, 6
autótrofo (ver autotrófico)

B
Bacillus sphaericus, 161
bênton, 31
benzeno, 145, 188
blenorragia, 131
biocenose, 5, 43
biociclo, 6
biosfera, 6
biotopo, 5
Bordetella pertussis, 128

C
cadeia alimentar, 9-11
calazar, 122
camundongo, 114
canal ginecóforo, 139
cancrela, 130
cancro de inoculação, 127
cancro duro, 130
canibalismo, 138
carbono
- dióxido de, 14
cefaleia, 125

cenário ambiental
- atual, 156
- de sucessão, 156
- tendencial, 156
chumbo, 12, 188
ciclo biogeoquímico
- da água, 14
- do enxofre, 19
- do fósforo, 18
- do nitrogênio, 17
- do oxigênio, 17
- gasoso, 13
- sedimentar, 13
cidade, 71, 79, 81
cisticercos, 133
clastogênico, 175
Clostridium tetani, 132
colônia
- heteromórfica, 36
- isomórfica, 35
comensal, 37
comensalismo, 37
compactação (de solo), 93
compartimento biótico, 13
competição
- interespecífica, 39
- intraespecífica, 38
complexo primário tuberculoso, 127
compostagem, 162
comunidade, 43
- clímax, 43
congênita, 120
consumidores, 9
cooperação (protocooperação), 37
coriza, 124, 128, 136
Corynebacterium diphtheriae, 127
covalente, 28
Cryptococcus neoformans, 120
Culex spp, 161

D

decompositor, 9-11
denitrificação, 17
densidade, 51, 71
desinfestante, 115
digenético, 40
disúria, 131
domissanitário, 61

dulcícola, 31

E

ecesis, 43
ecologia, 3-52
ecológico, 52
economia, 3, 55
ecossistema, 59, 155-157
ectoparasitas, 37
edáfico, 59
edema, 139
efeito estufa, 22, 49
endoparasitas, 40
energia, 5, 9, 27
Entamoeba histolytica, 137
enterovírus, 135
epifitismo, 38
epinociclo, 6
eritema, 131
eritrócitos, 123
espécie
- dimórfica, 134
- esteno-halina, 32
- esteno-hídrica, 31
- estenoécia, 90
- estenotérmica, 28
- estenotópica, 26
- euri-halina, 32
- euri-hídrica, 31
- euriécia, 90
- euritérmica, 28
- euritópica, 26
esquistossômulos, 139
estiomene, 131
eutrofização, 15
evapotranspiração, 14

F

fase catarral, 128
fase paroxística, 128
fator ecológico
- abiótico, 26
- biótico, 26
fator limitante, 25
ferida brava, 121
fixação direta
- abiótica, 17
- biótica, 17

flictema, 139
fontes
- fixas, 142
- móveis, 142
formação dos solos, 33
- calcificação, 34
- gleização, 34
- laterização, 34
- podzolização, 34
- salinização, 34
- solonização, 34
fotoautotrófico, 108
fotoperiodismo, 162

G
gases estufa, 21
gerenciamento de risco, 108
Giardia lambia, 137
granuloma venéreo, 131
gripe, 124

H
herbivoria, 40
hemoptise, 127
hermafroditas, 133
herpesvírus, 126
heterogônico, 134
heterotrófico, 9
heteroxeno, 40
homogônico, 134
hospedeiro, 40

I
imunodeprimidos, 125
inquilinismo, 37
interespecíficas, 36, 39
intraespecíficas, 35, 38
inversão térmica, 90

L
lagos
- holomíticos, 30
- meromíticos, 30
Leishmania, 121
Leptospira spp, 119
licença
- de instalação, 189
- de operação, 189

- prévia, 189
limnociclo, 6
lixiviação, 15
lues, 130
luz, 26

M
macrobiota edáfica, 66
macroelementos, 14
magnificação trófica, 12
maleita, 122
mercúrio, 146
microbiota edáfica, 22, 62
miracídio, 139
monogenético, 40
monoxeno, 40
Morbillivirus, 125
mutualismo, 36
Mus musculus, 114
Mycobacterium tuberculosis, 126
Necator americanus, 133

N
nécton, 31
neofobia, 114
nêuston, 31
nitrificação, 17
níveis de alimentação, 9
níveis tróficos, 9

O
oncogênicos, 175
onívoros, 11, 114
organismo, 5
- hidrófilo, 31
- higrófilo, 31
- mesófilo, 31
- xerófilo, 31
osmose, 32

P
paisagem, 85
pápula, 130
parasitismo, 40
partenogenéticas, 134
perfil do solo
- horizonte A, 33
- horizonte B, 33

- horizonte C, 33
- horizonte orgânico, 33
permacultura, 63
persistência, 65
petróleo, 13
piracema, 46
placas mucosas, 130
plâncton, 6, 31
plântulas, 59
Plasmodium falciparum, 122
plêuston, 31
polaciúria, 131
pontos de exposição, 172
população, 45-48
potencial biótico, 45
precipitação, 14
predatismo, 39
preparo de solo
- convencional, 110
- mínimo, 110
- plantio direto, 110
- plantio semidireto, 110
pressão
- atmosférica, 32
- hidrostática, 32
princípio da precaução, 148
produtores, 10

R
ratos
- ratazana (ou rato de esgoto), 114
- rato de telhado (ou rato preto), 114
- *Rattus norvegicus* (ver ratazana)
- *Rattus rattus* (ver rato de telhado)
recalcitrante, 32
relações
- negativas (ou desarmônicas), 38
- neutras, 34
- positivas (ou harmônicas), 35
resistência ambiental, 47
revolução verde, 55-56
Rickettsia rickettsi, 123
rinorreia, 125
rinovírus, 125
roséola sifilítica, 130
rotação de culturas, 62, 111
rotas de exposição, 172
run off, 166

S
seres
- autótrofos, 9
- humanos, 19, 174
- vivos, 5
serviços de ecossistemas, 155
Schistosoma mansoni, 139
sistemas de produção
- diversificado, 58
- especializado, 58
- superespecializado, 58
sistema ecológico, 4
solo, 33, 85-87
- contaminação, 111
- poluição, 93
- qualidade, 143
solo
- aluvial, 34
- coluvial, 34
- eluvial, 34
smog fotoquímico, 22
sociedade, 35, 82
Strongyloides stercoralis, 133

T
Taenia saginata, 132
Taenia solium, 132
talófita, 27
talassociclo, 6
teia alimentar, 11
temperatura, 28
teratogênicos, 174
tétano, 132
tolueno, 145, 188
Toxoplasma gondii, 119
Tradeschantia, 142

U
úlcera
- de Bauru, 121
- de Ducrey, 130
- mole, 130

V
valência ecológica, 26
vetores
- controle, 181-185
vias de exposição (vias de ingresso), 146

vírus
- da AIDS, 120
- hepadna-vírus, 129
- influenza, 124
- parainfluenza, 124
- sincicial, 124
- VHA, 136
- VHC, 129

volatilização, 143

X

xileno, 145, 188

Z

zoonoses, 117